मेरा निर्णय
(उपन्यास)

मेरा निर्णय

अभिमन्यु अनत

वाणी प्रकाशन ग्रुप

भारतीय ज्ञानपीठ

वाणी प्रकाशन : भारतीय ज्ञानपीठ की पुस्तकों के एकमात्र प्रकाशक एवं वितरक

सजिल्द तीसरा संस्करण : 2016
सजिल्द चौथा संस्करण : 2026

वाणी प्रकाशन : भारतीय ज्ञानपीठ की पुस्तकों के एकमात्र प्रकाशक एवं वितरक

वाणी प्रकाशन
4695, 21-ए, दरियागंज, नयी दिल्ली-110 002
दूरभाष : 011-23273167, 23275710
ईमेल : sales@vaniprakashan.in
www.vaniprakashan.com

ISBN : 978-93-5775-788-1

मूल्य : ₹ 595

मेरा निर्णय
(उपन्यास)
अभिमन्यु अनत

Mera Nirnay
(Novel)
by Abhimanyu Anat

आवरण : राधेश्याम अग्रवाल
मुद्रक : आर. टेक ऑफ़सेट प्रिंटर्स, दिल्ली-110 032

पहला भाग

1

लन्दन के बर्फीले माहौल में मॉरिशस की गरमी का सुखद एहसास जो बार-बार आता रहा है, आज भी आकर ही रहा। मेरा जन्म मॉरिशस के उत्तर प्रान्त में समुद्री इलाके के ग्रां-बे गाँव में हुआ था। ग्रां-बे जो कि मेरे जन्म के समय मछुवारों तथा खेतिहरों का एक गाँव था, वक्त के साथ द्वीप के सबसे प्रसिद्ध सैलानी शहर में तब्दील हो चुका है।

मेरा जन्म मेरी अपनी माँ के जन्म से दो दिन पहले हुआ था। मैं 12 जून को जनमी थी और मेरी माँ 14 नवम्बर को, मेरे जन्म के बीस साल पहले। इस कहानी को आज से दो दिन पहले मैंने लिखना शुरू किया था। दो दिन पहले मेरी पच्चीसवीं सालगिरह थी। आज मेरी माँ की उम्र पैंतालीस वर्ष की हो रही है। मेरी माँ उसी गाँव में है और मैं लन्दन में। साढ़े सात वर्षों से। इस समय लन्दन में सुबह के नौ बज रहे हैं। सवा नौ भी हो सकते हैं क्योंकि मेरे सामने की दीवार से लटकी घड़ी मेरी कलाई घड़ी से कभी भी सहमत नहीं रही है। इधर सप्ताह भर से मेरी घड़ी ठप पड़ गये सेल के कारण दराज़ में बन्द है।

मॉरिशस लन्दन के समय से चार घंटे आगे रहता है। इस समय वहाँ दोपहर का एक बज रहा होगा और मेरी माँ मेरे फ़ोन का इन्तज़ार कर रही होगी। हमारे घर पर आज भी फ़ोन नहीं है। हमारे पड़ोस के हुस्ना के घर से मेरी माँ महीने में कभी दो महीने में एक बार फ़ोन करके मुझसे बात कर लेती है। पिछली बार फ़ोन पर माँ ने मुझसे कहा था कि सात साल से अधिक हो गये मुझे देखे और अब तक वह मुझे केवल तस्वीरों में ही देखती रही थी। मैं विशेष अवसरों पर हुस्ना के घर पर फ़ोन करके माँ से बात कर लेती हूँ। मैंने भी माँ से कहा था कि उससे बिछुड़े, उसे देखे, साढ़े सात साल हो गये। उसे मगर यह नहीं कहा कि मैं चन्द ही दिनों बाद उसके सामने होऊँगी।

दीवाली या नये साल के मौके पर एकाध बार माँ को वक्त पर फ़ोन नहीं कर पायी लेकिन उसके जन्मदिन के अवसर पर कभी चूक नहीं हुई। दो दिन पहले हुस्ना ने मेरी सालगिरह की बधाई देने के लिए फ़ोन किया था। जो बात

न तो मेरी माँ ने मुझे कभी बतायी और ना ही मेरे भाई ने, वह हुस्ना मुझे बहुत पहले ही बता चुकी थी। चार साल पहले बोली थी :

— अमिता, हमारे गाँव को अगर आज देखोगी तो यकीन नहीं करोगी कि यह वही गाँव है जहाँ हम दोनों समुद्र-तट पर या तो घरौंदे बनाती रहती थीं या फिर बालू पर केंकड़े पकड़ने में लगे होते। वे धूल-धूसरित पगडंडियाँ, वे झोंपड़ियाँ ढूँढ़ने पर भी नहीं मिलेंगी। गन्ने से लदी वे बैलगाड़ियाँ, जिनके पीछे दौड़कर हम लोग अपने चूसने के गन्ने खींचकर भाग निकलती थीं अब ठीक दोदो की तरह गायब हैं। अब तो आसपास के सभी समुद्री तटों पर शानदार इमारतें, होटल, सुपर मार्केट, बेशुमार कारें, बेशुमार सैलानी...

पूरे दस मिनट बोलते रहने के बाद अन्त में बोली थी यह सब। हुस्ना से केंकड़े की बात सुनकर मैंने अपने दायें हाथ की दूसरी अँगुली को देखा। केंकड़े द्वारा दबोचे जाने से मेरी अँगुली कटते-कटते बची थी। वह दाग़ आज भी बना हुआ है। उससे दो सप्ताह पहले तेरेज़, मेरी दूसरी प्रिय सहेली की तो केंकड़े ने और भी बुरी हालत कर डाली थी।

— बस एक तुम्हारा घर है जो आज भी वैसा ही है जैसा तुम छोड़ गयी थी। कई तूफानों का सामना करके भी ज्यों-का-त्यों टिका हुआ है।

हुस्ना ने यह भी बताया था कि उस बिगड़ी हुई हालत में भी उसकी सभी नयी इमारतों से अलग अपनी पहचान बनाये रखने के लिए सैलानी सुबह शाम मेरे घर की तस्वीरें लेते रहते हैं।

पता नहीं मुझे हुस्ना की इस बात से खुशी अधिक हुई थी या कि दुख। ख़ैर...

अपने दादा को तो मैंने नहीं देखा था और ना ही उनका बनाया हुआ घर। इतना ज़रूर सुनती रही थी कि गन्ने के सूखे पत्तोंवाले छप्पर तथा पत्थरों की दीवारवाला वह घर जब तूफान में धराशायी हो गया था तो मेरे पापा ने यह दूसरा घर बनाया था जिसमें मेरे बड़े भाई का जन्म हुआ था। फिर बाद में मेरा। टीन की छतवाले उस घर की दीवारें भी टीन की थीं। जब मैंने उस घर को छोड़ा था तब भी उसकी छत रिसती थी और साधारण तूफान के दौरान भी मैंने उसे लड़खड़ाते देखा था।

मेरी माँ तब दो गायों के साथ बकरियाँ भी पालकर घर चलाती थी। हमारे अस्तबल का छाजन दीवार सहित जब ढह गया था तो हफ्ते भर के लिए उस भारी बरसात में बकरियों को भी घर के भीतर पनाह देनी पड़ी थी। दोनों गायों में एक तो उस भारी बरसात में दम तोड़ गयी थी। दूसरी गाय खूँटे से बँधी एक बार बैठी तो फिर कभी टाँगों पर खड़ी हो ही नहीं पायी और चूँकि गो-पालन

के बिना जीवन-निर्वाह का कोई दूसरा रास्ता था ही नहीं सो छह महीने बाद माँ को एक बछिया खरीदने के लिए मायके से लाये गहनों को बेचना पड़ा था। तीन साल बाद कहीं जाकर हमारी गोशाला में दो गाय और एक बछिया हो पायी थीं, जिससे कुछ सन्तुलन आ सका था।

2

अपने देश का अतीत पराये देश के वर्तमान से जब भी जोड़ा है कसक ही पैदा हुई है। आज मैं जब भी एकान्त में होती हूँ तो बस अपने आपको सवालों के बवंडर में पाने लगती हूँ। न जाने इधर चन्द दिनों से मैं बार-बार क्यों अपने से सवाल करती रही हूँ। घूम-फिरकर एक ही प्रश्न। लेकिन हर बार जो उत्तर अपने आपको देती रही उनसे अपने को सन्तुष्ट नहीं पायी।

असन्तुष्टि की वजह से वे ही घिसे-पिटे सवाल मेरे ज़ेहन में कुलबुलाते रहे हैं :

क्या मेरे लिए अपना देश छोड़ने के अलावा कोई दूसरा चारा नहीं था?

क्या अपने परिवार को पीछे छोड़ आना ठीक रहा?

क्या मॉरिशस में मुझे कोई भी नौकरी नहीं मिल पाती जिससे मैं अपने छोटे परिवार का सहारा बन सकती?

क्या अपने देश, अपने गाँव, अपने जनों से दूर आकर मैं उस सफलता को हासिल कर पायी जिसकी आकांक्षा मेरे भीतर थी?

पर ये तो वही प्रश्न थे जो कि लन्दन पहुँचने के पहले ही दिन से भीतर पैदा हो आये थे।

आखिर मैं उस समय के अपने वर्तमान से असन्तुष्ट क्यों थी! अपने लोगों के बीच रहकर मैं जिस उदासीनता से घिरी थी उसे लन्दन में रहकर मिटाने के बदले और भी बढ़ाकर रही। दो ही सप्ताह बाद मैं अपने देश, अपने परिवार के बीच लौट जाने को बेताब हो उठी थी।

मॉरिशस का मेरा वह वर्तमान बोझिल जरूर था। अपनी विधवा माँ, बीमार भाई और छोटे भाई को छोड़ने का वह निर्णय। उनसे अलग होने और सात समन्दर पार पहुँचने की हिम्मत इसलिए कर पायी थी कि मेरे भीतर एक विश्वास पैदा हो आया था कि मैं महज अपने लिए नहीं बल्कि अपने परिवार के हित के लिए उनसे दूर हो रही हूँ।

एक दूसरा कारण भी था इतनी दूर आने का। पर मैं उसे कारण नहीं मानती।

लन्दन में कम-से-कम छह महीने तो मॉरिशस का अतीत ही मेरा वर्तमान

बना रहा। वहाँ रहकर अपने जनों के लिए मेरे भीतर जो छटपटाहट थी वह लन्दन में दुगुनी हो चली थी। पूरे सात महीने बाद जब पहली बार मैं अपने परिवार को अपनी कमाई का आधा हिस्सा भेज पायी तब लगा कि मैं वर्तमान में लौट आयी हूँ। महीने बाद मेरे बड़े भाई की चिट्ठी जब मिली तो लगा कि मेरा वह घर और वहाँ के तीनों प्राणी मेरे सामने प्रगट हो गये हैं।

मेरी आँखों से इतने आँसू कभी नहीं बहे थे। ना तो अपने पापा की मृत्यु पर और ना ही परिवार से विदाई के क्षण। आँसू तो मैंने अपनी माँ की आँखों से भी कभी टपकते नहीं देखे, पापा की मृत्यु पर भी नहीं। तब भी नहीं जब मेरी माँ ने माथे को चूमकर कहा था :

— बेटी! वहाँ अपना ख्याल रखना। यहाँ तो तुमने मेरे और अपने दोनों भाइयों के पीछे अपना कभी ख्याल रखा ही नहीं।

माँ के पाँव के स्पर्श के बाद जब मैं खड़ी हुई थी तो माँ की आँखों में बाढ़ से उफनते ज्वारभाटे जरूर दिख गये थे। पर उन लबालब आँखों से एक बूँद भी छलक नहीं पायी थी। उस समय भी माँ की आखिरी झलक के बाद मैंने अपने आपसे पूछा था :

...अमिता! क्या यह जुदाई जरूरी थी? यहाँ पर आज नौकरी करना मुहाल है पर ऐसी स्थिति हमेशा तो नहीं रहेगी।

देश में बाँस की तरह बढ़ती चली आ रही बेकारी की नाजुक परिस्थिति के बीच सरकार के सामने बस एक ही विकल्प था। सबसे अधिक जरूरतमन्दों के लिए सप्ताह में चार दिन की नौकरी का प्रबन्ध। यह चार दिन की नौकरी भी अजीब चीज़ थी। काम कम, हाजिरी ज्यादा। जिन्हें नौकरी मिल पायी थी, वे या तो राजनेताओं के अपने ख़ास लोग थे या फिर सीनियर केम्ब्रिज पास नौजवान। उस समय देश में यह महत्त्वपूर्ण प्रमाणंपत्र समझा जाता था। यह प्रमाणपत्र मेरे पास होता तो भी मुझे नौकरी मिलना सम्भव नहीं होता। वे नौकरियाँ केवल मर्दों के लिए थीं।

नौकरी क्या थी बस सुबह आठ बजे से शाम के तीन बजे तक कार्यस्थलों पर उपस्थित रहना। सप्ताह में चार दिन। देश के विकास के नाम पर इस विभाग ने यह सिलसिला शुरू किया था। उन दिनों देश में 'कात्र जूर आ पारी' याने कि 'पेरिस में चार दिन' नामक एक फिल्म चल रही थी। बस उसी मौज-मस्ती के नाम पर लोगों ने चार दिन की इस नौकरी को भी 'कात्र जूर आ पारी' नाम दे दिया था।

पहली बार मुझे लड़का न होकर लड़की होने की ग्लानि-सी हुई थी। लड़का होती तो उस चार दिन की नौकरी की हकदार तो हो जाती। तीन साल

बाद अपने भाई की चिट्ठी से यह पता चला था कि अब मॉरिशस में कई चीजों के कारखाने खुलने शुरू हो गये हैं।

अपने पापा को मैंने बस चालक से गाड़ीवान में बदलते देखा था। एक जबरदस्त दुर्घटना में जब मेरे पापा का एक पाँव और एक हाथ बेकार हो चले तो ड्राइवर का काम उन्हें छोड़ना पड़ा। उन दिनों मैं सात-आठ साल की रही होगी। पड़ोस के रामजी महतो की बैलगाड़ी में मेरे पापा गन्नों को शक्कर के कारखाने तक पहुँचाने का काम करने लगे थे। माँ और मेरे भाई खेतों से गन्ने लादने में उनकी मदद करते थे। गन्ने की कटाई बन्द हो जाने पर पापा खेतिहरों की सब्जियाँ शहर के बाज़ार ले जाया करते थे। एक रात मैंने उन्हें माँ से कहते सुना था—

—हमारे जीवन में तो उलटी गंगा बह गयी। कहाँ लोग गाड़ीवान से ड्राईवर बनते हैं, मैं तो ड्राइवर से गाड़ीवान बन बैठा।

मैं तेरह वर्ष की थी जब दो दिन के बुखार के दौरान मेरे पापा की अचानक मृत्यु हो गयी। मैं अपनी माँ को बेहद प्यार करती थी लेकिन जब मेरे पापा चल बसे तो लगा कि मेरे माँ-बाप दोनों ही चल बसे। मैं माँ को धीरज बँधाती रही और माँ मुझे। हुस्ना की माँ फरीदा चाची की मेहरबानी से उसके एक रिश्तेदार के यहाँ मेरे बड़े भाई सुधीर को बेकरी में काम दिला पायी। रात में रोटी पकाने का काम मेरे भाई के लिए आसान नहीं था। बचपन से ही उसकी सेहत खराब रहती थी। तन्दूर की लपटों के सामने तीन साल तक काम करते उसका स्वास्थ्य और भी नाजुक होता गया था।

मैंने ही पहली बार अपने भाई को खाँसते हुए खून उगलते देखा था। उसे बेकरी की नौकरी से हाथ धोना पड़ा। तपेदिक के लम्बे नाकामयाब इलाज के बाद जब वह अस्पताल से लौटा तो घर की हालत एकदम दयनीय हो चली थी। उसकी हालत में कुछ सुधार आ जाने के बाद भी हमारे आसपास के लोग तथा हमारे अपने रिश्तेदार भी यह कहकर हमसे दूर रहने लगे कि तपेदिक का रोग संक्रामक और जानलेवा होता है। ऐसी हालत में हुस्ना का परिवार ही ऐसा था जो हमसे जुड़ा रहा। अपने परिवार के सख्ती के बावजूद मेरे भाई से मिलने जो लड़की हमारे घर आती-जाती रही वह थी सूर्या।

3

वह गाँव था यह शहर है। वहाँ दिल की धड़कनें सुनाई पड़ती थीं यहाँ शोर से दोस्ती करनी पड़ी। हमारे गाँव से दूर रहकर भी सूर्या मेरे उतने ही करीब

थी जितनी हुस्ना रही है। वैसे तो सूर्या के परिवार से मेरे परिवार की वह घनिष्ठता कभी नहीं रही जो हुस्ना के परिवार के साथ रही। सूर्या का नाम जब मैंने सबसे पहले अपने बड़े भाई से सुना तो यकीन नहीं हुआ था कि मैं कभी उससे मिल पाऊँगी। एक शाम सुधीर मेरा हाथ थामे मुझे समुद्र तट पर ले गया था। सफेद बालू से होते हुए हम दोनों चट्टान पर जा बैठे थे। यह जगह जितनी मुझे प्रिय थी उतनी ही हुस्ना को भी। यहीं पर खड़े होकर हम सूर्यास्त और नीड़ को लौटते पक्षियों की कतारों को भी देखा करती थीं।

सूर्या के बारे में जब पहली बार भैया ने मुझे बताया था उस दिन भी मैं चट्टान पर बैठी पश्चिमी क्षितिज पर पक्षियों की कतारों को देख रही थी। चट्टानों से टकराती लहरों की आवाज़ के बीच मैंने अपने भाई की आवाज़ सुनी :

—अमी! मुझे तुमसे एक बहुत ही जरूरी बात करनी है।

—अंडे बेचे पैसे मेरे पास नहीं हैं, मैंने माँ को दे दिये।

—मुझे पैसे नहीं चाहिए...

—तो फिर?

—मैं एक लड़की को प्यार करता हूँ।

—क्या??...

—मैं एक लड़की को प्यार करता हूँ।

—हो ही नहीं सकता।

—क्या हो ही नहीं सकता?

—जिसे अपनी प्यारी बहन से प्यार करने का समय नहीं मिलता वह...

—क्या कह रही हो? तुम जानती हो मैं तुझे कितना प्यार करता हूँ।

—वह क्रिओल में कहते हैं न?

—क्या?

—तुम मुझे उतना ही प्यार करते हो जितना प्यार एक कुत्ता लाठी से करता है। तो कोंतॉ म्वा कुमॉ लीस्यें कोंतॉ बातों।

—अमी, मैं तुमसे बहुत ही गम्भीर बात कर रहा हूँ।

—सचमुच तुम...

—सचमुच मैं एक लड़की से बेहद प्यार करने लगा हूँ।

—यकीन नहीं होता।

—कसम से।

—कौन है वह सोनितवा की बहन?

—हमारे गाँव की नहीं है।

मेरे भाई ने अपनी जेब से एक तस्वीर निकालकर मेरे सामने कर दी थी। उसके हाथ से तस्वीर देखने के बाद मैंने उससे पूछा था :

—कौन है यह?
—जिसे मैं प्यार करता हूँ।
—पर क्या यह भी तुम्हें प्यार करती है?
—हाँ।
—कहाँ रहती है क्या करती है? नाम क्या है?
—फ़्लाक में रहती है।
—इतनी दूर रहनेवाली लड़की से तेरी जान-पहचान कैसे हुई?
—सवाल ही करती जाओगी या कुछ बताने भी दोगी?
—विश्वास नहीं हो रहा।
—क्या?
—यही कि तुम किसी लड़की से प्यार कर बैठे। क्या वह भी तुम्हें...?
—पूछ चुकी हो। बता भी चुका हूँ। अब आगे भी तो बताने दो। हम दोनों एक-दूसरे को बहुत प्यार करते हैं।...लेकिन उसके परिवार को यह गवारा नहीं।
—लड़की की उमर क्या है?
—अठारह पार कर चुकी है।
—याने कि मुझसे एक साल बड़ी। फिर भी इतनी बड़ी गलती कर बैठी।
—क्या मतलब?
—खैर...अब बताओ कि मुझे क्या करना है।
—माँ से बात करनी होगी।
—लड़की का नाम तो बताओ।
—सूर्या।

पहली बार यह नाम सुनकर मैं उस लड़की के काल्पनिक चेहरे को अपने दिमाग में उतारने की कोशिश करती रही थी। बाद में जब मिली तो लगा कि मैं उसकी छवि को अपने ज़ेहन में सही रूप दे ही नहीं पायी थी।

4

यहाँ दर्द भी याद आकर एक सुखद स्पन्दन मन में पैदा कर जाता है।

जब मेरे सुधीर भैया ने मुझे सूर्या से पहली बार मिलाया था तब वह बीमार नहीं था। बेकरी में उसने नया-नया काम शुरू किया था। गाँव-गाँव रोटी छोड़नेवाले वान का कर्मचारी जब ड्यूटी पर नहीं आता तो मेरे भाई को फिर उसकी जगह वह काम करना पड़ता था। सूर्या के बाप की दुकान में रोटी छोड़ने के दौरान सुधीर भैया और सूर्या के बीच घनिष्ठता बढ़ती गयी।

मेरा भाई जब बीमार हुआ तो सूर्या से दूर रहने की कोशिश करता रहा लेकिन जब सूर्या को उसकी बीमारी का पता चला तो वह भैया से मिलने हमारे घर और भी अधिक आने लगी थी। मेरे भाई ने बहुत चाहा कि वह अपने को सूर्या से दूर रखे पर सूर्या उसके और भी करीब आती गयी। भाई के कहने पर सूर्या से मैंने भी कई बार कहा कि मेरे भैया का रोग उसे लग सकता है। वह बस मुस्करा कर रह जाती।

एक दिन वह कह रही थी :

—मैं सुधीर के इस रोग का इलाज करके रहूँगी। मेरे पिताजी चाहते हैं कि मैं डॉक्टरी सीखने इंग्लैंड जाऊँ पर मैं इनकार करती रही। अब मैंने तय कर लिया है कि मैं अपने पिताजी की इच्छा को पूरा करने लन्दन जाऊँगी।

इससे पहले सूर्या ने भैया के तपेदिक का डॉ. फाकिम के द्वारा उपचार शुरू करवाया। उसके उस उपचार को डॉ. फाकिम के जिम्मे छोड़ हमने मॉरिशस से विदाई ली थी। आज लन्दन में हम दोनों का सातवाँ साल है। सूर्या छह महीने बाद अपनी डॉक्टरी की डिग्री के साथ मॉरिशस लौटने की बेताबी लिये हुए है और मैं अगले सप्ताह लन्दन से विदाई लेने की तैयारी में लग गयी हूँ। मेरे भीतर जहाँ खुशी हिलोरें लेने लगी हैं वहीं यह आशंका भी मुझे दबोचे हुई है कि क्या मैं अपने परिवार को अपने साथ की अपनी बच्ची का परिचय दे पाऊँगी, जिसकी चर्चा किसी भी एक चिट्ठी में मैंने नहीं की है ना ही फ़ोन पर की बातचीत के दौरान इसकी भनक तक उन्हें मिलने दी है? अपनी प्यारी सहेली हुस्ना तक से मैंने यह बात छिपाये रखी है।

सूर्या ने कई बार मुझसे पूछा था कि आखिर मैं कब तक अपने बच्चे के इस रहस्य को रहस्य बनाये रख सकती हूँ। कब तक? यह सवाल मैं भी अपने आपसे करती रही हूँ। इसे मैं क्या मानूँ? नियति की विडम्बना या औरत की किस्मत लिखनेवाले का मज़ाक!

अँग्रेज़ भी इतने सन्दिग्ध दिमाग के हो सकते हैं इसे तो मैंने सोचा ही नहीं था। अठारह महीने ही हुए होंगे कि कानूनी शादी भी इतनी आसानी से टूट गयी। औरत के न चाहने पर भी मर्द के वर्चस्व की जीत हो ही गयी।

इसी घड़ी से जब भी मेरे सामने कोई नारी-आन्दोलन और नारी-मुक्ति के तर्कों को रखता रहा है तो मैं चुपचाप सुनती रहती हूँ।

मुझे लगता है कि कहानी जहाँ से शुरू होनी चाहिए थी वहाँ से शुरू नहीं कर पायी। अपने भीतर पैदा हो आयी झिझक के कारण शायद ऐसा कर गयी। यह

कितना अस्वाभाविक लग रहा होगा कि घर की तंगहाली की हालत में मैं इंग्लैंड कैसे पहुँच गयी। साढ़े सात साल बाद मॉरिशस जाने का एअर टिकट तो सप्ताह भर पहले ही मैं खरीद चुकी हूँ। अपने लिए भी तथा अपनी बेटी के लिए भी।

लेकिन मॉरिशस छोड़ने और फिर चाहे जलमार्ग से ही लन्दन पहुँचने की व्यवस्था मैं कैसे कर पायी! जहाज़ का खर्च कैसे वहन कर सकी जब मेरे घर और परिवार की हालत उतनी अधिक दयनीय थी! अगर यह कहानी आज से साढ़े सात वर्ष पहले लिखने की कोशिश करती तो हिम्मत नहीं जुटा पाती।

लौट चलते हैं उन दिनों को जब माँ अपनी गाय, बकरियाँ बेच चुकी थी। मेरा भाई सुधीर अपनी बीमारी से ग्रस्त चारपाई नहीं छोड़ पा रहा था। छोटा भाई अनिल गाँव की प्रारम्भिक स्कूल की छठी कक्षा में पढ़ रहा था। हमारे गाँव में सभा के अध्यक्ष पंडित जीवनलाल मेरे बीमार भाई को देखने घर आये हुए थे। वे मेरे पापा के सबसे घनिष्ठ मित्र थे। उन्हें मालूम था कि मेरी माँ किसी भी व्यक्ति की दया का आसरा नहीं पाना चाहेगी। मेरे पापा से साल-दो-साल के कम उम्र के होने के कारण वे पापा को हमेशा 'भरत भैया' कहते थे और माँ को 'भौजी'। कभी मैंने उन्हें माँ का नाम लेते नहीं सुना।

उन्होंने सबसे पहले मुझसे पूछा :

—अमिता बेटी! तुम हमारे घर अपनी चाची के कामकाज में हाथ नहीं बँटा सकोगी क्या?

मुझसे पहले माँ ने उत्तर दिया था :

—क्यों नहीं भैया! जरूर हाथ बँटा सकेगी।

फिर तो दूसरे ही दिन से मैंने पंडित जीवनलाल के घर काम करना शुरू कर दिया। देवन्ती चाची जब भी मुझे कुछ अधिक काम करते देखतीं तो बोल उठती थीं :

—देखो अमिता, तुम यहाँ नौकरी करने नहीं आयी हो, तुम्हें अपनी चाची की मदद करनी है। इसलिए खुद को अधिक थकाने की जरूरत नहीं।

कितने अच्छे लोग थे। इस घर में मेरे पापा का आना-जाना तो हमेशा से था। रामायण, महाभारत तथा अन्य धार्मिक ग्रन्थों पर मेरे पापा और चाचा जी के बीच लम्बी चर्चा होती थी। चाचा के आर्यसमाजी होने के कारण बहस कभी तकरार का रूप ले लेती पर तुरन्त हँसी-मज़ाक भी शुरू हो जाता। मेरा उस घर से गहरा लगाव था। पंडित जी की दोनों बेटियों के साथ मेरी गहरी दोस्ती थी लेकिन दोनों के ब्याह हो जाने के बाद से उस घर में मेरा आना-जाना कम हो गया था।

जीवनलाल का एक ही बेटा था सत्यानन्द जो अपनी बहनों से बड़ा था और मुझसे तो कहीं नौ-दस वर्ष का बड़ा ठहरा। वह अपने बाप तथा अपनी बहनों

से एक मामले में एकदम भिन्न था। वह बोलता बहुत कम था। हँसना तो गोया उसे आता ही नहीं था। देवन्ती चाची ने एक बार मुझसे कहा था :

—सत्यानन्द को न जाननेवाले सोचेंगे कि यह गूँगा है। खासकर लड़कियाँ, क्योंकि यह कभी भी किसी लड़की से बात की शुरुआत कर ही नहीं पाता।

चाची का संकेत मैं समझ गयी थी इसलिए मैं ही सत्यानन्द के साथ बात की शुरुआत करती। अब ऐसे व्यक्ति के बारे में कोई गलत धारणा बनाई ही नहीं जा सकती थी। लेकिन उस घर में मेरी नौकरी के कोई चार महीने बाद ऐसी बात होकर रही जिसकी कल्पना न तो उस घर के लोग कर सकते थे और ना ही गाँव के लोग भी शायद।

उस दिन चाचा और चाची को किसी बीमार रिश्तेदार को देखने कॉटिज गाँव जाना पड़ा था।

बाहर बारिश हो रही थी।

चाचा और चाची के कमरे की सफाई के बाद मैंने सत्यानन्द के कमरे के अधखुले दरवाजे के बाहर से कहा :

—सत्यानन्द भाई, आप बाहर आ जाइए ताकि मैं कमरे की सफाई कर सकूँ।

बिना कुछ कहे सत्यानन्द अपने कमरे से बाहर आ गया। रेडियो की आवाज़ कुछ अधिक तेज़ थी फिर भी बाहर जोरदार वर्षा की आवाज़ अनसुनी नहीं हो पा रही थी। हमेशा की तरह मैंने चारपाई की चादर उतारकर उसे झारना शुरू किया ही था कि अधखुले दरवाजे को झटके के साथ बन्द होते पाकर मैं चौंक उठी। मुड़कर देखा तो पाया कि सत्यानन्द दरवाजे को भीतर से बन्द करके क्षणभर के लिए दरवाज़े के पास ही ठिठका रहा। मैं दहलकर पूछ बैठी :

—क्या कर रहे हो?

देखते-ही-देखते वह एकदम मेरे पास आ गया। मैंने दायें-बायें होकर वहाँ से निकलने का रास्ता ढूँढ़ा पर इस बीच उसने मुझे अपनी बाँहों में कसकर मुझे लिए हुए चारपाई पर लुढ़क गया। मैं हाथ-पाँव मारती रही। चिल्लाती रही। चिल्लाती ही रह गयी थी।

5

लन्दन की खुशियाँ क्षणिक रह जाती हैं और मॉरिशस की यातनाएँ चिरस्थायी। उस मूसलाधार वर्षा में मैं पंडित चाचा के घर से सीधे अपने घर न जाकर पिछवाड़े से हुस्ना के घर चली गयी थी। सबसे पहले हुस्ना की माँ की नज़र मुझ पर

पड़ी। मेरे चेहरे के आँसुओं की धाराओं को बरसात के पानी की धाराओं के बीच वह परख नहीं पायीं। मेरी हालत देखकर हैरत में पड़ी रहीं। फिर मेरे दोनों कन्धों को थामकर मुझसे एक ही बार में कई सवाल कर बैठी थीं।

मेरे सिसक उठने पर भीतर से हुस्ना भी सामने आ गयी। मैं उससे लिपट कर दहाड़ उठी। चाची मेरे बिखरे बालों पर हाथ फेरती मुझे शान्त करने की चेष्टा करती रहीं। हुस्ना मेरी बाँहों को जकड़े पूछती रही :

—अमी! बात क्या है?

... ...

—अमी, बताओ तो सही। सुधीर भैया तो ठीक हैं न?

... ...

—तुम बोल क्यों नहीं रही? तुम्हारा वस्त्र इस तरह फटा हुआ क्यों है?

मैं हुस्ना की पकड़ से छूटकर चाची से लिपट गयी। तभी दूसरे कमरे से चाचा भी हमारे बीच आ गये। पूछ बैठे :

—क्या बात है बेटी?

जवाब न पाकर उन्होंने हुस्ना से कहा :

—एक ग्लास पानी ले आओ।

चाचा ने मुझे सामने के सोफे पर बिठाया :

—घर पर सभी कुछ ठीक-ठाक तो है न?

कहीं से एक तौलिया उठाकर चाची मेरे पास आयीं। मेरे भीगे बालों और चेहरे को पोंछने लगीं। हुस्ना भी पानी लिये आ गयी। उसने अपने ही हाथों मुझे पानी पिलाया। चाचा ने बड़े ही प्यार से धीमे स्वर में पूछा :

—इस समय तो तुम पंडित जी के घर काम में लगी होती हो।

मैं बोलना चाहकर भी कुछ बोल नहीं पा रही थी। ज़ेहन से निकले शब्द गले में चिपके रहे। चाचा ने इस बार और भी प्यार के साथ पूछा :

—तुम पंडित जी के घर से आ रही हो न?

मैंने सिर हिलाकर हामी भर दी।

—वहाँ किसी ने...?

आखिर मेरे गले से शब्द लड़खड़ाते हुए निकल पाये :

—चाचा, मैं क्या करूँ, कहाँ जाऊँ?

—ऐसी क्या बात हुई जो...

—मेरी माँ जान दे बैठेगी। मेरा भैया...

—क्या हुआ तुम्हारे भैया को?

—मेरा भैया पागल हो जाएगा।

हुस्ना को मेरे करीब लाकर चाची बोलीं :

—इसके साथ जो कुछ हुआ है यह हमें नहीं बता पाएगी। मैं भी दूसरे कमरे में जा रही हूँ। तुम्हीं जानने की कोशिश करो कि इसकी यह हालत कैसे हुई।

मैंने हाथ आगे बढ़ाकर चाची को रोक लिया था। अपनी हँफनी को थाम कर मैंने कहा :

—चाची, पंडित चाचा के बेटे ने...

हुस्ना की माँ सिर धुन उठी। उसकी नज़र में मेरे लहँगे पर का धब्बा दिखाई पड़ गया था।

—या अल्लाह!

मुझे कुर्सी से उठाकर उसने छाती से लगा लिया। हुस्ना भी बात समझकर बिलख उठी। चाची ने पूछा :

—घर पर पंडित जी नहीं थे क्या?

—चाची भी नहीं थीं।

—इतने भले आदमी का बेटा इतना बड़ा शैतान!

—चाची, मेरी माँ और मेरे भाइयों को यह बात मालूम नहीं होनी चाहिए।

—तू फिकर मत कर बेटी। यह इस घर की भी क़यामत है बेटी।

हमीद चाचा दूसरे कमरे से सामने आ गये। मेरे माथे को चूमकर बोले :

—उस लड़के की हरकतों से मैं वाकिफ हूँ। तू फिकर मत कर बेटी। यह बात इस चारदीवारी से बाहर कभी नहीं निकलेगी। तुम कपड़े बदलो और आराम करो। बारिश बन्द होते ही तुम्हारी चाची तुम्हें घर छोड़ आएगी। हम सब सँभाल लेंगे।

6

वहाँ समन्दर की अथाह गहराई थी और यहाँ सीमेन्ट और पत्थरों की दीवारें बस सिर धुनते रहने के लिए। सूर्या ने जब पहले दिन मुझसे कहा था कि मैं भी उसके साथ इंग्लैंड क्यों नहीं चलती तो मैंने उससे पूछा था कि आखिर मैं वहाँ क्या करने जाऊँगी। यह बात तो मुझे बहुत पहले ही मालूम हो गयी थी कि वह इंग्लैंड डॉक्टरी सीखने जा रही है। पैसेवाले की बेटी थी। वह तो फ्रांस, अमेरिका कहीं भी अध्ययन के लिए जा सकती थी पर मैं तो अपने देश के ही कॉलेज में पढ़ने में असमर्थ थी तो इंग्लैंड की बात सोच ही कैसे सकती थी।

वह बार-बार साथ चलने की बात करती रही और मैं हँसकर रह जाती थी।

बलात्कार की शिकार हो जाने के बाद मैं दिन-रात यही सोचती रही कि मैं इस देश में, ख़ासकर अपने गाँव में क्या मुँह लेकर जीऊँ? आज नहीं तो कल

गाँव के लोगों को इस बात की जानकारी तो मिलकर ही रहेगी कि मेरे साथ क्या हुआ है। हमीद चाचा के घर से तो यह बात बाहर हो ही नहीं सकती। जीवनलाल चाचा के घर से तो इस बात का बाहर होना और भी नामुमकिन था। मुझे चाचा की यह बात याद आ गयी जो उन्होंने हमीद चाचा के घर कही थी।

—उस कमीने ने इतना भी नहीं सोचा कि मैं आर्यसभा का प्रान्तीय प्रधान हूँ। जिस कमरे में उसने यह घोर पाप किया क्या उसकी दीवार पर उस नालायक की नज़र नहीं पड़ी थी! उस महान आत्मा का तो ख्याल किया होता जिसने स्त्री की गरिमा बढ़ाई थी।

भगवे रंग की पगड़ी पहने दीवार पर टँगे उस चित्र का वह अलौकिक मुखड़ा मेरी आँखों के सामने था जिस समय मेरा वस्त्र फाड़ा जा रहा था। क्षण भर को मैंने अपने को द्रौपदी समझ भगवान की दुहाई दी। मेरी वह पुकार कन्हैया तक पहुँच ही नहीं पायी। मैं समन्दर के पानी के भीतर साँसों को लिये छटपटाती रही। मैं चीखती-चिल्लाती रही पर रेडियो और बरसात की बौछारों की आवाज़ों के सामने मेरी आवाज़ अनसुनी रह गयी थी।

अपनी बढ़ती जा रही मानसिक यातना से विवश होकर मैंने सूर्या की बात मान ली थी यह सोचे बिना कि यात्रा का खर्च कहाँ से आएगा। पहले से पहुँची सूर्या को यह आश्वासन मिल गया था कि इंग्लैंड के अस्पतालों में परिचारिकाओं की कमी के कारण नर्स की ट्रेनिंग और नौकरी तो जल्द ही मिल जाएगी। मुझे अपने दोनों भाइयों को मनाने की ज़रूरत नहीं पड़ी थी पर माँ को मना पाना आसान नहीं था। हमीद चाचा और चाची आखिर में माँ को राज़ी करके ही रहे।

चाची ही मेरी माँ को अपनी बड़ी बहन की बेटी का हवाला देते हुए समझा पायी थीं कि मुमताज़ की तरह मैं भी वहाँ काम करके यहाँ रुपये भेज पाऊँगी।

माँ बोली थी :

—बात पैसे की नहीं है। मैं तो अपने बचे हुए गहने बेचकर भी इसे परदेस भेज सकती हूँ। मुझे तो इस बात की चिन्ता है कि कहीं मुमताज़ की तरह यह भी वहीं की बनकर न रह जाये।

चाची ने हँसकर माँ से कहा था :

—अगर ऐसा हो भी गया तो क्या हर्ज़ है? वैसे भी बेटियाँ माँ के घर रहने के लिए थोड़े ही जनम लेती हैं। और फिर यह मत भूलो दीदी कि मुमताज़ हर तीसरे साल आती-जाती रही है।

—नहीं। मैं तो यह चाहूँगी कि मेरी अमिता नर्स बनकर हमारे बीच लौट आये।

—अरे पगली, नर्स तो वह...

चाची को पता चल गया कि हमीद चाचा यही कहने जा रहे थे कि नर्स तो वह छह महीने के भीतर ही बन जाएगी इसलिए चाचा के वाक्य को पूरा होने से पहले बोल गयी थीं :

—नर्स तो वह बनकर रहेगी पर साथ-ही-साथ उसे विदेश से कुछ कमा लाने दो।

—मैं नहीं चाहती कि मेरी बेटी उस अनजान देश में साल-दो-साल से अधिक रहे।

—अनजान देश काहे को, दीदी। महीना भी नहीं लगेगा इसे वहाँ के लोगों से हिलमिल जाने में।

इस बार माँ ने मेरी ओर देखकर सीधे मुझसे बात की थी :

—काम पूरा होते ही लौट आओगी न?

मैंने सिर हिलाकर हामी भरी थी।

—मैं पका आम हूँ, कभी भी...

मैंने माँ की बात पूरे होने नहीं दी थी :

—ऐसी बात मत करो माँ।

—पर बेटी, मैं एक और बात से चिन्तित हूँ। सुना है कि वहाँ सब्जियाँ कठिनाई से मिलती हैं और तुम तो मांस-मछलियाँ सूँघती तक नहीं।

—अरे नहीं दीदी, हमारी मुमताज़ तो कहती है कि अब धीरे-धीरे वहाँ सभी सब्जियाँ मिलने लगी हैं।

7

लन्दन के शुरुआत के दिन महीनों जैसे लम्बे प्रतीत होते थे और अपने वतन में जीये हुए वर्ष लम्हे हो चले थे। सूर्या का फ़ोन आया था। मैं मॉरिशस ले जाने के लिए कुछ उपहार खरीदने ऑक्सफोर्ड रोड गयी हुई थी। अपनी लैंड लेडी से सूचना पाकर मैंने सूर्या को फ़ोन मिलाया। मेरी ही तरह वह भी घर पर नहीं थी। मैंने उसकी नौकरानी से कह दिया कि वह उससे कह दे कि मैंने फ़ोन किया था।

सूर्या से लगभग आठ साल से जान-पहचान थी। लेकिन अब वह आठ साल पहलेवाली सूर्या नहीं थी। उसका यह बदलना अकस्मात नहीं हुआ था। उसे धीरे-धीरे बदलते हुए मैं देखती आ रही थी। इधर सालभर में वह एकदम दूसरी सूर्या बन चली थी। एक घोर परिवर्तन के बाद भी मेरी और उसकी आत्मीयता

में कोई फर्क नहीं आया था। हाँ, यह दूसरी बात थी कि अब सुधीर भैया के बारे में वह कम बोलती या पूछती थी। इधर दो महीने होने को थे और एक बार भी सुधीर नाम उसके होठों पर नहीं आया।

छह साल पहले किंग क्रॉस के एक कॉफी हाऊस में उसने मुझे एक फ्रांसीसी युवक से मिलाया था। वैसे तो पहले भी अपनी हर नयी सहेली और नये दोस्त से मिलाते हुए उसने ऐसी घनिष्ठता नहीं दिखाई थी। दूसरे दिन जब वह मेरे घर आयी तो मैं बातचीत के दौरान उससे पूछ ही बैठी :

—कल वाले अपने उस फ्रांसीसी दोस्त का क्या नाम बताया था तुमने?

—फ्रेदेरिका। कैसा लगा तुम्हें?

—फ्रेदेरिका या तुम दोनों के बीच की नज़दीकी?

—डोंट जंप टू कोंक्ल्यूजन। सभी दोस्तों की तरह वह भी मेरा दोस्त है।

—वह भी डॉक्टरी...

—नहीं। ही इज़ असेस्टेंट मैनेजर इन ए फेमस स्टोर।...अच्छा अमिता, अब मैं तुमसे एक बात पूछना चाहती हूँ।

बहुत दिनों बाद सूर्या ने मुझसे भोजपुरी में सवाल किया था। आगे भी अँग्रेज़ी न बोलकर क्रिओल में पूछा था :

—कोमॉ तो त्रूव ली?

—मुझे तो बड़ा स्मार्ट लगा।

—है न? वह भी तुमसे बहुत प्रभावित है।

8

विदेश में रहकर भी स्वदेश ही अधिक करीब रहता है उस लम्बी दूरी के बावजूद। उस रात मैं काफी देर तक सुधीर भैया के बारे में सोचती रह गयी थी। सुधीर भैया का इलाज अब भी चल रहा था। उसकी हालत में काफी सुधार आ जाने के कारण आजकल वह ग्राँ-बे के एक सुवेनीय शॉप में सेल्समैन था। मैं जानती थी कि मेरे छोटे भाई अनिल की पढ़ाई को जारी रखने के लिए उसे रुपयों की जरूरत थी। माँ और हुस्ना, दोनों से मुझे इस बात का पता तो पहले से ही था कि मेरे भेजे पैसे को भैया ने न तो अपने इलाज पर कभी खर्च किया और ना ही घर की मरम्मत के लिए।

भैया के पत्र से पता चला था कि मेरे भेजे पैसे वह हर महीने पंडित जीवनलाल जी के घर छोड़ आता था। मेरे साथ हुए सदमे के बाद पंडित जी

चाची के साथ सप्ताह में दो-तीन बार हमारे घर आ जाते थे। इस बात की जानकारी हमीद चाचा ने जीवनलाल चाचा को अपने घर बुलाकर दी थी। चाचा और चाची, दोनों ने मेरे सामने हाथ जोड़ लिये थे और मैं लज्जित होकर सिर झुकाकर रह गयी थी। उसी दिन हमीद चाचा ने पंडित चाचा के सामने वह बात रखी थी जिसके मान लिए जाने पर मैं सूर्या के बार-बार के अनुरोध को आखिर मान सकी थी। अपनी मंजूरी देते हुए चाची ने मुझसे कहा था :

—बेटी! मेरे नालायक बेटे के द्वारा तुम्हारे साथ हुए अनर्थ को हम मिटा तो नहीं सकते लेकिन तुम्हारे जीवन को बदतर होने से बचाने के लिए हमसे जो हो सकेगा हम करेंगे।

हमीद चाचा ने एक लम्बी साँस लेकर कहा था :

—अमिता की एक सहेली डॉक्टरी पढ़ने लन्दन जा रही है। हमारी बिटिया अमिता के पास तो वे प्रमाणपत्र हैं ही नहीं जिससे वह भी लन्दन जाकर डॉक्टरी सीख आये। पर एक बात हो सकती है।

क्षणभर चुप रहकर उन्होंने पंडित चाचा से कहा :

—अमिता की सहेली चाहती है कि अमिता भी उसके साथ लन्दन जाये और कम-से-कम नर्स बनकर लौटे। इसलिए...

पंडित चाचा ने हाथ के इशारे से हमीद को रोककर कहा था :

—मैं आपकी बात समझ गया। अमिता को लन्दन मैं भेजूँगा।

और उन्होंने वैसा ही किया पर मेरी भी यह शर्त उन्हें माननी ही पड़ी थी कि मैं लन्दन के अस्पताल में काम करके उनका पाई-पाई चुकाऊँगी। मेरा भाई इसी विश्वास पर हर महीने जीवनलाल चाचा के घर बकाए की किश्तों को पहुँचाता रहा था।

9

लन्दन में दोस्त ज़रूर मिले मगर हुस्ना और तेरेज़ा को मैं हर डगर तलाशती रही। हुस्ना से यह जानकर कि मुझसे पहले एक और लड़की के साथ भी बलात्कार हुआ; मैं विचलित हो उठी थी। पहली बार मुझे ऐसा लगा कि अगर मैं अपने साथ हुई घटना पर परदा नहीं पड़ने देती तो वह जानवर आज काल कोठरी में होता। अपने कमरे की भरपूर रोशनी के बीच मुझे ऐसा एहसास होने लगा था कि मैं एक गहरे ब्लैक आउट में थी। हाथ को हाथ न सूझने वाले घटाटोप में।

इस बात का पता तो मुझे मॉरिशस छोड़ने के बाद ही चला था कि मुझसे

पहले वाली लड़की के परिवार को भी रुपये देकर पंडित जीवनलाल ने उसे पुलिस तक नहीं जाने दिया था। यह सुनकर तो मैं कई रातें नींद से महरूम रही। सोचती रही...क्या अपनी बदनामी का डर मुझे ज्यादा था या कि अपने परिवार की इ़ज़्ज़त का ख्याल! अगर पहली लड़की के परिवार की चुप्पी खरीदी गयी थी तो फिर मेरे साथ भी तो लगभग यही हुआ था। अपने परिवार के जीवन को विषाक्त होने से बचाने के लिए मैं अपने जीवन की कितनी बड़ी गलती कर बैठी थी!

उन दिनों मैं अपने भीतर एक डर भी तो लिए हुए थी। विकल्प ढूँढ़ती रहती थी। केवल हुस्ना के घर अपनी दुविधा पर बातें कर पाती थी। हमीद चाचा बार-बार कहते रहते कि अगर उस कांड का पता मेरी माँ को कानोंकान भी लग जाता तो वह अपनी जान भी गँवा सकती थी। मैं भी तो अपनी जान देकर उसकी जान नहीं बचा पाती। मैं भी मान-अपमान के बवंडर में गोते लेती रही। कई बार हुस्ना से कहती कि मैं अपने को एकदम अस्थिर पाने लगी हूँ।

कितनी बड़ी गद्दारी थी अपने आप से! खोखली इ़ज़्ज़त के कारण एक गुनहगार को पुलिस के हाथों जाने से बचा लिया था मैंने। मैं बचपन से ही अपनी माँ और अपने पापा के स्वभाव को प्रतिमान बनाकर जीने की बात सोचती रहती थी। मेरे और मेरे छोटे भाई के बीच कई बार बहस भी छिड़ जाती, तक़रार भी हो जाया करती थी। पहला साल था उसके कॉलेज जाने का और अपनी नयी दुनिया के प्रभाव से वह अपने को प्रभावित होने से नहीं रोक सका था।

बड़े ही ओजपूर्ण स्वर में वह कहता कि कल के लोगों के दिन कुछ और थे, हमारे दिन कुछ और हैं। वे लोग माँ-बाप के बनाये दायरे में जीनेवाले लोग थे। हमारी पीढ़ी किसी दूसरे के बनाये सिद्धान्तों पर चलकर अपने को पीछे ले जाने की बात क्यों करे! बात-बात में सवाल कर जाता था :

—ऐ मेरी बहना, तुमने अपनी पहली पुस्तक बिजली की बत्ती की रोशनी में थोड़े ही पढ़ी होगी। टीन के पेट्रोल से जलनेवाले चिराग़ की रोशनी में पढ़ी होगी। बोलो, हाँ या नहीं?

—तुम बोलो कि ये सारी बातें तुम्हारे अपने दिमाग की हैं या कि तुम्हारे दोस्तों के?

—मेरे प्रश्न का उत्तर तो दो!

—पेट्रोल के चिराग के प्रकाश में पढ़ती थी मैं।

—तो क्या यह जरूरी है कि मैं भी पेट्रोल के चिराग में पढ़ूँ? तुम लोग ग्रामोफ़ोन पर गाने सुनते थे, आज वह दिन ढल गया। अब हम रेडियो से गाने सुनते हैं।

—पर आनेवाले दिनों में इस रेडियो से भी बेहतर सुनने में आ रहा है कि

अगले साल हमारे यहाँ टेलीविज़न आ जाएगा।

—यही तो मेरा अध्यापक भी कहता है कि अपने सामने की चीज़ों से चिपक कर न रहें। हमेशा आगे की सोचें।

अपने छोटे भाई की इस बात को याद करके मैं अपने आप से पूछ बैठती हूँ कि क्या मैं आगे की सोच पायी थी। आगे की सोच पाती तो क्या एक तीसरी लड़की आज मेरी जैसी स्थिति में पहुँचती?

लन्दन में जीती हुई मैं सोच उठती कि कहीं अपने देश में मैं गलतफहमी में तो नहीं जी रही थी। एक ऐसी गलतफहमी जिसकी आदी होकर मैं सहज भाव से उसे स्वीकारे रही। मेरे पापा बड़े गम्भीर स्वभाव के आदमी थे। इसलिए उनके ज़ोर से बोलने और बात-बात पर नाराज होने पर मैंने उन्हें कभी एक बुरा इन्सान नहीं माना। अपनी माँ को मैंने हमेशा शान्त और हँसमुख पाया था। अपनी सादगी में भी वह अपूर्व दिखती थी। मैंने यहाँ खुद अपने पापावाली गम्भीरता में ढालने की कोशिश की थी, वहीं माँ की सादगी, उसकी नम्रता और शालीनता को भी अपने जीवन में लाने की चेष्टा की थी। कहाँ तक सफल रही, पता नहीं।

लन्दन में मेरे पापा और माँ, दोनों की प्रवृत्तियाँ मुझे काम आयीं। ज़ोर से बोलनेवालों के साथ मैं भी ज़ोर से बोलने से नहीं चूकी और नर्मी से पेश आनेवालों के साथ मैं भी नर्मी से पेश आकर ही अपने पाँव जमा पायी। कुछ लोग मुझसे सहमकर मेरी इज़्ज़त करने को बाध्य हुए और कुछ लोग सहज मुस्कान के कारण मेरे शुभचिन्तक बने रहे।

लन्दन में मेरा पहला वर्ष पूरा हुआ था जब अचानक एक अजनबी ने मेरे जीवन में एक चिरपरिचित की तरह प्रवेश किया। हमारी पहली मुलाकात के बाद वह सूर्या की मदद से मेरे और करीब आता गया। यह वही व्यक्ति था जिससे सूर्या ने किंग क्रॉस के कॉफी हाऊस में मुझे मिलाया था। कई दिनों बाद सूर्या को उससे अपनी पहली मुलाकात की बात बताकर हम खूब हँसे थे। वह बोल उठी थी :

—छुपे रुस्तम।

फ्रेंच भाषा मैं अँग्रेज़ी से बेहतर बोलती थी और फ्रेंच के माध्यम से ही हम दोनों कम समय में एक-दूसरे के करीब पहुँचते गये। अस्पताल में मेरे साथ काम करनेवाली एक मॉरिशसीय सहेली से विदा लेते हुए मैंने उससे कहा था :

—ओ रे व्वार। आ देमें। (कल मिलेंगे।)

कि तभी मेरी बायीं ओर से वह व्यक्ति सामने आकर फ्रेंच में बोला था :

—आप बहुत अच्छी फ्रेंच बोलती हैं।

10

पराई भूमि पर अपनापन रोपकर भी कई बार परायेपन को ही फलते पाती रही। अपना देश छोड़ने के बाद चन्द ही हफ्तों के दरमियान मुझे यह एहसास होने लगा था कि अपने देश और अपने घर से अच्छा देश और अच्छा घर कहीं और नहीं मिल सकता। अपने घर की तंगहाली के बावजूद मेरा घर अपना संसार था। मेरा देश मेरा स्वर्ग था। अपने साथ हुए हादसे को भूलकर भी मैंने एक बात को न भूलने की कसम खा रखी है। मुझे मेरी अपनी माँ, अपने दोनों भाइयों से अलग करनेवाले उस व्यक्ति से निबटना है। मुझसे पहले उसने एक और लड़की की जिन्दगी तबाह की पर मैं बेशुमार मानसिक यातनाओं के बाद भी खुद को तबाह हो चुकी नहीं मानती। अब मेरे इधर आ जाने पर उसने एक तीसरी लड़की को अपना शिकार बनाया।

बस, वह मेरी वापसी का इन्तज़ार करे।

मैं अपने ज़ेहन से अपने अतीत को मिटा नहीं पा रही। मैं आज भी उस घटना को अपने कन्धों पर अपनी उम्मीदों और सपनों के शव की तरह लिए हुई हूँ। मेरा वह अतीत क्षणभर के लिए बिजली की तरह कौंधकर मेरे मस्तिष्क में उभरता है और मेरे संकल्प को और भी शक्तिशाली बना जाता है।

लन्दन में शुरू के महीने मेरे लिए अपनी ज़िन्दगी के सबसे उदासीन दिन रहे हैं। यहाँ की सड़कों की भीड़, यहाँ की आपाधापी के बीच भी मैं एकाकीपन का बोझ हर पल अपने सिर पर लिये रही। यहाँ के भिन्न रंग-ढंग के लोगों के बीच, अलग संस्कृति, अलग सोच और अलग मानसिकता के बीच भी मैंने अपने ज़ेहन में अपने अतीत को अपने वर्तमान से टकराते पाया तो कभी उसमें अपने भविष्य के स्पन्दनों की अनुभूति भी पायी।

यह मेरे अपने जीवन की एक ऐसी स्थिति रही है जिसे जानने का अवसर मुझे अपने देश में शायद नहीं मिल पाता। जूझने की यह प्रक्रिया कभी अपने आपसे, कभी परिस्थितियों से, कभी दो अलग संस्कृतियों के टकराव से मुझे कमज़ोर न बनाकर अधिक सजग और अधिक बुलन्द रहने की ताकत देती रही है। इस माहौल में मैंने एक नयी चेतना भी पायी और जीवन की एक अलग परिभाषा भी। अपने देश में मैं क्या थी यह मेरे लिए उतना महत्त्व नहीं रखता। मैं क्या हूँ और इस डगर से मैं क्या होकर रहूँगी, इसे मैं नियति के हाथों में नहीं छोड़ रही।

अस्पताल में कई देशों के विभिन्न लोगों से मिलकर भी मैंने अपनी निजी पहचान को धुँधलके में खोने नहीं दिया। सूर्या जब अस्पताल के कैम्पस में चली गयी तो अकेले घर का किराया मेरे लिए बोझ-सा जरूर प्रतीत हुआ पर चन्द

ही दिनों में वह हल्का हो रहा। अपने ही देश की एक लड़की जो मुझसे एक साल पहले से यहाँ थी और एक ही अस्पताल में काम करती थी, मेरे साथ रहने आ गयी और घर के किराये का बोझ अपने आप हल्का हो गया। मंजुला मॉरिशस के दक्षिण प्रान्त की थी। इसलिए शुरू-शुरू के कुछ दिन तो हम एक-दूसरे को अपने-अपने इलाके की ख़ासियत बताते रहे थे। तीन महीने बाद उसे मेरे घर के पास ही घर मिल गया था।

बस यहीं से मैंने अपनी पिछली जिन्दगी को खुद से एकदम झकझोर कर अलग किये बिना उसे किसी ज्वालामुखी की तरह प्रसुप्त रहने दिया। तब मैं और सूर्या एक साथ रहते थे। मुझे कुछ अधिक ही गम्भीर पाकर उसने वजह जाननी चाही थी। मैं उसे वजह बताती कि इससे पहले वह बोल उठी थी :

—ओह! याद आ गया। आज ही के दिन...

जब उससे यह हिम्मत नहीं हुई कि अपनी बात को आगे बढ़ाये तो मैंने स्वयं उसे आगे बढ़ाते हुए कहा था :

—मेरे जीवन के उस ग्रहण को आज पूरा एक साल हो रहा है।

—दफ़नाई हुई लाश को जमीन के ऊपर लाने से क्या फायदा अमिता?

—ताकि अपने प्रण को भूल न पाऊँ।

—बदला लेने का प्रण?

—इन्साफ़ पाने का।

—मर्दों के समाज में इन्साफ़ माँगना इतना आसान नहीं होगा।

—सवाल माँगने का नहीं...।

—तो?

—करने का।

—कैसे?

—वक्त बताएगा। कुछ दिन हुए, हुस्ना ने फ़ोन किया था। हालचाल लेने और देने के बाद उसने एक खबर भी दी थी। उस चंडाल ने एक तीसरी लड़की को अपने हवस का शिकार बनाया। गन्ने के खेत में।

—इन बातों से अपने ज़ख़्म पर नमक क्यों छिड़क रही हो?

—भगवान से प्रार्थना कर रही हूँ कि वह पुलिस के हाथ न आये।

—क्या मतलब?

—मैं नहीं चाहती कि क़ानून उसे सज़ा सुनाए।

—तुम चाहती हो कि गुनाहगार आज़ाद फिरता रहे?

—मैं जो चाहती हूँ वह होकर रहेगा।

—मॉरिशस पहुँचकर उसकी हत्या करोगी?

—नहीं।

—तो फिर।

मैं ख़ामोश रही। सूर्या उस ख़ामोशी को तोड़ नहीं पायी।

11

अस्पताल के सभी कामग़ारों में मेट्रन सोफिया मुझे सबसे अधिक चाहती थी। पहली बार जब मैंने उसे माट्रोन सोफिया कहा था तो उसने मेरे हाथों को अपने हाथों में ले लिया था। बोली थी :

—इस शहर में सभी लोग मुझे सोफाया कहते हैं। मैंने यहाँ अपने नाम का सही उच्चारण तुमसे सुना।

एक दूसरी बार उसने दवाखाने के सामने मुझे रोककर कहा था :

—मेरी एक बेटी थी, एकदम तुम्हारी तरह।

मैंने उसे ग़ौर से देखते हुए कहा था।

—थी?

—हाँ, अब नहीं रही। इसी लन्दन की गली में स्किन हेड गुंडों ने उसके साथ बलात्कार करके उसकी हत्या कर दी। वह कॉलेज से घर लौट रही थी। नहीं लौटी। ख़ै...

मैं चुपचाप उसे देखती रही थी कि तभी उसने आगे कहा था :

—तुम्हें जब भी देखती हूँ, मुझे मार्सेलिना याद आ जाती है।

बाद में जब बातों के दौरान मैंने उसे बताया था कि मेरे दादा-दादी और मेरे नाना-नानी भारत से मॉरिशस पहुँचे थे तो उसकी आँखों में एक खास झलक आ गयी थी। उसने बड़े ही मार्मिक स्वर में मुझसे कहा था :

—मेरे पड़ोसी भारतीय हैं। वे मेरी बेटी को बहुत चाहते थे। उनकी पत्नी तो मार्सेलिना को पहली मुलाकात में भारतीय समझ बैठी थी।

ठीक दूसरे दिन मेट्रन सोफिया ने अपनी बेटी की तस्वीर मुझे दिखायी थी। बड़े ही सुखद आश्चर्य के साथ मैं उस तस्वीर को देखती रह गयी थी। वह लड़की केवल भारतीय ही नहीं दिख रही थी बल्कि मुझे तो ऐसा लगा था कि मेरे हाथ में तीन साल पहले की मेरी ही कोई तस्वीर थी।

—है न तुम्हारी ही तरह? मेरी बेटी की मृत्यु के बाद मेरे पति ने यह ठान लिया था कि वह अपनी बेटी के हत्यारों का पता लगाकर रहेगा। जब पुलिस

स्टेशन और स्कॉटलैंड यार्ड के दरवाज़े खटखटाते थक गया तो एक दूसरा प्रण किया था—खुद उन हत्यारों को ढूँढ़ निकालने का। मेरे बार-बार रोकने पर वह उन अड्डों की खाक छानता हुआ पूछताछ करता रहा जहाँ-जहाँ वे स्किन हेड डेरा डालते थे।

यह कहकर मेट्रन सोफिया चुप हो गयी थी। उसकी आँखें सजल हो आयीं, पर छलक नहीं पायी थीं। मेरे यह पूछने पर कि फिर क्या हुआ, उसने शून्य को घूरते हुए कहा था :

—उन गुंडों ने मेरे पति की भी जान ले ली।

उस दिन से मैं मेट्रन सोफिया का पहले से अधिक आदर करने लगी थी। वह मेरे लिए अपने यहाँ से स्पागेची तथा दूसरे इटालियन पकवान लाती रहती और मैं भी उसे भारतीय व्यंजन पहुँचाती रहती। पहली बार तो वह नॉनवेज मेरे लिए ले आयी थी पर यह जान लेने के बाद कि मैं नहीं खाती वह कभी भूल से भी नॉनवेज नहीं लायी।

कई बार मैं सूर्या या अंजलि के साथ उसके घर पहुँची तो वह हमें इटालियन खाना पकाना सिखा जाती। मेरे यहाँ आती तो मैं उसे भारतीय पकवान की रेसीपी देती रहती थी। मेरी बच्ची के जन्म पर उसने मुझसे कहा था कि मैं उसे एक काग़ज़ पर पाँच भारतीय नाम लिखकर दूँ। पहले तो मैं समझ ही नहीं पायी थी कि आख़िर किसलिए उसने ये नाम माँगे थे। मेरी हैरत को ताड़कर उसने झट कहा था कि वह उन नामों में से अपनी पसन्द का नाम चुनना चाहती है। फ्रेदेरिक की हरकत से वह बहुत दुखी थी। एक अंग्रेजी गाली के साथ उसने कहा था :

—वह तुम जैसी लड़की के योग्य नहीं। उसे भूल जाओ। कोई भी नेक-नीयत व्यक्ति बड़े गर्व से तुम्हारी बेटी का बाप बनने को तैयार हो जाएगा।

मैंने अपने आप से कहा था :

—मैं अपनी बेटी की माँ भी हूँ और बाप भी रहूँगी।

नामों की फेहरिस्त लेकर वह घर चली गयी। दूसरे दिन नौकरी पर आते ही सबसे पहले मेरे पास पहुँची। उसने नामवाला काग़ज़ मुझे चुपचाप थमा दिया। मैंने नामों की उस फेहरिस्त पर नजर दौड़ायी। उसने छह नामों पर लकीरें चढ़ा दी थीं जिससे पढ़ पाना सम्भव नहीं था।

एक नाम। बस एक ही नाम काग़ज़ पर ज्यों-का-त्यों था। मैंने मुस्कराकर कहा :

—यह नाम मुझे भी बेहद पसन्द है।

इस पर वह पूछ बैठी :

—तुमने अपने नाम का अर्थ मुझे बताया था। अब यह बताओ कि विमला का क्या अर्थ है?

मैंने कहा —निर्मल, सुन्दर।

12

हमारे घर की दायीं ओर हमीद चाचा का घर था और बायीं ओर मोतीलाल भैया का। मोतीलाल भाई की पत्नी सुरेखा ने जब सुना था कि मैं लन्दन जाने की तैयारी में हूँ तो वह पहले तो मुझे अनजान देश में जाने से रोकती रही थी। बार-बार यही बोलती रही थी कि वह किससे अपना दुख अब रोया करेगी। उसका पति मोती भैया तो बहुत ही भोला-भाला था। विधवा सास थी, वह भी सुरेखा भौजी को अपनी बहू न मानकर अपनी बेटी मानती थी। फिर भी सुरेखा भाभी उस घर में इधर चार वर्षों से दुखी जीवन व्यतीत कर रही थी।

चार साल पहले उसकी ननद मालती ससुराल में अपने छह साल के लड़के को छोड़कर मायके में आ बसी थी। उसका पति कई बार आकर उससे घर लौट चलने की माँग करते थक गया था। वह हमारे घर भी आकर मेरे पापा से अनुरोध करता रहा था कि वह मालती को घर लौटने के लिए मना लें। मेरे पापा ने कई अवसरों पर सुरेखा भाभी के घर जाकर मालती को समझाया पर पिछली बार घर लौटकर पापा यह बोल गये थे :

—गधे को पीछे की ओर चला सकते हैं पर इस मालती को नहीं।

और सुरेखा भौजी इसी मालती के शोषण की शिकार थी। घर में उसी की हुकूमत थी। वह धीमी आवाज़ में तो बात करना जानती ही नहीं थी। जब भी बोलती थी तो पंचम स्वर में। एक दिन मोती भाई ने मेरी माँ से कहा था :

—चाची, आप मालती को समझाए न, वह इस तरह से चिल्ला-चिल्लाकर बातें न करे। टीन की छत झनझना उठती है। कल राजेश फिर आया था। मालती उसके सामने आयी ही नहीं। दूसरे कमरे से चीखती-चिल्लाती रही और अन्त में तो राजेश यह कह गया कि यह आखिरी बार है। अब आइन्दा वह इस घर में भूल से भी कभी पाँव नहीं रखेगा।

—उसकी मौत पर भी उसकी अर्थी को कन्धा देने नहीं आऊँगा। अब तो मेरा बेटा भी उसका मुँह देखना नहीं चाहता।

सुरेखा भौजी जब भी हमारे घर आती, अपनी ननद की क्रूरता हमारे सामने रखती, फिर माँ और भैया की सहानुभूति पाकर नये हौसले के साथ अपने घर

को लौटती थी। लेकिन मालती की हुकूमत में वह अपने हौसले को अधिक देर तक रख पाने में कभी कामयाब नहीं हो पायी।

जब मैंने जीवनलाल चाचा के यहाँ काम करना शुरू किया था तो उसके तीसरे ही दिन भौजी हमारे घर आयी थी और मुझसे घर के पिछवाड़े लीची के पेड़ के नीचे उसने कहा था :

—अमिता! मैं जानती हूँ कि तुम किस परिस्थिति में वहाँ काम करने जा रही हो। मैं उस परिवार को जानती हूँ। बहुत अच्छी तरह जानती हूँ क्योंकि मेरी सास और जीवनलाल की पत्नी दोनों मौसेरी बहनें हैं। मेरा उस घर में आना-जाना होता ही रहा है और वे लोग भी हमारे यहाँ आते ही रहते हैं। फिर भी एक बात से मैं तुम्हें आगाह करना चाहती हूँ। उस घर में दो बड़े सज्जन व्यक्ति हैं पर एक महादुष्ट भी है। उससे अपने को बचाकर रखना।

पूरा गाँव इस बात को जानता था कि जीवनलाल चाचा का बेटा इतने इज़्ज़तदार और शरीफ़ घर का होते हुए भी गाँजे और शराब की बुरी लत लिए हुए था। इसलिए भौजी की बात को मैंने जितनी गम्भीरता से लेना चाहिए था, नहीं लिया। लड़कियों से छेड़खानी करना भी उसकी आदत थी। पर मुझे उससे क्या करना-धरना था। अपने माँ-बाप के सामने वह किसी लड़की की ओर देखता तक नहीं था। लेकिन लड़की को अकेली पाकर वह फिल्मों के घटिया गानों के बाण चलाना शुरू कर देता था। मुझे भी एक बार अकेले देखकर उसने अपनी तान छेड़ ही दी थी। पर इस बार वह फिल्मी गाना न होकर भोजपुरी तान थी।

...चूड़ी लेबे झुमका लेबे, बोल का लेबे गोरिया।
नाटक बा सीनेमा बा, बोल कहाँ चलबे गोरिया।

लेकिन इस बात की तो मैंने कल्पना भी नहीं की थी कि इस तरह की छेड़छाड़ करनेवाला शैतानियत पर भी उतर सकता था। ख़ैर!

सुरेखा भौजी मेरे लन्दन जाने की बात सुनकर मुझे रोकती रही थी और फिर एक दिन यह जानकर कि मेरा निर्णय बदलनेवाला नहीं था तो पूछ बैठी थी :

—जा रही हो? कहीं वहीं बस जाने की बात मत सोचना।

—अरे नहीं भौजी, मैं तो काम सीखने और कमाने जा रही हूँ। तुम घर की हालत देख रही हो! यहाँ तो जब लड़कों को ही नौकरी नहीं मिल रही तो हम लड़कियाँ क्या उम्मीद रखें।

—कितने दिनों के लिए जा रही हो?

—यह तो वहाँ जाकर ही पता चलेगा।

—मेरे परिवार के कुछ लोग वहाँ गये और वहीं के होकर रह गये।

—भौजी, मैं वहाँ बसने नहीं जा रही। कुछ सीखकर और कुछ पैसे कमाकर लौट आऊँगी।

—मुझसे वायदा करो कि तुम लौटकर आओगी।

—मैं लौटकर आऊँगी भौजी। तुम मेरी माँ और मेरे दोनों भाइयों का ख़्याल रखना।

सुरेखा भौजी को मेरे साथ हुए हादसे की जानकारी होती तो यह कहते नहीं चूकती :

—मैंने तुम्हें पहले ही कहा था कि उस शैतान के घर नौकरी मत करो।

13

ऑपरेशन थियेटर में जाने का वह मेरा पहला अवसर था। नर्सिंग कोर्स के सात महीने बाद यह अवसर मेरे सामने आया था। वह भी संयोग से, क्योंकि जिस छात्रा की बारी थी वह बाथरूम में फिसलकर पाँव में गहरी चोट के कारण छुट्टी पर थी। अस्पताल की वरिष्ठ परिचारिका ने जो हमारी प्रमुख अध्यापिका भी थी, उस अफ्रीकन नर्स की जगह पर मुझे नियुक्त किया था। उसे अपने लिए बहुत ही अच्छा अवसर मानकर मैं ऑपरेशन टीम के साथ जुड़ गयी थी।

एक दुर्घटनाग्रस्त अमेरिकन महिला की कमर का ऑपरेशन था वह, जिसे साधारण बताया गया था। पर ऑपरेशन के दौरान वह साधारण न होकर जटिल साबित हुआ था। निर्धारित समय से डेढ़ घंटे ज्यादा का होकर वह ऑपरेशन सफल रहा। जबकि मैं इस बात से डर रही थी कि कहीं यह मेरा पहला अवसर मेरे लिए नाकामयाबी की एक दुखद घड़ी न बन जाए।

उस मरीज से दूसरे दिन मैंने लम्बी बातें की थीं। दर्द के बावजूद वह मुझे यह बता रही थी कि कोई दस साल पहले वह अपने पति के साथ मॉरिशस में पाँच दिन रह चुकी है। बोली थी :

—योर आईलैंड इज़ रीअली ए पैराडाइज़।

अचानक अतीत की यादें मेरे ज़ेहन में ताजा हो आयी थीं। मेरे देश के वे तमाम कुदरती मंज़र मेरी आँखों के सामने झिलमिला उठे थे, जहाँ-जहाँ मैं अपने मामा की कार में अपनी मामी और ममेरी बहनों के साथ घूम आयी थी।

...ग्री-ग्री का वह दहाड़ता समुद्र तट। शामारैल की सतरंगी माटी, क्यूर्पित का वह मृगकुण्ड, निर्मल जलवाला परी तालाब, पाम्पलेमूसज का मनमोहक बाग, एक-एक करके मेरी आँखों के सामने आते गये थे।

एक सप्ताह बाद ही वह अस्पताल छोड़ पायी थी। इस बीच कोई भी ऐसा दिन नहीं था जब वह मेरे देश की बातें नहीं छेड़ जाती। एक दिन उसने कहा था :

—मॉरिशस की लीची और अनानास जैसे स्वादिष्ट फल मैंने उससे पहले कहीं नहीं पाये।

वह कोई दस देशों में घूम आयी थी। अस्पताल छोड़ने से एक दिन पहले उसने कहा था :

—तुम्हारे देश में मैंने कहीं भी भिखारी नहीं देखा।

मन में आया था कि कह दूँ कि बेकारों का हुजूम जरूर देखा होगा।

जिस दिन वह अस्पताल छोड़ रही थी उस दिन भी उसने मेरे देश के प्रति एक और अच्छी बात कही थी :

—मॉरिशस का मौसम भी मुझे बहुत भाया। न ज्यादा गरमी न ज्यादा ठंड। वहाँ के लोगों को भी मैंने वैसा ही 'कूल' पाया।

एक विदेशी से अपने देश की ख़ासियतों को जानकर खुशी तो हुई पर मन में यह ख्याल आये बिना नहीं रहा कि दूर के ढोल सुहाने होते हैं।

अस्पताल की वरिष्ठ परिचारिका भी वहीं थी। मेरी ओर देखा था। मुस्कराई थी फिर बोली थी :

—तभी तो तुम इतनी भोली-भाली लगती हो।

वह मुझे इसलिए सभी परिचारिकाओं से अधिक चाहती थी क्योंकि मैं सब से कम बोलती रही हूँ।

अभी कल ही उसने एक नर्स को डाँटते हुए कहा था :

—तुम मरीजों की देखभाल के लिए हो यहाँ, ना कि किसी पार्टी में।

मगर यह डाँट तो ब्रिजित को पहले भी कई बार मिल चुकी थी पर वह थी कि अपनी ज़ुबान को कभी लगाम दे ही नहीं पायी।

मेट्रन सोफिया इटालियन थी इसलिए जब अंग्रेज़ी बोलती थी तो लगता था कि इटालियन बोल रही हो।

वैसे मैं भी शुरू-शुरू में जब मरीजों या डॉक्टरों से बात करती थी तो बार-बार यह सुनती रहती थी।

—पार्डन! क्या कहा आपने?

एक बार एक डॉक्टर तो यहाँ तक कह गया था :

—आयी कान्ट फॉलो यू। आप फ्रेंच बोल रही हैं क्या?

लेकिन समय के साथ मेरी अंग्रेज़ी स्पष्ट होती गयी थी।

मेट्रन सोफिया की बदौलत मैं अपने आख़िरी इम्तिहान में विदेशी छात्रों में अव्वल आयी थी और जब मैंने मेट्रन को अपने देश लौटने की बात कही तो उसने कहा था :

—तुम मुझसे मेरी सबसे अच्छी नर्स को चुरा ले जा रही हो।

मुझे भी उससे बिछड़ने का दुख था।

14

समुद्री यात्रा के दौरान पैदा होनेवाली परिस्थितियों के बारे में स्वास्थ्य मन्त्रालय तथा हमारे ट्रैवल एजेंट द्वारा हमें बताया जा चुका था। पहले ही से सावधानी बरतते हुए हम सभी ने तीन-चार तरह की गोलियाँ अपने साथ ले रखी थीं। यात्रा के पहले और दूसरे दिन तो मैं परिवार से बिछड़ने की मानसिक यातना को झेलती रही। तीसरे दिन मुझे समुद्री रोग का दौरा पड़ा था। उल्टी, दस्त के साथ बुखार भी दबोचे रहा। गोलियों का असर तो हुआ था पर बहुत देर से। इस बीच मैं और मेरे कुछ साथी भी उस समुद्री यात्रा की पीड़ा को झेलते रहे थे।

जहाज़ का खाना एक अलग समस्या थी ऊपर से यात्रा के आठवें दिन से मौसम भी खराब होना शुरू हो गया था। तीन दिन हम जहाज़ के डेक पर जा ही नहीं पाये। किसी-न-किसी तरह एक दूसरे की हौसलाअफ़जाई करते हुए हमने हर मुसीबत को हिम्मत के साथ झेला था। किसी-न-किसी तरह उस यात्रा के अन्तिम पड़ाव तक हम अपने को हताश होने से बचाए रहे।

सुबह के धुँधलके में जब जहाज़ ने बन्दरगाह में लंगर डाला था तब हम सभी ने राहत की साँस ली थी। हमारे साथ कुछ अफ्रीकी और चीनी लोग भी थे। एक अफ्रीकी महिला को हम बार-बार यही दुआ करते सुनते रहे थे कि हे प्रभु! हमें डूबने मत देना। उसकी यह याचना तूफानी मौसम की शुरुआत से शुरू हुई थी और यात्रा की समाप्ति तक बनी रही थी।

मॉरिशस छोड़ने से पहले हमें यह सुझाव भी दिया गया था कि हम अपने साथ गर्म कपड़े रखना न भूलें। मेरे अपने तीन साल पुराने स्वेटर में दो छेद हो आये थे इसलिए माँ ने मुझे अपनावाला दे दिया था। वही काम आया था।

यह बात तो हमें मॉरिशस में ही मालूम हो गयी थी कि अंग्रेज़ लोग अस्पताल के कामों से नाक सिकोड़ते और मुँह मोड़ते हैं। इसलिए हमें यह हिदायत दी गयी थी कि हम एक सेवा का काम करने जा रहे हैं और सीखने भी। स्वास्थ्य विभाग के एक अफ़सर ने हमें यह भी सुझाव दिया था कि आप वहाँ ऐसा कुछ

न करें जिससे आपके देश की बदनामी हो। अफ़सर की इस नसीहत का मैं कोई अर्थ नहीं निकाल पायी थी। बाद में उसने हमें यह भी बताया था कि ब्रिटेन को अपने उपनिवेशों की बेकार युवा पीढ़ी को एक अवसर देना था सो आपको यह सुनहरा अवसर मिला है इसका सही उपयोग कीजिएगा। वहाँ की ठंड से घबराइएगा नहीं।

वह लम्बी यात्रा सूर्योदय से पहले समाप्त हुयी थी। मैं तो यह सोच रही थी कि सूरज के उदय के बाद ठंड कम हो जाएगी जैसा कि हमारे द्वीप में होता रहा है पर आसमान पर सूरज दिखता तब तो! सामने कुहासा-ही-कुहासा था। सूरज के दर्शन तीसरे दिन हुए थे। तब हमको घर नहीं मिले थे और हम सभी को एक क्वॉर्टर में ठहरना पड़ा था। पता चला था कि पूरे इंग्लैंड में क्रिस्मस की तैयारी ज़ोरों से चल रही है। बर्फ की फुहार दो-तीन सप्ताह पहले ही शुरू हो गयी थी। मेरे साथ जो स्वेटर था उससे मैं अपने को उस भारी ठंड से बचा पाने में असफल रही। मेरे कंपन और बजते दाँतों को देख सूर्या ने अपने पास के स्वेटर को मेरे कन्धे पर रखकर खुद को कम्बल में समेट लिया था।

इस तरह की हड्डियों तक प्रवेश कर जानेवाली ठंड का अनुभव हममें से किसी को नहीं था। ठंड हमारे यहाँ भी पड़ती थी पर इस तरह की जानलेवा ठंड नहीं। नयी ज़मीन, नये लोग, नया मौसम, नये खानपान, नयी भाषा, नये रंग-ढंग — इन सभी को आत्मसात तो करना ही था। अपने दूसरे साथियों की बातें सुनकर भी यही मानना पड़ा कि अपने को इन नयी स्थिति-परिस्थिति का आदी होना आसान नहीं है।

किसी--न-किसी तरह अपने को डगमगाने से रोककर टिकाये रखना था। बर्फ की उस भीषण ठंडक को झेलते हुए मैंने सूर्या के साथ बाकी साथियों से अलग होकर अपने घर में जगह पाकर राहत की साँस ली थी। हम दोनों ने तय कर लिया कि पहले अपनी सहनशीलता को बनाये रखना है। देश की औपचारिकताओं को समझ लेना भी नितान्त आवश्यक है।

सूर्या को चार दिन बाद मेडिकल कॉलेज में भर्ती मिली थी। मुझे छह दिन बाद अपना अस्पताल मिला जहाँ एक वक़्त काम और एक वक़्त पढ़ाई। काम का मतलब था — वरिष्ठ परिचारक और परिचारिकाओं की मदद करना।

एकदम अनजाना माहौल, अनजाने लोग पर जान-पहचान और घनिष्ठता बढ़ने में ज्यादा देर नहीं लगी थी। संयोग से जिस वार्ड में मुझे भेजा गया था वहाँ पहले ही से दो मॉरिशसीय लड़कियाँ तीन साल से कार्यरत थीं। उनके बीच अपने को पाकर लगा इस अनजान ठौर पर अपनेपन का एहसास तो हुआ। एक और संयोग यह रहा कि दूसरी लड़की मेरी ही तरह शाकाहारी थी इसलिए मेरे लिए भी विशेष भोजन की व्यवस्था होने में देर नहीं लगी थी।

बस एक ही बात थी जो परेशानी-की-परेशानी ही बनी रह गयी थी — लन्दन की वह कँपकँपा देनेवाली ठंड।

बर्फ जितनी सुहानी थी उतनी लुभावनी नहीं बन पा रही थी।

15

मैं जब मॉरिशस में अपने परिवार के बीच थी तो माँ की बगल में खड़ी होकर उसे तुलसी के पौधे और सूर्य को अर्घ्य देते हुए देखती रहती थी। माँ वाली आस्था तो मुझमें नहीं थी पर मैं उसे महज एक परिपाटी भी नहीं मानती थी। लन्दन में आँखें मूँदकर मैं उन दृश्यों को देख लिया करती थी।

एक बात तो आज भी मानती आ रही हूँ कि माँ की वह आराधना जहाँ उसकी अपने मन की शान्ति थी, वहीं जीवन की हर चुनौती का सामना कर पाने की एक अन्दरूनी ताकत भी थी। मॉरिशस में नौकरी न पाकर जब लन्दन के लिए रवाना होने लगी थी तो माँ ने मुझे अनेक नसीहतों और हिदायतों के साथ यह भी कहा था कि परदेश में अपने पूजा-पाठ को न भूलूँ।

माँ ने मेरे सूटकेस में दुर्गा माँ की एक तस्वीर के साथ और तीन तस्वीरें रख दी थीं। एक भगवान कृष्ण की थी, दूसरी शिव जी की और तीसरी हनुमान जी की थी। लन्दन के पहले सप्ताह से मैं इन चित्रों के सामने अगरबत्ती जलाकर सभी से एक ही माँग करती थी कि मेरी माँ और मेरे दोनों भाइयों की खुशियाँ और शान्ति बनी रहे।

फ्रेदेरिक के साथ मेरी दोस्ती जिस रफ़्तार से बढ़ी उस पर मुझे हैरानी हुई थी। यह बात बिल्कुल नहीं थी कि फ्रेदेरिक की ओर से किसी तरह की हड़बड़ी हुई थी। पहले ही महीने अस्पताल में चार-पाँच बार हम मिले और उसी पाँचवीं मुलाकात से वह मुझे मीता और मैं उसे फ्रेडी कहने लगी थी। उसी दिन उसने मुझे कॉफी पीने की दावत दी। वह कॉफी हाउस मेरे अस्पताल से तीन-चार मिनट के पैदल रास्ते पर था। फ्रेदेरिक की बाँह की पट्टी अभी भी बँधी हुई थी। दूसरी मुलाकात पर उसने बताया था कि अपने बाथरूम में फिसलकर गिरने से उसके हाथ में वह चोट आयी थी।

सातवीं मुलाकात के दरम्यान मैंने खुद उसकी पट्टी खोली थी और उसे डॉक्टर के पास ले गयी थी। हमारी दोस्ती गहराती गयी। फ्रेदेरिक 'मार्क एंड

स्पेंसर्ज' में सहायक मैनेजर था। वह बार-बार मुझसे अनुरोध करता रहा कि मैं अस्पताल का काम छोड़कर 'मार्क एंड स्पेंसर्ज' में चली जाऊँ। तीसरे दिन के अनुरोध पर मैं पूछ बैठी थी :

—'मार्क एंड स्पेंसर्ज' से जुड़कर मैं नर्सिंग की परीक्षा पास हो जाऊँगी? तो वह जोरों से हँस पड़ा था। पहली बार मैंने उसे उतनी मुक्त हँसी की रौ में पाया था।

हमारी उस दोस्ती के तीन महीने बाद फ्रेदेरिक ने मुझे अपने फ्लैट में ले चलने की माँग की थी। मैंने उसकी माँग को स्वीकार किये जाने की स्थिति में खुद को नहीं पाया। मेरी इनकारी को अन्यथा लिये बिना वह मेरी दावत मंजूर कर मेरे घर आ गया। बस, हमारी दोस्ती को प्यार में बदलते देर नहीं लगी और फिर एक दिन फ्रेडी ने मेरे दोनों हाथों को अपने हाथों में लेकर मुझसे फ्रेंच में कहा :

—मैं तुम्हें अपनी पत्नी बनाना चाहता हूँ।

लन्दन की जीवन प्रणाली को अब तक मैं बारीकी से समझ चुकी थी। मुझे फ्रेडी के प्रस्ताव से आश्चर्य नहीं हुआ पर यह ख्याल जरूर आया कि इस प्रस्ताव को इतनी जल्दी नहीं आना चाहिए था। वह मेरे हाथों को थामे ही रहा और मैंने उससे धीमे स्वर में कहा था :

—फ्रेडी, मुझे सोचने का समय दो।

तीन दिन बाद मैंने फ्रेडी से कहा था :

—फ्रेडी! हम दोनों बहुत अच्छे दोस्त हैं। एक-दूसरे को बेहद प्यार करते हैं। यहाँ तक तो सभी कुछ ठीक-ठाक है। पर हमें यह नहीं भूलना चाहिए कि मैं हिन्दू हूँ और तुम ईसाई हो। मैंने यहाँ के तमाम दोस्तों के सामने इस बात को रखा।

इसके खिलाफ़ कोई कुछ नहीं कह पाया। सभी हम दोनों को पति-पत्नी के रूप देखना चाहते हैं लेकिन...

—लेकिन क्या?

—मेरे मित्रों को यह बात पसन्द नहीं कि मैं गिरजाघर में अपना ब्याह रचाऊँ।

—तो हम सिविल मैरिज कर लेते हैं। न गिरजाघर में जाना होगा और न ही मन्दिर में।

—हम सिविल मैरिज तो करेंगे ही पर उससे पहले...

—उससे पहले क्या?

—मन्दिर और गिरजाघर में जाये बिना मैं यह चाहूँगी कि हमारी शादी क़िसी एक हॉल में शादी के मन्त्रों से हो।

—मंजूर।

16

नवम्बर 1964 का आखिरी सप्ताह था वह। मॉरिशस में धूप तो तेज़ थी ही, गरमी भी अकुलाहट लानेवाली थी। बन्दरगाह की हालत तो और भी चिपचिपाहट पैदा कर रही थी। हमीद चाचा ने मुझे पसीने से तर पाकर कहा था कि गरमी के मौसम में तो पोर्टलुई शहर झुलसने लगता है। हमारी बगल में सूर्या के पिताजी थे जो हमें विदाई के समय कुछ और नसीहतें और हिदायतें दे रहे थे। वे अपने माथे के पसीने को पोंछते हुए बोले :

—यहाँ तो इस समय हम लोग गरमी और उमस से सताये जा रहे हैं। लन्दन में तो इस समय बहुत ज़ोरों की ठंड होगी।

सूर्या की एक सहेली उसे जहाज़ तक छोड़ने आयी थी। वह लन्दन में रह चुकने के अनुभव के बल पर हमें कुछ आगाह करती हुई बोली थी :

—जहाज़ से बाहर होने से पहले अपने को गरम कपड़ों में लपेटना मत भूलना। मैं वहाँ की उस ठंड को भुगत चुकी हूँ। तुम दोनों स्वेटर या दूसरे गरम कपड़े अपने हैंडबैग में रख लेना।

मेरा बड़ा भाई मुझे छोड़ने नहीं आ सका था। उसने अपनी चारपाई पर से ही मेरे लिए शुभयात्रा की कामना की थी। इसके बाद उसने जो वाक्य कहा था उससे मेरा गला रुँध आया था। मैंने रुआँसे स्वर में उसे आश्वस्त किया था :

—नहीं भैया, मैं वहाँ बसने नहीं जा रही। नर्स की शिक्षा पाने और नौकरी करने जा रही हूँ। मैं वहाँ पाँच साल से ज्यादा नहीं रहूँगी।

—पाँच साल तो बहुत लम्बे होते हैं, मीत।

मेरे बड़े भाई ने भी मुझे अमिता कहकर नहीं पुकारा था और उसके अलावा कभी किसी दूसरे ने मुझे मीत नहीं कहा था।

देश छोड़ते हुए मुझे अपनी माँ और छोटे भाई से अधिक चिन्ता सुधीर भैया की थी। एक तो वह बीमार था और अपने दो बेहद प्रियजनों को अपने से दूर जाता देख रहा था। एक शाम पहले सूर्या हमारे घर पर थी। उसने भैया से कहा था :

—समय कितना बेरहम होता है।

इस पर भैया मुस्करा उठा था। अपनी उस मुस्कान को बनाये रखकर उसने कहा था :

—सूर्या! वहाँ अनजान देश में अपना ख्याल रखना और मेरी बहना का भी।

न सूर्या ही अपनी आँखों पर काबू पा सकी थी और ना ही मैं अपने आँसुओं को रोक पायी थी। सूर्या से पहले मैं कमरे से बाहर हो गयी थी। ज़ोर से रोने

को मन कर रहा था पर गहरी सिसकियाँ लेकर अपने को संयमित कर लिया। बाहर आकर भी मैं भैया की आवाज़ सुन रही थी :

—पत्र लिखते रहना मीत। समय मिले तो फ़ोन भी करना।

हमारे घर फ़ोन नहीं था पर मैं उस संकेत को समझ गयी थी। हुस्ना मेरे एकदम पास थी। उसने भैया के आदेश पर ज़ोर देने के लिए कहा था।

—हमारे घर के फ़ोन को पराया फ़ोन नहीं मानना। मैं भी तुमसे फ़ोन पर बात कर लिया करूँगी।

हुस्ना मुझसे दो साल बड़ी थी और पन्द्रह साल की ही उम्र में उसका विवाह कर दिया गया था। डेढ़ साल बाद उसके ससुरालवाले उसे मायके छोड़ गये थे।

अपनी माँ, हमीद चाचा और चाची के पाँव छूकर मैं सूर्या के संग अन्य यात्रियों के साथ आगे बढ़ने को हुई थी कि एक तरफ से हुस्ना ने मेरी बाँह पकड़ ली थी और दूसरी तरफ से मेरे छोटे भाई ने।

नाविक ने जो हमें नाव से जहाज़ तक पहुँचानेवाला था, एक तीसरी बार आवाज दी :

—जहाज़ तक ले जानेवाली यह आखिरी नाव है।

मैंने आखिरी बार के लिए अपने भाई के माथे को चूमा और हुस्ना के गाल को। माँ और चाचा-चाची पीछे रह गये थे। उनकी ओर बस एक बार मुड़कर देखा — बस।

17

महीने-भर से मैं और फ्रेडी प्राय: हर रात दो बच्चों की तरह तू-तू मैं-मैं पर उतर आते थे। वह कहता था कि उसे बेटी चाहिए और मैं बेटा-बेटा की रट लगाये रहती थी।

—नहीं मुझे बेटा चाहिए। बेटा...बेटा...बेटा...

वह मेरे मुँह पर हाथ रखकर खुद रटने लग जाता।

—मुझे बेटी चाहिए...बेटी...बेटी...बेटी...

—नो एँ गारसों...आइ वांट ए बॉय।

—नो इन फ़ी...आइ वांट ए गर्ल।

हमने आपस में शर्त लगायी।

—देखो मीता, जो मैं चाहता हूँ वही होगा और अगर ऐसा नहीं हुआ तो तुम्हें सप्ताह-भर की छुट्टी लेकर मेरे साथ घर पर रहना होगा।

—पर बच्चे को जन्म देने के बाद तो हर हालत में मुझे मैटरनिटी लीव मिलेगी। कम-से-कम दो महीने की। अब यह बताओ कि अगर जो मैं चाह रही वैसा ही हुआ तो?

—तुम जो माँगो, दे देंगे।

—ठीक है, अपनी जीत के बाद ही अपनी माँग तुम्हारे सामने रखूँगी।

—मीता, मॉरिशस की सभी लड़कियाँ तुम्हारी ही तरह ख़ूबसूरत और प्यारी होती हैं क्या?

—जनाब, आपने खूबसूरत लड़की देखी ही कहाँ!

—कब चलेंगे मॉरिशस?

—यहीं तो मेरी सहेलियों से मिलते रहते रहे हो। ऐसा न हो कि उनमें से किसी...

—वह अभी तक नहीं दिखी है।

—और दिख गयी तो?

—तो तुम्हें छोड़ मैं उसे...

—बदमाश!

और मैं तकिये को उठाकर उस पर बरस पड़ी।

फिर तो हम दोनों देर तक हँसते रहे थे और एकाएक मेरा सिर चकराने सा लगा था। सिर थामे मैं पलंग पर लेट गयी थी। फ्रेडी घबराकर सवाल-पर-सवाल करने लगा।

—क्या हुआ मीता? पेट में दर्द होने लगा क्या? मैं डॉक्टर को फ़ोन करता हूँ।

मैंने उसका हाथ थामकर उसे रोक लिया था।

—क्या बात है? एकाएक तुम्हें क्या हो गया?

—मुझे कुछ नहीं हुआ। बस तुम्हारे साथ मैं भी बच्ची बन गयी थी। छेड़खानी में चक्कर आ गया।

—मैं तो डर गया था।

—और अगर सचमुच मुझे कुछ हो जाता तो?

—मेरे होते तुम्हें कभी कुछ हो ही नहीं सकता।

—क्यों नहीं हो सकता?

—मेरा प्यार।

—तेरा प्यार?

—हाँ। मेरा प्यार कभी भी तुम्हारा बाल बाँका होने ही नहीं देगा।

—हमारी संस्कृति में तो इसका उलटा होता है।

—जैसे कि?

—हमारे यहाँ एक कहानी है। पति का नाम सत्यवान था और पत्नी का नाम सावित्री था। एक दिन जब अचानक पति की मृत्यु हो जाती है तो सावित्री मृत्यु के देवता यमराज के पीछे दौड़ पड़ी और उससे यह माँग करती रही कि वह उसके पति की जान को लौटाकर उसके बदले में उसके प्राण ले जाये।

—तुम तो फिक्शन सुनाने लगी।

—यह महज कल्पना नहीं फ्रेडी। सावित्री आखिर में यमराज से अपने पति सत्यवान के प्राण वापस लेकर ही लौटी।

—मज़ेदार कहानी है।

—कहा न, यह महज़ कहानी नहीं है। इस कथा से यह संकेत मिलता है कि आदमी चाहे तो मौत को परास्त कर सकता है।

18

मैं अपनी दस घंटे की उम्र की बच्ची को देखती रही। अस्पताल की धुँधली रोशनी में मुझे ऐसा लगा कि मेरी बच्ची एक अलौकिक रोशनी की गोद में परियों के गानों को सुनकर सो रही थी। क्या सौन्दर्य था उसके मुखड़े पर। मुझे लगा मेरे पापा और मेरी माँ दोनों के चेहरों के मिलाप से ग़जब की आभा छिटक रही थी उस मासूम चेहरे पर। मैंने अपने पापा को उसकी अन्तिम घड़ी तक इसी तरह की मासूमियत में देखा था। अपनी माँ से विदा लेते समय उनके चेहरे पर मैंने यही अपनी बच्ची वाली सौम्यता की झलक देखी थी। मैं निगाहें हटा नहीं पा रही थी अपने शिशु के चेहरे से। लग रहा था वह अपने मधुर सपने में भगवान से बातें कर रही हो तभी तो नींद में भी रह-रहकर वह मुस्कराती-सी लग जाती थी।

जब मेरा निहारना पूरा हो गया तो मैं अपनी बच्ची से बातें करने लगी। उसके चमकते चेहरे से लगा कि वह मेरी हर बात को सुन और समझ रही थी।

मैंने अपने मुँह को उसके कान तक ले जाकर कहा :

—मेरे दिल के टुकड़े, मैं तो तुम्हारा आधा परिचय हूँ। तुम्हारा दूसरा आधा परिचय तुम्हें देखने आ ही रहा होगा। तुम्हें देख मुग्ध हो जाएगा और मुझसे कहेगा —

— मीता, इतनी सुन्दर गुड़िया। मैं तो धन्य हो गया। मैं जीत गया तुम हार गयी। क्योंकि मेरा प्यार तो अब बँटकर तुमसे अधिक मेरी गुड़िया के हिस्से जाएगा।

तुम्हारे पापा तो कोई देवता रहे होंगे कभी, तभी तो मुझे उस हालत में स्वीकार गया जिस हालत में मेरे अपने देश का कोई व्यक्ति मेरी माँग के सिन्दूर को मिटा कर मुझे रास्ते पर छोड़ जाता।

मुझे जब अपनी अतिभावुकता का आभास हुआ तो मैंने आँखें मूँद लीं। फ्रेडी का इन्तज़ार लम्बा होता जा रहा था। हो सकता है बच्चे के जन्म की सूचना पाते ही वह अपनी दुकान से मुन्नी के लिए सबसे सुन्दर कपड़े ढूँढने में लगा होगा।

अस्पताल की मेरी सहकर्मी सहेलियाँ आकर मुझे बधाई देतीं अलग-अलग लफ़्ज़ों में बच्ची की सुन्दरता की बखान करती गयीं।

—एन एंजल।

—एकदम अपनी माँ पर गयी है।

—गुलाब का फूल। एकदम तुम्हारी नाक पायी है अमिता।

—क्या नज़ाकत है, क्या खूबसूरती है। एकदम अपनी माँ की आँखें पायी हैं।

दस घंटे से ग्यारह घंटे हो गये। मैंने अपनी एक सहेली नर्स से कहा कि फ्रेडी को एक बार फिर फ़ोन करके पता लगाए कि वह कब पहुँच रहा है अपनी बेटी को देखने।

पाँच मिनट बाद मेरी सहेली ने बताया कि उसे 'मार्क एंड स्पेन्सर्ज' से निकले घंटा हो चुका है।

जाते-जाते वह बोली :

—वह किसी भी क्षण आ पहुँचेगा।

जिसको सबसे पहले अपनी बच्ची को देखना था वही सबसे देर कर रहा था। मेरे मन में आशंकाएँ पैदा होने लगीं। अज्ञात आशंकाएँ। सहमा देनेवाली आशंकाएँ। कहीं कोई दुर्घटना तो नहीं हो गयी! ग्यारह घंटे? इतने समय में तो दो किलोमीटर का रास्ता बीसों बार तय किया जा सकता है। मैंने बाहर देखना चाहा। खिड़कियों के शीशे बर्फ की बौछारों से अपनी पारदर्शिता को खो बैठे थे। बाहर के दृश्य अदृश्य थे। खिड़कियों पर जमी सफेदी ने बाहरी दुनिया को कालेपन में रंग दिया था।

मेरी निराशा बढ़ती जा रही थी। मेरी उदासीनता गहरी होती जा रही थी। मैं अपनी बच्ची के चेहरे को निहारती रही।

उसका वह अलौकिक चेहरा रात के अँधेरे से मुक्त और बर्फ की सफेदी से अलग रंग लिए हुए था। मेरे पापा, मेरी माँ, मेरे भाइयों का साँवलापन सभी सिमटकर मेरी बेटी के चेहरे पर आ गया था।

जिसको इस खूबसूरती पर निहाल होना था, वह आने में देर कर रहा था।

19

मैं जब छोटी थी तो कई बार मैंने अपनी माँ को यह कहते सुना था कि मैं एकदम अपने बड़े मामा पर गयी हूँ। आँख, नाक और रंग—सारा कुछ मामा से मिलता हुआ बताती रहती थी। मैंने अपने बड़े मामा को नहीं देखा। मेरे जन्म से दो साल पहले उनकी मृत्यु हो गयी थी। मज़दूरों की एक हड़ताल के दौरान पुलिस ने हड़तालियों पर लाठी प्रहार किया था। मेरे मामा चूँकि मज़दूरों की अगवानी कर रहे थे इसलिए लाठी की बौछार का सामना उन्हें ही करना पड़ा था। माँ बताती थी कि सिर पर की भीतरी चोट के कारण खून के जम जाने से पन्द्रह दिन बाद मेरे मामा की मृत्यु हो गयी थी। हमारे घर मामा की एक ही तस्वीर थी जो दीवार पर टँगी हुई थी। तस्वीर धुँधली होते हुए भी मेरे मामा की सुन्दर छवि को धूमिल नहीं कर पायी थी। मैं घर के अपने कामकाज के अन्तरालों में दिन में दो-तीन बार उस तस्वीर के सामने जा खड़ी होती थी :

मैं माँ से एक बार पूछ ही बैठी थी।

—माँ, आखिर मैं तुम्हारे चेहरे पर क्यों नहीं गयी?

—मेरे चेहरे पर जाती तो इतनी सुन्दर नहीं हो पाती।

मैं अपनी बच्ची का चेहरा ग़ौर से देखती रही। मुझे लगा कि वह मेरे ऊपर न जाकर मेरे बड़े भाई की सूरत पर गयी थी।

सूर्या गुलाबों का गुलदस्ता लिये आ गयी। मेरे गालों को चूमने के बाद बच्ची के माथे को चूमकर बोली :

—बहुत सुन्दर बहुत प्यारी है। बधाई हो।

उसके हाथ से गुलदस्ता लेकर बगल की छोटी मेज पर रखकर मैंने उससे पूछा :

—सूर्या, बता तो सही मेरी बच्ची मेरे चेहरे पर गयी है या...?

—ग़ौर से देखने तो दो। आँखें खोले तो जानूँ।

कहने की देर थी। लगा कि बच्ची ने सूर्या की बात सुनकर समझ भी ली।

सूर्या उछल पड़ी :

—अरे, इसने तो अपनी मौसी की बात मान ली!

—बता तो सही कि सचमुच मेरे जैसी है। अस्पताल की मेरी सभी सहेलियाँ कह रही हैं कि एकदम मेरी जैसी है।

—वे इसलिए कह रही हैं क्योंकि उन्होंने सुधीर को नहीं देखा।

—तुम्हें भी लगता है कि सुधीर...

—एकदम सुधीर।

—और फ्रेडी पर तनिक भी नहीं?

—मेरे देखने में तो बिल्कुल नहीं। पर फ्रेडरिक अभी तक नहीं पहुँचा क्या?

—हो सकता है कि रास्ते की ट्रैफिक के कारण देर हो रही है। अरे तू मेरी बच्ची को इस तरह घूरे क्यों जा रही है? लगता है, बच्ची को औंछना पड़ेगा।

—मौसी की नज़र नहीं लगती। जानती नहीं कि मौसी दूसरी माँ होती है। मैं तो इसलिए अभी भी घूरे जा रही हूँ क्योंकि सचमुच तुम्हारी बच्ची एकदम अपने मामा पर गयी है।

—मैंने तो सुना था कि लड़के अपने मामा पर जाते हैं...अरे नहीं मैं भी तो अपने मामा का चेहरा लिए हुई हूँ।

एक परिचारिका पास आकर बोली :

—आपके पति मिस्टर फ्रेडरिक जील्यें का फ़ोन आया था। वह ट्रैफिक जाम में फँसे हुए हैं फिर भी उन्होंने कहा है कि पाँच मिनट में यहाँ आ जाएँगे।

मैंने लम्बी साँस लेकर नर्स को धन्यवाद कहा। सूर्या ने कहा।

—मैं घर जाते ही मॉरिशस फ़ोन करूँगी और तुम्हारी माँ...

—नहीं सूर्या। माँ को कुछ मत बताना। मैंने जब उन्हें अपनी शादी की सूचना नहीं दी है तो बच्चे के जनमने की बात...

सामने से फ्रेडी दो बड़े-बड़े पार्सल के साथ आता हुआ दिखाई पड़ गया।

20

अठारह की उम्र तक मैंने अपने देश में कई शादियाँ देखी थीं। उनमें प्राय: सभी हिन्दू शादियाँ थीं। एक या दो मुस्लिम निकाह देख पायी थी जिनमें एक तो हुस्ना की बहन का था। इन सभी शादियों के अवसरों पर मैंने स्त्रियों को सप्ताह भर से शादी के गीत गाते और नाचते-झूमते देखा था। मौत की त्रासदी से कितने भिन्न होते थे शादी के सभी रस्मो-रिवाज़! हुस्ना की बहन रज़िया की शादी के मौके पर जो उल्लास देखा था और और शान देखी थी उसमें शामिल होकर मैं बेहद खुश थी। फिर हमारे पड़ोस के रामपियार चाचा की बेटी की भी शादी में मैंने अपने को उतना ही खुश पाया था।

वैसे तो जितनी शादियाँ मैंने देखी थीं सभी को खुशियों के माहौल में देखा था और मैं मन-ही-मन अपने आपसे कहती रही थी।

—क्या मेरी शादी भी इतनी धूमधाम से मनाई जाएगी? लोग इसी तरह गाएँगे, बजाएँगे और नाचेंगे? क्या मेरे आँगन में भी पंडाल बनेगा, माड़ो सजेगा और सारा परिवार उमड़ पड़ेगा?

लेकिन एक दिन पता चला कि रज़िया, जिसने निकाह के दौरान खुशी-

खुशी अपनी कबूली दी थी और अपने दूल्हे से कबूली ली थी, अपने ससुराल से मायके को लौट आयी थी। तब मैं यही आठ–नौ साल की रही होऊँगी। अपनी माँ के पास दौड़ गयी थी। पूछा था कि आखिर रज़िया दीदी को उसके ससुराल वाले क्यों छोड़ गये।

माँ पहले तो चपुचाप रह गयी थी। मैंने दोबारा पूछा था तब वह बोली थी :

—अभी तू बहुत छोटी है। इन सब बातों को नहीं समझ पाएगी।

और फिर जब मैं कारण जानने की ज़िद करती रही तो उसने कहा था :

—उसका खाविन्द अपने घर दूसरी औरत ले आया है।

—शादी करके?

—हाँ। वह दो क्या, सात और ला सकता है।

—पर रज़िया दीदी को छोड़ा क्यों?

—क्योंकि उससे बच्चे होने की उम्मीद नहीं है।

यहाँ से माँ की आगे की बातें मेरी समझ में नहीं आयी थीं। दो साल बाद जब अपनी दूसरी शादी के बाद रज़िया दीदी अपनी गोद में बच्चे लिए आयी तो भी मैं कुछ नहीं समझ पायी।

रामपियार चाचा की बेटी विद्या भी जब शादी के तीन साल बाद अपने पति द्वारा त्यागी गयी तो भी मैं कुछ समझ नहीं पायी थी। हालाँकि मेरी उम्र ग्यारह की हो चुकी थी और मैं शादी के मंडप में दूल्हे और दुल्हन को अग्नि परिक्रमा करते हुए यह सुन चुकी थी कि वे जीवन–भर एक–दूसरे के दुख–सुख के भागी रहेंगे।

फिर जब मैंने अपने गाँव में और भी दो–तीन परित्यक्ताओं के बारे में सुना तो लगा कि शादी और मृत्यु में अन्तर ही क्या है। पति की मौत पर मैंने औरतों को जारबेजार रोते देखा था और शादी के बाद पति द्वारा त्यागे जाने पर भीतर–ही–भीतर रोते पाया था। विद्या तो आज भी माँ–बाप के घर लाश की तरह जी रही थी।

मैंने और फ्रेडरिक ने भी प्रतिज्ञा कर रखी है कि हम जीवन के हर दुख–सुख को बाँटते हुए जीएँगे फिर भी न जाने क्यों कई बार मन में अज्ञात ख्याल पैदा हो जाते हैं—और अगर ऐसा नहीं हुआ तो? पर अपने इस ख्याल को तुरन्त ज़ेहन से झकझोर कर मैं कह उठती—“अरे हम तो धर्म और कानून दोनों से जुड़े हुए हैं। मन और तन दोनों से जुड़े हुए हैं हम।

मेरी बच्ची का जन्म। मेरी और फ्रेडी की बच्ची का जन्म। मैंने दो जनों के प्यार को जाना और यह आस लिये रही कि हमारी बच्ची इस प्यार को तीन जनों का विस्तार स्वरूप दे जाये। क्या सोच बैठी थी और क्या हो गया! वह

अज्ञात आशंका न जाने कहाँ से आकर मेरे भीतर उफनने लगी थी, अब वह तूफान का विकराल रूप दिखा गयी!

मेरे जीवन के उस पहली विकट घटना से यह अप्रत्याशित नयी घटना तो और भी विकृत और दर्दनाक एहसास दे गयी। अपने हाथ के दोनों पार्सलों को अपनी पकड़ से लुढ़क जाते छोड़ फ्रेडी सूर्या की हाजिरी में मुझसे पूछ बैठा था :

—कहाँ है मेरी बच्ची!

मैं कुछ बोल पाती इससे पहले सूर्या बोल बैठी :

—आपकी बच्ची आपके सामने आपको टुकुर-टुकुर देख रही है।

फ्रेडी चिल्ला उठा था :

—कहाँ है मेरी बच्ची?

21

अस्पताल में मरीज़ों का ख्याल रखनेवाली मैं खुद पूरे सप्ताह भर अस्पताल की चारपाई पर पड़ी रही। हर पल प्रतीक्षा करती रही।

हर पल दरवाज़े की ओर देखती रही।

हर साँस एक आस के साथ आती-जाती रही।

अस्पताल में मॉरिशस की तीन नर्स और दो मेल नर्स, जो दूसरे विभाग से जुड़े हुए थे इस बीच कई बार आकर मुझे धीरज बँधाते रहे। सूर्या भी लन्दन के दूसरे छोर से दो बार आ गयी।

हर बार यही बोलकर गयी कि मैं चिन्ता न करूँ।

—देखना, अपनी भूल समझकर वह आएगा और तुमसे माफी माँगकर अपनी बेटी को गोद में ले लेगा। उस घड़ी की ताक में मैं चारपाई पर लेटी रही। पल, मिनट, घंटे, दिन-रात इतने लम्बे प्रतीत होने लगे थे कि सप्ताह महीना-सा लम्बा हो रहा।

मॉरिशस में अपने साथ हुए उस हादसे से मैं इतनी अधिक विचलित नहीं हुई थी और ना ही उस पीड़ा को इतने गहरे प्रवेश होते पाया था। उस हादसे ने मुझे झकझोर ज़रूर दिया था पर फ्रेडरिक की हरकत ने तो मुझे जड़ से उखाड़ फेंका था। उसकी उस बात से मेरे अपने भीतर ज्वालामुखी का-सा विस्फोट हो उठा था। जीवन में इससे पहले इतना ज़हरीला, इतना तेज़ाबी और इतना अपमानजनक वाक्य कभी नहीं सुना था।

इतनी बड़ी गाली मुझे कभी भी किसी ने नहीं दी थी। घृणित स्वर में बोल

गया था :

—से पा मा फ़ी? यह मेरी बेटी नहीं हो सकती।

सूर्या ने उससे धीमे स्वर में पूछा था :

—क्यों? यह आपकी बेटी क्यों नहीं हो सकती?

वह चिल्ला उठा था।

—ज़े वू जी से ने पा मा फ़ी। यह मेरी बेटी नहीं है।

सूर्या भी उसी के स्वर में फ्रेंच ही में पूछ बैठी थी :

—इसलिए कि इसका रंग आपके रंग से नहीं मिलता?

वार्ड के सभी रोगी सभी कामग़ार हैरानी के साथ देख सुन रहे थे। मैं फ्रेडी से कुछ कह पाती कि इससे पहले नीचे पड़े दोनों पार्सलों को जूतेवाले पाँवों से दूर उछालकर वह दरवाजे की ओर लपक गया था और मैं आसमान को सिर पर लिये उसके बोझ से अपनी चारपाई पर स्पन्दनहीन पसर गयी काली चादर में लिपटी हुई। इतना गहन अँधेरा कभी नहीं देखा था। इस तरह की हताशा कभी नहीं हुई थी।

कोई आधे घंटे बाद शायद।

जब होश सँभाला तो अपनी बच्ची को रम्भा की गोद में पाया। बच्ची रोई जा रही थी और दो परिचारिकाएँ उसे चुप कराने में लगी हुई थीं।

मर्द की मर्दानगी दिखानेवाले पहले नामर्द को तो मैंने पंडित जीवनलाल जी के घर पर देखा था जो औरत की स्वीकृति पाये बिना अपनी नपुंसकता दिखा गया था। फ्रेडरिक—वह दूसरा नामर्द मेरे जीवन में दाखिला पा सका जो अपनी बच्ची को अपने रंग की न पाकर अपने रंग और सन्देह की नपुंसकता दिखा गया।

घर लौटकर मैं फिर भी फ्रेडरिक को फ़ोन करती रही। वह 'मार्क एंड स्पेन्सर्ज' के किसी भी विभाग में नहीं मिला।

तीसरे दिन बाद डाकिया एक चिट्ठी छोड़ गया। लिफ़ाफ़ा खोलने पर तीन अँग्रेजी वाक्यों का एक पत्र मिला :

...मेरी पत्नी बनकर अपने किसी यार के साथ सोती रही। मैं इतना बेवकूफ़ नहीं कि औरों के जूठन की उपज को अपनी औलाद मानूँ। तीन दिन दे रहा हूँ तुम्हें मेरा फ्लैट छोड़ने को।

सूर्या के सहयोग से दूसरे ही दिन मैंने वह घर छोड़ दिया। सप्ताह भर ईस्ट लन्दन में सूर्या के घर रहकर मैं अपने अस्पताल के एकदम करीब किराये का एक कमरा ले पायी थी। इस नये घर में जब सूर्या मुझसे मिलने आयी तो मेरी बच्ची का

एक महीना पूरा हो रहा था। लन्दन में लगभग वे सभी सब्जियाँ मिलने लगी थीं जो मॉरिशस में सुलभ थीं।

मैंने फूलगोभी की मसालेदार तरकारी तैयार की थी। मैं जानती थी कि सूर्या को टमाटर की रुगाई याने कि टमाटर की पकाई हुई चटनी बेहद पसन्द है सो वह भी बनाना न भूली। खाने के बाद सूर्या ने मुझे बताया कि जब वह अपनी एक साथी को हवाई अड्डे पर छोड़ने गयी थी तो एअर फ्रांस की टिकट हाथ में लिये फ्रेडरिक उसे मिल गया था। हेलो से आगे दोनों में कोई बात हो ही नहीं पायी थी।

मेरा भैया मेरी आँखों के बारे में हमेशा कहता था :

—अमिता! तेरी आँखें तेरे हृदय की अच्छाई झलकाती हैं।

वह शरतचन्द्र की 'विराज बहू' पढ़ रहा था जब उसने पहली बार यह बात कही थी। उसके हाथ से पुस्तक लेकर मैंने उससे पूछा था :

—शरत बाबू ने ऐसा कहा है?

—नहीं बहना, यह मैं कह रहा हूँ। तुमने पापा का दिल पाया है। तुम्हें देखकर कभी मन में एक अज्ञात आशंका पैदा हो जाती है।

—किस बात की?

—अच्छे दिलवालों के साथ नेकी के बदले बदी होती रहती है।

—इस घर के सबसे अच्छे तो तुम हो। मैं तो इस बात से डरती रही हूँ कि कहीं तुम्हारी अच्छाई तुम्हारी पीड़ा न बन जाए जैसा कि पापा के साथ हुआ।

आज यह पुराना संवाद इसलिए याद आ गया क्योंकि अचानक फ्रेडरिक की बात इससे पहले याद आ गयी थी। उसने हमारी शादी के बाद दूसरे दिन कहा था :

—तुम बहुत अच्छी हो तभी तो मेरे प्यार को कबूल कर गयी।

फ्रेडरिक के साथ की मेरी खुशी उस खुशी की तरह थी जो एक तितली को देखकर किसी बच्चे के मन में पैदा होती है। तितली को डाली पर झूलते हुए, फूल पर बैठते पाकर बच्चे का मन उमंगों से भर जाता है। वह सोचता है कि अब मैं इसे पकड़ सकता हूँ। इसे हमेशा अपनी हथेली पर लिये घर-आँगन में घूमता रहूँगा। वह आहिस्ता-आहिस्ता फूल पर बैठी तितली की ओर बढ़ता है। अपने मन के भीतर तो वह उस सुन्दर तितली को पहले ही क्षण से पकड़ लेता है लेकिन कितना खोखला होता है उसका वह अतिविश्वास! उसके हाथ लपकते ही तितली पंख फड़फड़ा कर उड़ जाती है।

तितली की कामना लिए बच्चे की तरह मेरा अपना विश्वास भी कितना

खोखला था!

रिश्ते के अटूट होने का निरपेक्ष विश्वास कितने छिपे हुए भेदभाव लिए हुए था!

प्यार का नाटक कितने कृत्रिम, कितना रंग-भेद लिए हुए था। कितना अविश्वास!

और मैं आज भी लौटनेवाले की राह देख रही थी। पिंजड़े से छूटे तोते की वापसी की उम्मीद अपने भीतर पाल रही थी।

एक काली निराशा के बीच आख़िरी आशा की टिमटिमाती किरण क्यों स्पन्दित होती रही है?

डोर से कट गई पतंग के लौट आने की उम्मीद।

यह बचकाना बौरापन।

बचपन से ही मैं बहुत अच्छी तैराक थी। भले ही तेरेज़ मुझसे भी तेज़ थी फिर भी मैं कई बार उससे पहले सबसे भीतर की नाव को छूकर तट पर लौट आती थी। उस जुनून में समन्दर की चंचलता या हवा की रफ़्तार मुझे रोक नहीं पाती थी।

आज तो ऐसा लगता है कि मैं घुटनों भर पानी में ही डूब गयी।

और जब विमला अपनी तोतली बोली में माँ-माँ बोलने लगी थी तो मेरे सोचने और पीड़ित होने का भाव भी बदल उठा था। एकाकीपन में मैं अपने आपसे पूछ उठती :

...किसके लिए एक छलिया की राह देख रही हूँ मैं?

—अपने लिए?

—या कि अपनी बच्ची के लिए?

विमला 'माँ' बोलने लगी थी। क्या 'पापा' बोलना भी सीख पाएगी?

नहीं! मैं फ्रेडरिक की वापसी अपने लिए नहीं चाह रही थी। उसने मुझे नहीं ,मेरी बच्ची को बीच भँवर में छोड़ दिया था। वह मेरा नहीं, मेरी बच्ची का क़ातिल था। इतना समझ जाने के बाद अब मैं अपनी बच्ची के लिए भी उसकी वापसी नहीं चाहती।

न जाने क्यों महीनों तक मैं एक कायर के लिए तड़पती रही।

लेकिन अब नहीं।

अब तो मैं उसके साथ उसकी सभी यादों को भी दफ़ना चुकी हूँ।

22

अस्पताल से मुझे लौटे अभी दस मिनट भी नहीं हुए होंगे कि सूर्या का फ़ोन आ गया था। एक मॉरिशसीय लड़की को मैं अपने अस्पताल से घर ले आयी थी। वह मेरे ननिहाल के गाँव की थी। वह दो सप्ताह पहले मॉरिशस के तीस व्यक्तियों के साथ लन्दन पहुँची थी जिनमें सिर्फ दस को लन्दन के अस्पतालों में नौकरी मिल पायी थी। छह लड़के और चार लड़कियाँ। ये लोग भी मेरी ही तरह पढ़ाई और नौकरी एक ही साथ करने की सहूलियत पाकर यहाँ आये थे। लड़की का नाम वृन्दा था। हम दोनों आपस में बातें कर रहे थे कि मेरा फ़ोन बज उठा। चोंगे को उठाकर मेरे 'हेलो' कहने पर उधर से सूर्या की आवाज सुनाई पड़ी :

अमिता, मैं आधे घंटे में तुम्हारे यहाँ पहुँच रही हूँ। एक समस्या आ खड़ी हुई है।

—कैसी समस्या?

—आकर बताती हूँ।

—ऐसी क्या बात है कि...

—कहा न, मैं आधे घंटे में तुम्हारे यहाँ आ रही हूँ।

और आखिरी शब्द के साथ लाइन कट गयी। वृन्दा ने मुझसे जानना चाहा कि आखिर बात क्या है।

मैंने उसे बताया कि मेरी दोस्त का फ़ोन था और उसके यहाँ आने पर ही पता चलेगा कि समस्या क्या है।

वृन्दा ने चाय की माँग की और मैं उसको साथ लिए किचन में पहुँच गयी।

जब तक चाय का पानी गरम होता रहा, मैं वृन्दा से अपने ननिहाल की बातें पूछती रही। मैंने अपने नाना को तो नहीं देखा था पर नानी की तो मैं दीवानी थी। इस नानी के घर साल में हम दो-तीन बार ही जा पाते थे पर मेरी नानी महीने में दो बार भी आ जाती थी। मैं अपने मामू से पाँच साल छोटी थी। नानी जब भी आती, मामू साथ होते थे। वैसे भी मेरी नानी को आँखों से कम दिखता था। डॉक्टर का दिया चश्मा तो था उनके पास लेकिन यह कहकर वह उसे नहीं लगा पाती थीं कि उससे उसे चक्कर आते थे।

वृन्दा बड़े ध्यान से मेरी यादगारों को सुन रही थी। उन बातों को सुनाते समय मेरी आँखों के सामने अतीत की वे सुखद घड़ियाँ गोया कि सजीव हो जातीं। मैंने वृन्दा को बताया कि मेरी नानी हमारे यहाँ जब भी आतीं, दो टोकरियों के साथ आती थीं। एक उसके हाथ में होती और दूसरी मामू के हाथ में। उनमें ज़्यादा चीज़ें तो मेरे लिए ही होती थीं। इस पर मेरा बड़ा भाई मजाक कर उठता था :

—नानी तो बस एक ही व्यक्ति के लिए यहाँ आती हैं।

मेरी नानी भी अपने ढंग से छेड़खानी करना जानती थीं। वह हँसकर कहती :

—जानते हो क्यों? इसलिए कि तुम दोनों भाइयों को अपने नाना का गोरा रंग मिला है जबकि मेरी अमिता को मेरा साँवला रंग हासिल है।

इस पर पूरा घर हँस पड़ता था।

उन दिनों मेरे पिता जीवित थे। नानी का हमारे यहाँ नियमित आने का कारण वह अपने ढंग से बताते।

—अरे नहीं। असली कारण तो मैं बताता हूँ तुम लोगों की नानी के हमारे यहाँ आते रहने का।

मेरे पिताजी के बताने से पहले मेरी माँ बोल उठी थी :

—इसलिए कि सास को अपने बेटों से अधिक प्यार दामाद से होता है।

बहुत कम बोलने वाले मेरे पिता भी बोल पड़े थे :

—लगता है, तुम्हें इस बात से बहुत जलन होती है।

इस पर मेरी माँ ने जवाब में कहा था :

—मुझे जलन क्यों न हो। हर बात पर दामाद बाबू। कभी तो बेटी का भी जिक्र हो।

उस दिन हमीद चाचा भी हमारे घर थे और मौका पाकर बोल उठे थे :

—सास का दामाद का अधिक ख्याल रखना बड़ा ही जायज़ है। मेरी सास भी तो मुझे अपनी बेटी से ज्यादा महत्त्व देती रही। अब इसकी वजह बताऊँ?

मैंने झट कहा था :

—बताओ न चाचा!

—वजह यह है कि लड़की की माँ इसलिए अपने दामाद को अधिक चाहकर खुश रखना चाहती है ताकि दामाद भी उसकी बेटी को सुखी रख सके।

इस पर मेरा भाई बोला था :

—यह तो नानी जी, रिश्वत की बात हो गयी।

घर एक बार फिर ठहाके से भर उठा था।

23

मेरे न चाहने पर भी हमारे मिलन का वह दिन बार-बार मेरे दिमाग़ में रेंगता हुआ मेरे हृदय में चुभन पैदा करता रहा था जब हम पहली बार कॉफी हाउस में आमने-सामने बैठे थे। न जाने वह कौन-सा सम्मोहन था जिसके व्यामोह में मैं और फ्रेडी, दोनों इस कदर जकड़ गये थे कि हम दोनों को अपने अस्तित्व का ज्ञान भी जाता

रहा था। हम दोनों की कॉफी मेज पर ठंडी हो गयी थी। वैसे भी लन्दन में ठंड शुरू हो गयी थी। हमने जब अपनी कॉफी के प्यालों को हाथ लगाया तो लगा था कि हमारे हाथ बर्फ के टुकड़े आ गये हैं।

मेरी बच्ची दूध पीकर सो रही थी और मैं कोई घंटे भर से हाथ में दो फोटो-एलबम लिये सोफे पर बैठी थी। एक पूरा एलबम मेरी तस्वीरों से भरा हुआ था और दूसरे में रम्भा के द्वारा फ्रेडरिक के कैमरे से ली हुई मेरी और फ्रेडरिक की तथा रम्भा के साथ की मेरी तस्वीरें थीं। न चाहने पर भी ख्याल मन में बरबस कौंध ही जाते थे लेकिन चाहकर भी मैं दोनों एलबमों में से किसी एक को खोल नहीं पा रही थी।

पिकॉडली से लेकर स्ट्रेटफोर्ड और बिगबेन से लेकर वेस्टमिंस्टर आने के लिए भीड़-भाड़ के बीच मेरी और फ्रेडरिक की तस्वीरें थीं। थेम्स के पास फ्रेडरिक ने खुद मेरे कई चित्र खींचे थे। मैंने भी उसकी तस्वीरें ली थीं। लन्दन के रंगबिरंगे लोगों को देखकर फ्रेडरिक ने कहा था :

—तुम्हें मालूम है कि कभी इंग्लैंड की 53 कॉलोनीज़ थीं। अब शायद कुछ कम होंगीं। मैंने हँसकर कहा था :

—क्यों नहीं मालूम होगा? मेरा अपना देश भी अंग्रेज़ों का उपनिवेश है। आज तक स्कूलों में हम लोग 'रूल ब्रिटानिया, ब्रिटानिया रूल्स दी वेल्स' और 'गॉड सेव दी क्वीन' गाते हैं।

—इन सड़कों में ये जितने लोग दिख रहे हैं इनमें बेशुमार लोग उन्हीं साम्राज्यों के हैं जो अपने पुराने आक़ा के दर नौकरी करने आ पहुँचे हैं।

—तुम मेरे ऊपर व्यंग्य तो नहीं कस रहे फ्रेडी?

—अरे नहीं, तुम्हें हक़ीकत बता रहा हूँ।

—फ्रेंच के भी तो अपने कई उपनिवेश हैं। मेरा देश अंग्रेज़ों के अधिकार में आने से पहले फ्रांस के अधिकार में था।

—लो! कोस बैठी न मुझे!

—मैं भी तो तुम्हें हक़ीकत बता रही हूँ।

—ख़ैर! मुझे यह बात पहले ही समझ लेनी चाहिए थी कि तुम्हारा देश भी अंग्रेजों के अधीन था तभी तो यहाँ इतने सारे मॉरिशस के लोग दिख जाते हैं।

—तुम भी कमाल करते हो। तुम भारत से आये लोगों को भी मारिश्यन समझ बैठते हो।

—अरे नहीं, परसों तो मैं एक मॉरिश्यन को भारतीय समझ बैठा था। पर इसमें मेरा क्या दोष। दोनों में कोई अन्तर दिखाई ही नहीं पड़ता।

—हाँ, तुम्हारा यह कह जाना एकदम सही है क्योंकि चीनी और जापानी

में मेरा यह जानना कठिन हो जाता है कि कौन जापानी है और कौन चीनी। अपने अस्पताल में दो बार मैं चीनी को जापानी और जापानी मरीज़ को चीनी समझ बैठी थी।

—मुझे उनका पीला-सा रंग पसन्द नहीं।

—तो फिर मेरा कालापन तुम्हें कैसे पसन्द आ गया?

—तुम काली थोड़े ही हो?

—गोरी हूँ क्या?

—नों ची आ ला कुलेर जी शोकोला।

—मैं तुम्हें चॉकलेट कलर नज़र आती हूँ?

—ची ए ब्रीन।

—यानी कि साँवली होने का मतलब है चॉकलेट कलर का होना?

—और मैं तुम्हारे इस रंग को बेहद चाहता हूँ।

—मेरे इस रंग को?

—हाँ।

—और मुझे?

—तुम्हें तुम्हारे रंग और तुम्हारी काली सुन्दर आँखों के कारण।

—कुछ दिन पहले तुमने मुझसे कहा था कि तुम्हें मेरी आवाज़ बहुत अच्छी लगती है।

—तो?

—आज मेरे रंग की तारीफ़ करने लगे। कल किस बात की तारीफ़ करोगे?

उसने मेरे पेट पर हाथ रखकर कहा था।

—जो भीतर साँसें ले रहा है और जिसका मैं बेसब्री से इन्तज़ार कर रहा हूँ।

समझ में नहीं आ रहा था कि पाँच वर्ष पुरानी बातें अनायास क्यों याद आ रही थीं। मैंने तो मैरिज सर्टिफिकेट तक फाड़कर फेंक दिया था।

वह सारा कुछ एक जुनून था जो अब मुझे अपने जीवन की सबसे बड़ी भूल प्रतीत हो रहा था।

सीढ़ियों पर पदचाप सुनकर मुझे जानते देर नहीं लगी कि विमला स्कूल से वापस आ गयी। यह नाम सूर्या ने मेरी बेटी को दिया था। फ्रेडी की एक बात मेरे कान में ध्वनित होकर मेरे ज़ेहन में प्रतिध्वनित होती रही। जब उसे अपने ज़ेहन से नोंचकर फेंकने की चेष्टा करती तो उसकी अनुगूँज मेरे कमरे में गूँज उठती थी। उसके लन्दन छोड़ने से एक दिन पहले उससे फ़ोन पर बात करने में सफल हुई थी मैं।

मैं अस्पताल से लौटी थी। सूर्या ने मुझे फ्रेडरिक के घर जाने से रोका था। वह मुझे अपने घर ले आयी थी। मेरी बच्ची के नसीब में अपने बाप का घर नहीं था। यह वाक्य मेरे दिमाग़ में उत्पन्न होकर वहीं तक नहीं रह पाया था।

बाहर आ ही गया था। सूर्या ने मेरी उस कराह को सुनकर मुझसे कहा था :

—तुम्हारी बच्ची के नसीब में उसकी मौसी का घर था।

डॉटकर यह कह उठी थी :

—सुना तुमने? और यह भी सुन लो कि उस घटिया आदमी के बारे में सोच-सोचकर अपने को सज़ा मत दो।

मेरी बच्ची सूर्या की गोद से मुझे इस तरह देख रही थी जैसे कि उसे मेरी बात और सूर्या की डाँट समझ में आ गयी थी। वह रोने को ही थी कि सूर्या उसे अपनी बाँहों में झुलाकर गुनगुनाने लग गयी थी।

सूर्या के सामने हिम्मत करके मैंने कहा था कि एक बार मैं फ्रेडरिक से बात कर लूँ, फिर अपने को उससे हमेशा के लिए मुक्त कर लूँगी। सूर्या बच्ची को हाथों में झुलाती हुई एकदम मेरे करीब आकर खड़ी हो गयी थी। इस तरह देखने लग गयी थी जैसे कि किसी भूले हुए चेहरे को पहचानने की कोशिश थी वह। उस पहले तेवर से एकदम बदले हुए लहज़े में उसने मुझसे पूछा था :

—अमी, क्या तुम इस व्यक्ति के प्रति अभी भी रुझान रखे हुई हो?

—मैं चाहती हूँ कि मेरी बच्ची एक बार अपने बाप की आवाज़ सुन ले।

—अमी, इस बच्ची की माँ और इसके बाप भी तुम हो। मैं तुम्हारी जगह पर होती तो इन दो भूमिका वाली बात के लिए अपने को किस्मत वाली समझती।

मन में आया था कि मैं अपनी प्रिय सहेली से यह कह ही दूँ कि काश! तुम मेरी जगह होती सूर्या। काश! मेरे तीसरी बार के अनुरोध पर सूर्या ने मुझे फ्रेडरिक के घर, जो कल तक मेरा भी घर था, फ़ोन मिलाने दिया था। फिर भी मेरी बगल से हटी नहीं थी। बोली थी कि मुझे जो भी बात करनी है उसकी हाज़िरी में करूँ। मैंने हामी भर उसकी बात मान ली थी।

दो बार नम्बर मिलाकर उसे पाने में कामयाब हुई थी। तीसरी बार में उसकी आवाज़ सुनने को मिली। मेरी आवाज़ सुनते ही वह चिल्ला उठा :

—कोमॉ ची आ पी ओज़े में तेलेफ़ोने। मुझे फ़ोन करने की हिम्मत कैसे की तुमने?

—फ्रीडी, सिल ते प्ले! कृपया फ्रेडी मुझे बस दो मिनट का मौका दो तुमसे बात करने का।

इस बार उसने फ्रेंच में बात न करके अंग्रेज़ी में कहा था :

—यू आर ए बिच!

अपने संयम को कायम रखे मैं बोल उठी थी :

—मैं तुम्हारी बच्ची की माँ हूँ।

—वह मेरी बच्ची नहीं है...।

इससे आगे मैं कुछ नहीं बोल पायी थी। झटके से फ़ोन रखे जाने के बावजूद मैं फ़ोन को अपने कान से लगाये रही।

बच्ची को एक हाथ से थामे सूर्या ने मेरे हाथ से फ़ोन छीनकर कहा था :

—हेलो! हेलो!

—फ़ोन को उसकी जगह पर रखकर उसने मुझसे कहा था :

—मेरा कहना मानो और इस गिरे हुए इन्सान से हमेशा के लिए बाज आ जाओ। तुम्हारे साथ इतना बड़ा ज़ुल्म करके उसने अपने कमीनेपन का खुद पर्दाफ़ाश किया है। मेरे सामने आ जाये तो मैं...।

उसकी आवाज़ और क्रोध ज़ोर पकड़ पाते कि तभी अपनी गोद की बच्ची का ख्याल आ जाने पर वह चुप रह गयी थी।

मैं अपनी बच्ची के साथ सूर्या के घर चार दिन रही। मेरे बहुत कहने पर पाँचवें दिन वह मेरे लिए एक नये घर का प्रबन्ध कर पायी थी।

मॉरिशस छोड़ने का पछतावा इन साढ़े सात वर्षों में दूसरी बार हुआ था। पहली बार तो तब हुआ था जब मैं लन्दन पहुँची थी।

अब जब लन्दन छोड़ने का समय आ गया तो मन में जो भाव पैदा हो रहे हैं, वे दुख लिए हुए भाव तो नहीं हैं, पर खुशी के साथ इस समय मन में यह भय भी बना हुआ है कि कहीं मेरी सच्चाई जानकर मेरे परिवार की खुशी मटियामेट तो नहीं हो जाएगी?

24

आधे घंटे की बात करके सूर्या दो घंटे बाद पहुँची। वह अकेली नहीं थी। उसके साथ एक बहुत ही सुन्दर लड़की थी। मुझे अपनी बाँहों में भरकर उसने देरी के लिए माफ़ी माँगी और अपने साथ की लड़की का परिचय दिया :

—अम्बिका—मेरे सहपाठी डॉ. प्रमोद की बहन।

मेरा परिचय देते हुए अम्बिका से बोली :

—मेरी सबसे प्रिय सहेली अमिता।

मैंने अम्बिका का मॉरिश्यन रिवाज़ में गाल चूमना चाहा कि सूर्या ने मुझे रोक लिया :

—यह मॉरिश्यन नहीं, इंडियन है— भारतीय।

इस तरह से बोली जैसे कि 'इंडियन' शब्द मेरी समझ से बाहर की बात थी।

अम्बिका के दोनों हाथ पहले ही से परस्पर जुड़ गये थे। मैंने भी हाथ जोड़कर

उसका स्वागत किया और अंजलि का परिचय उसे दिया। अम्बिका का चेहरा इतना अधिक प्यारा था कि उस पर से आँखें हटाई नहीं जा रही थीं। जितने सुन्दर उसके घुँघराले बाल थे, उतनी ही प्यारी उसकी आँखें थीं। मुझे अपनी ओर उस तरह देखते पाकर अम्बिका मुस्करा उठी और पूछ बैठी :

—आप हमें बैठने को नहीं कहेंगी क्या?

—आय एम सॉरी...प्लीज़ आप बैठिए।

फिर मुड़कर मैंने सूर्या की ओर देखा, और पूछा :

—क्यों तुम्हें भी कहना पड़ेगा? कम-से-कम चार आदमियों के बैठने की जगह तो है मेरे इस छोटे से घर में!

फिर मैंने अम्बिका की ओर देखा।

—अच्छा आय एम सॉरी...प्लीज़ आप बैठिए।

—अच्छा बोलिए क्या पिएँगी आप?

—जब आप सूर्या को इतने प्यार से तुम कहकर सम्बोधित कर रही हैं तो फिर मुझे आप क्यों कह रही हैं?

उसकी आवाज़ उसके चेहरे से एकदम मेल खाती थी। मैंने भी अपने स्वर को कोमल बनाने की चेष्टा की :

—तुम चाय पीना चाहोगी या कॉफी?

—मैं कॉफी नहीं पीती।

सूर्या झट बोल पड़ी :

—अपने भाई की तरह है। उसे भी कॉफी पसन्द नहीं। उसकी खराबी की बात न करके वह कहता है कि कॉफी बुद्धिजीवियों का पेय है।

हम सभी हँस पड़े।

चाय के बाद मैंने सूर्या से जानना चाहा कि फ़ोन पर उसने किस बड़ी समस्या की बात की थी। वह बोली :

—तुम मेरी उस समस्या को और भी पेचीदा न बना दो इसलिए अपने साथ अम्बिका को ले आयी हूँ।

—अम्बिका आप ही...यानी कि तुम ही बताओ बात क्या है?

—दीदी बात यह है कि...मैं आपको दीदी तो कह सकती हूँ न?

—मुझे तो दीदी बोलना ही पड़ेगा। भाभी तो किसी... ख़ैर...

मैंने सूर्या की ओर देखे बिना आगे कहा :

—बताओ तो सही कौन-सी समस्या आ खड़ी हुई?

—समस्या तो नहीं पर...आपको बताना ज़रूरी है।

—बताओ तो सही!

अम्बिका ने सूर्या की ओर इस तरह देखा जैसे कोई बच्चा माँ से चॉकलेट खाने की इजाज़त माँग रहा हो।

—बात यह है कि...

—अब लग रहा है कि सचमुच कोई बड़ी समस्या आ खड़ी हुई है।

—सूर्या दीदी आपके साथ मॉरिशस नहीं जा पाएँगी।

पहले तो मैं चुप रही। सूर्या की ओर देखा। इशारे से सवाल किया। मुझसे नज़र चुराकर उसने अम्बिका की ओर देखा।

—दीदी! मैं और मेरा भाई महीने-भर की छुट्टी मनाने अपने देश जा रहे हैं। सूर्या दीदी भी हमारे साथ चल रही हैं

इस बात से हिम्मत जुटाकर सूर्या ने कहा :

—इधर कई दिनों से तुम्हें बताना चाह रही थी कि मैं यहाँ कुछ समय और रहकर अपना स्पेशलाइज़ेशन पूरा करके ही अपने देश को लौटूँगी।

मैंने अम्बिका की ओर देखा, फिर सूर्या की ओर।

—तीन दिन पहले ही जान चुकी बात को दोनों के सामने रखना ही पड़ा।

—इजाज़त मुझसे माँगी जा चुकी है और मैं दे भी चुकी हूँ।

दोनों एक-दूसरे को देखती रहीं।

मैं दोनों के पास पहुँची और दोनों के कन्धों पर बाँहें रखकर मैंने कहा :

—परसों डॉ. प्रमोद शर्मा ने मुझे फ़ोन किया था।

—भैया ने?

फिर तो दोनों एक-दूसरे को देखती ही रह गयीं।

25

फ्रेडरिक को मैंने प्यार से फ्रेडी कहना शुरू किया था। मैंने अपने पिछले अगले सभी क्षणों को भूलकर उसके प्यार को कबूल किया था। मेरा अतीत मुझे बार-बार याद आता रहता था और मैं उसे अपने ज़ेहन से मिटा देने की कोशिशों के बावजूद उसे अपने दिलोदिमाग में लिए हुई थी। दिल से इसलिए उसे हटा नहीं पा रही थी क्योंकि उस अतीत के उतने गहरे घाव की टीस अब भी मुझे अशान्त रखे हुई थी इसलिए उसे अपने से अलग नहीं कर पा रही थी; क्योंकि बार-बार तर्क करके दिमाग़ इसी निष्कर्ष पर पहुँच रहा था कि वह घटना हर वक़्त अपनी छाप मेरे भीतर रखे रहेगी।

कई बार एकाकीपन में मैं अपने ही स्वर की अनुगूँज को सुनती रहती थी।

—जिसे प्यार कर बैठोगी उसके सामने अपने अतीत का वह दर्दनाक अध्याय रख पाओगी?

मैं अपने ही इस ख्याल से तर्क कर बैठती थी।

—वह मेरे जीवन का अध्याय नहीं था। वह एक अधूरा वाक्य था।

फिर भी मेरे भीतर की वह अनुगूँज बनी रहती।

—शादी के बाद जब तुमसे जवाब-तलब किया जाएगा तो क्या ख़ामोशी साधे रहोगी?

जिसे प्यार कर बैठी थी वह मुझे परित्याग कर मेरे जीवन से विलीन हो गया। जिससे घृणा की और आज भी घृणा करती हूँ वह क्यों इस कदर मुझे याद आता रहता है? नफ़रत मुहब्बत पर इतना हावी कैसे हो पायी? कौन आगे आएगा मुझे उस गुंजलक से बाहर निकालने के लिए?

और फिर जब कोई मिला तो वह अचानक मुझसे इतनी दूर क्यों चला गया?

फ्रेडरिक को तलाशने में मैंने कोई कसर नहीं छोड़ी। उसे इसलिए नहीं तलाशती रही क्योंकि वह मेरा आशिक और मेरा पति था। मैं उसे इसलिए तलाशती रही क्योंकि मेरी बच्ची का बाप था। इंग्लैंड के दो पते, दो फ़ोन नम्बर मेरे पास थे। फ्रांस का पता और फ़ोन नम्बर भी मेरे पास थे। हर पते पर उसे फ़ोन पर तलाशा। कहीं नहीं मिला वह। चिट्ठियाँ तक लिखने को सोचा। मंजुला, अंजलि और सूर्या—तीनों ने मुझे ऐसा करने से रोका।

सूर्या तो चिल्ला उठी थी :

—अपने जीवन को और भी जहरीला मत होने दो। वर्तमान के पन्नों पर अपनी अँगुलियों के निशान मत छोड़ो कि उससे तुम्हारी बच्ची का भविष्य अन्धकारमय हो जाए।

मुद्दत बाद, अपने पापा की बीमारी के समय के बाद, पहली बार मैं अपनी सहेलियों के सामने रो पड़ी थी। गिड़गिड़ा उठी थी :

—जिसे भूलना चाहती हूँ उसकी काली छाया दिन-दहाड़े मेरी आँखों के सामने झिलमिलाती रहती है और जिसे याद करना चाहती हूँ वह सपनों में भी नज़र नहीं आता। कैसी विडम्बना है यह! मेरे प्रति जीवन का कितना करारा व्यंग्य है यह! मैं इस भूलभुलैया से कैसे बाहर निकलूँ?

वक़्त के साथ विमला बढ़ती गयी और अपनी तोतली बोली से हम सभी को मुग्ध करती रही। लेकिन मुग्ध करनेवाली वह बोली, वह तुतलाना छोड़ स्पष्ट बोलने की स्थिति में आयी तो एक रात उसने मुझसे पूछ ही लिया था :

—माँ! तुम चुप क्यों रहती हो?

मैंने ऐसी बन गयी थी जैसे कि प्रश्न सुना ही नहीं। उसने अपने प्रश्न को दोहराया :

—माँ, तुम चुप क्यों रहती हो?

—कामों में जो लगी रहती हूँ।

—नहीं। जब सूर्या और अंजलि मौसी तुमसे बातें करती हैं तो तुम सिर्फ़ हाँ और नहीं बोलकर रह जाती हो।

फिर तो मुझे बोलना ही पड़ा था :

—यह बात सूर्या मौसी ने तुम्हें सिखायी है। है न?

—नहीं तो!

—तो फिर अंजलि मौसी ने बताई होगी।

—उन्होंने तो बस यह कहा था कि मैं तुम्हें उदास न रहने दूँ।

—बस इतना ही?

—इससे आगे सूर्या मौसी ने कहा था...

—क्या कहा था?

—कि मैं तुमसे सवाल करती रहूँ ताकि तुम उदास न रहो।

लन्दन की वह एक ज़बरदस्त बरसाती शाम थी।

अस्पताल की अध्यक्षा ने मुझे अपने दफ़्तर में बुलाया था। लन्दन की लाल बसों के वेस्ट होने के दावे के बावजूद वह उस कसौटी पर उतर नहीं पाती थीं जिससे यात्री पूरी सन्तुष्टि पा सकने में सफल रहे हों। आज मैं दस मिनट देर से अस्पताल पहुँच पायी थी। दो कारणों से, एक तो मूसलाधार वर्षा के कारण और दूसरी वजह थी बस का अनियमित होना।

मुझे इसी बात का डर था कि मेट्रन सोफिया कहीं मुझे देर से पहुँचने की प्रताड़ना न दे बैठे। जब मैं उसके दफ़्तर में पहुँची तो किसी डॉक्टर से बात कर रही थी। मैं डॉक्टर की पीठ के पीछे थी इसलिए पहचानने में दिक्कत हुई लेकिन जब वह बाहर होने के लिए मुड़ा तो पहचानते देर नहीं लगी। मैंने डॉ. प्रमोद शर्मा को नमस्ते किया। उन्होंने ठिठककर पूछा :

—हॉउ आर यू ऐंड हाउ इज़ विमला?

—आय एम फाइन और विमला भी एकदम ठीक है।

डॉ. प्रमोद के आगे बढ़ जाने पर मैं अध्यक्षा की मेज़ के आगे जा खड़ी हुई। उसने भी वही औपचारिक प्रश्न किया और मैंने उसे बताया कि हम माँ-बेटी दोनों एकदम ठीक-ठाक हैं।

उसने मुझे बैठने को कहा। अपने सामने के कागज़ातों को उलट-पलटकर उसने फाइल को बन्द किया और मेरी ओर देखा। पूछा :

—क्या समय हुआ है?

लगा कि जिस बात का मुझे भीतर डर था वही होकर रहा। मैंने अपनी कलाई की ओर न देखकर मेट्रन के पीछे की दीवार घड़ी देखकर कहा :

—दस बजने में बीस मिनट कम हैं।

—वॉट इज़ द रिपोर्टिंग टाइम ऑफ़ नर्सेज़?

मैं बीस मिनट लेट आयी थी इसलिए घबराते हुए कहा :

—नौ बजे।

—यानि कि गरमी के मौसम में?

मेरी ओर से कोई उत्तर पाये बिना उसने कहा :

—इस भारी बरसात में भी तुम नौ बीस पर यहाँ पहुँच पायी। अठारह नर्सों में एक तुम और दो अन्य साढ़े नौ के बाद पहुँच पायी हो। रात में काम करने वाली परिचारिकाएँ अपने घर लौटने के लिए बेताब हो रही हैं। मरीज़ों की दवा का समय निकल चुका।

वह चुप हो गयी और मैं समझ नहीं पा रही थी कि क्या कहूँ। पर तभी अचानक एक भिन्न लहज़े में वह मुझसे पूछ बैठी :

—चाय लोगी या कॉफी?

—नो, थैंक यू।

—यू मीन कि मैं भी कुछ न लूँ?

—ओके, मैं चाय लूँगी।

उसने फ़ोन पर कैंटीन में बात की। आर्डर दिया और मेरी ओर देखा। अपनी मेज पर रखी खुली कलम को बन्द करते हुए कहा :

—इस संस्था की तुम अकेली परिचारिका हो जो हमेशा समय की पाबन्द रही हो। सबसे अच्छी हाज़िरी भी तुम्हारी ही है। तुम अपने काम को सभी से अधिक समर्पित भाव से करती हो।

ज़रूरतमन्दों की सेवा तुम्हारे लिए इबादत है।

—मैं आपको बहुत प्रिय हूँ इसीलिए आप ऐसा कह रही हैं।

—यह मैं नहीं कह रही। दिस इज़ दि रिपोर्ट ऑफ द एडमिनिस्ट्रेशन कौंसिल। लो, खुद देख लो।

उसने अपने हाथ के कागज़ातों को मेरे सामने रख दिया।

मैंने मुस्कराकर कहा :

—आपके मुँह से मैंने जो सुना उससे अधिक सच्चाई इन कागज़ों पर हो ही नहीं सकती।

आधे घंटे बाद हम दोनों ऑपरेशन थियेटर में थे।

26

पाँच दिन बाकी थे।

सात वर्ष से अधिक समय के बाद मैं अपने देश को लौट रही थी। मेरी बच्ची अपने पाँच साल पूरे कर चुकी थी। उसकी छठी सालगिरह मैं अपने परिवार के बीच मनाऊँगी। मैंने घर पर सूचना नहीं दी थी। सिर्फ हुस्ना को मालूम था कि अगले रविवार की सुबह मैं हवाई जहाज़ से मॉरिशस पहुँच रही हूँ। इधर महीने भर से मैं विमला को भोजपुरी और क्रिओल के सरल वाक्य सिखाने में लगी हुई थी। मैं चाहती थी कि मेरी माँ और मेरे बड़े भाई से वह वहाँ की भाषा बोल सके। घर में प्रवेश करते ही विमला ने मुझसे पूछा :

—तोहर हालचाल अच्छा बा न नानी?

मैं हँस पड़ी। वह आगे बोली। इस बार क्रियोली में बोली :

—तो फिन माँगे नानी?

—माँगे नहीं माँजे।

—तो फिन माँजे माँ?

—मैं तो खा चुकी। तू अपना बैग दिखा मुझे। कहीं आज भी खाना लौटा तो नहीं लायी!

—नो माँ।

मैंने उसे पास खींचकर उसके दोनों गालों को चूम लिया।

मेरा बार-बार यह सोचना बन्द नहीं हो रहा था कि मैं अपनी माँ के सामने जवाबदेह हो पाऊँगी। अपनी बच्ची का क्या परिचय दूँगी? क्या यह कहने का साहस कर पाऊँगी कि इसका बाप फ्रांस में रहता है? मेरी बेटी ने आज तक उसे देखा ही नहीं।

अपने भाइयों को मना लूँगी पर माँ को कैसे मना पाऊँगी? मॉरिशस से मुझे विदा करते समय उसने बार-बार कहा था कि बेटी, देखना परिवार के नाम पर कोई लांछन न आने पाए। पराये देश में जा रही हो पर अपने रीति-रिवाज़ों को अपनाये रखना। कोई ऐसा गलत कदम न उठने देना जिससे हमारा सिर झुक जाए।

पर अपनी इन बातों से भी अधिक चिन्ता मुझे अपने बड़े भाई की थी। उसे क्या बताऊँगी? क्या उसे बता पाऊँगी कि सूर्या अब उसके प्यार को नकार

कर किसी दूसरे को चाहने लगी है? वह लड़की जो देश छोड़ने से पहले अपने प्रेमी को यह आश्वासन दे आयी हो कि मैं तुम्हें इस रोग से पीड़ित रहने नहीं दूँगी, आज अपने इस वायदे को भूल गयी। सूर्या मेरी सबसे प्रिय सहेली है और रहेगी, पर भाई के साथ उसने जो किया क्या उसके सामने इसके अलावा कोई दूसरा चारा नहीं था! यह मेरा प्रश्न नहीं है बस एक ख्याल है जो गलत भी हो सकता है।

मैं अपने इन्हीं ख्यालों में डुबकी ले रही थी कि मेरी गुड़िया मेरे सामने आकर सवाल कर गयी।

—माँ, क्या मेरी नानी के बाल सफेद हो गये हैं?

—कह नहीं सकती बेटी। जब तक मैं उसके पास थी तो उसका एक भी बाल सफेद नहीं हुआ था। पर इन सात-आठ वर्षों में हो सकता है कि सिर के सभी बाल सफेद हो गये होंगे।

—माँ, क्या मेरे दोनों मामा मुझे तुम्हारे जैसा प्यार कर पाएँगे?

—तुम्हारे दोनों मामा तुम्हें बेहद प्यार करेंगे, मुझसे भी ज्यादा। नानी की तो तुम आँखों का तारा रहोगी।

—यह क्या होता है?

—आँखों का तारा यानी कि तुम उसके लिए दुनिया की सबसे प्यारी गुड़िया होगी।

अपने हाथ की खुली हुई पुस्तक के साथ उसके दूसरे कमरे में चले जाने के बाद मेरा ख्याल फिर वहीं जा पहुँचा। मैं अपनी माँ को भली-भाँति जानती हूँ। अपनी संस्कृति, मान-मर्यादा आदि मूल्यों पर उसकी आस्था को समझती हूँ। मेरी सच्चाई को वह अपनी कसौटी पर कसकर क्या मुझे गले लगा पाएगी? क्या मैं अपनी माँ को, जिसने मेरे पापा से अधिक मेहनत और त्याग करके अपने तीनों बच्चों को भूख से मरने नहीं दिया, अपनी कहानी सुना पाऊँगी? उससे यह कह पाऊँगी कि मैंने फ्रेडरिक को जाति विशेष और धर्म विशेष के रूप में स्वीकार न करके उसे सिर्फ एक इन्सान के रूप में स्वीकार किया था?

माँ, मेरी इस बात को समझ पाओगी कि औरत केवल औरत नहीं होती वह इन्सान भी होती है। इन्सान होकर इन्सान और इन्सान के बीच के अन्तर को मैं कैसे स्वीकार कर पाती? माँ जो हमेशा सीता, सावित्री की बातें करती रही है मेरे जाति और धर्म से बाहर ब्याह कर जाने की बात को कैसे मान पायेगी?

और अगर इस बीच गाँव की कानाफूसी के दौरान उसे मेरे साथ के बलात्कार की जानकारी हो गई होगी तो? मैं चाह रही थी हुस्ना से अपने बड़े भी को बुलवाकर फ़ोन कर उसे सच्चाई बता दूँ। पर नहीं, जो कुछ होना है आमने--सामने ही होगा।

इन्हीं बातों के डर से सूर्या के साथ रहने से मेरे भीतर एक उम्मीद-सी बनी हुई थी जो टूट गयी।

सूर्या घर के सभी लोगों को स्थिति समझाकर मना सकती थी।

27

फ्रेडरिक के फ्रांस लौट जाने के एक सप्ताह बाद सूर्या ने मुझसे पूछा था कि विमला की जन्मपत्री में मैं किसे बच्ची का पिता बताऊँगी और मैंने कह दिया था कि किसी को भी नहीं। फिर उसने कहा था कि उस जन्मपत्री पर पिता का नाम न होने के कारण विमला के लिए वह कितनी बड़ी समस्या खड़ी हो सकती है। बच्ची की पहचान और उसकी प्रतिष्ठा को बनाये रखने के लिए कोई-न-कोई हल तो ढूँढ़ना ही होगा।

और पाँच से अधिक वर्ष बाद जब मेरा मॉरिशस लौटना तय हो गया है तो जन्मपत्री में पिता का नाम न होना और भी बड़ी समस्या प्रतीत होने लगी थी। मुझे भी और सूर्या को भी। मुझसे कहीं अधिक इस बात को लेकर सूर्या चिन्तित थी। पासपोर्ट बनाने के समय भी काफी दिक्कत पेश आयी पर सूर्या और डॉ. प्रमोद शर्मा के सहयोग से मैं अपने नये ब्रिटिश पासपोर्ट में विमला के फोटो और नाम जुड़वाने में सफल हो सकी थी। पर आसान नहीं था। डॉ. शर्मा के वकील मित्र की मेहरबानी थी वह कि मेरी परित्यक्ता हो जाने की बात उसकी पेशकश में एक मजबूत दलील के रूप में सामने आ पायी।

आज जब मेरे लिए लन्दन छोड़ने के सिर्फ तीन दिन बाकी रह गये तो सूर्या ने उस मुद्दे को एक बार फिर उठाया और बड़ी ही आत्मीयता के साथ उसने कहा :

—मॉरिशस में हमें अपने देश और अपने समाज की पूरी जानकारी है। एक पिता विहीन बच्ची पर सवाल उठकर ही रहेंगे। कैसे निबटोगी उससे?

इस सचाई का मेरे पास कोई उत्तर नहीं था।

मेरे अपने पास भी सवाल-ही-सवाल थे। एक आफ़त से अपने को बचाकर यहाँ ले तो आयी, लेकिन यहाँ तो उससे भी बड़ी आफ़त सामने आ खड़ी हुई।

—हमारा समाज जबावदेही माँगेगा, मीता।

—जवाब तलब किया जाएगा तो देखेंगे।

—मैं तुम्हारी सहेली और बहन, दोनों हूँ। इस समस्या पर मैंने प्रमोद से भी बात की। उसे भी यह एक बड़ी समस्या ही लग रही है। मेरी एक बात को तुम ध्यान से सुनो!

—मैं तुम्हारी हर बात को ध्यान से सुनती आयी हूँ, सूर्या।

—तो फिर जो मैं कहने जा रही हूँ उसे और भी ध्यान से सुनो! मैं तुम्हारी मदद करना चाहती हूँ।

—वह तो तुम बार-बार करती रही हो।

—तुम मुझे बिन टोके मेरी बात सुनो! मैं...

—ठीक है।

—टोक ही गयी न! ख़ैर, तुम जानती हो कि मैंने सुधीर के साथ न चाहते हुए भी बहुत बड़ी बेइन्साफ़ी की है।

इस बेवफ़ाई के पश्चाताप को अपने भीतर कुछ करने के लिए मैंने एक बात सोची है। यह बात तुम्हारे सामने रखने से पहले मैं प्रमोद को बता चुकी हूँ। उसने मेरी बात मान ली है इसलिए अब मैं तुमसे यह बात करने जा रही हूँ। फिर से कह रही हूँ। मुझे ध्यान से सुनना और उत्तर देने की कोई जल्दबाज़ी नहीं करोगी। ठीक है?

—ठीक है, बात बताओ तो सही!

—तुम्हारा परिवार मेरा परिवार है और अपने परिवार को तुम्हारी वापसी की खुशी के साथ उन्हें किसी तरह से दुखी होते नहीं देखना चाहती हूँ। तुम्हें मेरी यह बात कुछ अजीब-सी भी लग सकती है पर यह और कुछ न होकर तुम्हारे प्रति मेरे अगाध स्नेह का ही परिणाम है। कृपया मेरी इस बात को अन्यथा मत लेना। जो माँग मैं तुम्हारे सामने रखने जा रही हूँ उसमें तनिक भी ख़ुदगर्ज़ी का भाव नहीं है। बस एक प्यार भरी माँग है।

—तुम जानती हो सूर्या, मैं तेरे लिए कुछ भी कर सकती हूँ। तुम अपनी लम्बी भूमिका को यहीं रोककर अपनी माँग मेरे सामने रखो।

—देखो, मेरा मकसद केवल तुम्हें बदनामी से बचाना है। तुम अपने साथ अपनी बच्ची को मॉरिशस मत ले जाओ।

—क्या कहा?

—मैं जानती थी कि तुम चौंक उठोगी।

—नहीं, मैं समझी नहीं। फिर से कहो। क्या कहा तुमने?

—तुम विमला को मुझे सौंप जाओ।

—मॉरिशस में सवालों और बदनामी से मुझे बचाने के लिए तुम ऐसा कह कर रही हो?

—हाँ अमिता!

—मैं तो अपने जीवन में दो भयंकर तूफानों का सामना कर चुकी हूँ। एक और सही।

—अमिता! तुम्हारी बच्ची तुम्हारी ही रहेगी। मैं तो बस...

—मैं तुम्हारी भावना को समझ रही हूँ, सूर्या। पर मैं अपनी बेटी की, जैसा कि मैं पहले भी कह चुकी हूँ, माँ और बाप दोनों हूँ। अपने इस रिश्ते के निर्वाह के लिए मैं हर आँधी-तूफान का डटकर सामना करूँगी।

—मैंने तो तुम्हारे सामने अपनी स्नेह भरी माँग रखी है। निर्णय तुम्हारा होगा।

28

अपने घर के दरवाजे पर दस्तक देते ही मुझे लैंड-लेडी की आवाज सुनाई पड़ी।

—अमिता! योर फ्रैंड मिस सोराया आयी हैं।

मैंने घड़ी की ओर देखा। रात के आठ बज रहे थे। मेरी ओर से कोई आवाज़ न सुनकर लैंड-लेडी ने दोबारा कहा :

—मिस सोराया आयी हैं। ओपन दी 'डोर।

वह हमेशा सूर्या को सोराया ही कहती थी। उसके बदन की तरह उसकी आवाज़ भी मोटी थी। मिसेज़ क्लीफोर्ड की यह एक ख़ासियत थी कि रात के समय वह किसी को ऊपर आने नहीं देती थी, चाहे मेरी सहेली ही क्यों न हो। विमला अपनी कॉमिक्स की किताबों में खोई हुई थी। दोबारा आवाज़ सुनकर वह अपनी जगह से उठने लगी। मैंने उसे रोककर खुद बढ़कर दरवाज़ा खोला।

सूर्या को भीतर करके मैंने मेडम क्लीफोर्ड को शुक्रिया कहकर दूसरी बार उसे गुडनाइट की।

सोफे पर बैठने के बाद सूर्या ने कहा :

—थोड़ा पानी ला दो मेरे लिए।

—बाहर की ठंड से भीतर आयी हो। गरम चाय लाये देती हूँ।

—नहीं अमी। मुझे प्यास लगी है।

विमला ने अपनी जगह से उठकर सूर्या को नमस्ते की और सूर्या ने उसके माथे को चूम लिया।

पानी पीने के बाद सूर्या बोली :

—अमी! कल मैं अम्बिका के सामने तुमसे अधिक बातें नहीं कर पायी। इस बात से मैं अपने आपको कोस रही हूँ।

—पहले यह बताओ कि खाना खाकर आयी हो?

—प्रमोद और अम्बिका के साथ एक भारतीय रेस्तरां में खाना खा आयी हूँ। खाना अच्छा था। कल या परसों तुम्हें और विमला को वहीं खाना खिलाने ले चलूँगी।

—अच्छा बताओ, कौन-सी बातें अधूरी रह गयीं...

उसने मुझे अपना वाक्य पूरा करने नहीं दिया। मेरे दोनों हाथों को अपने हाथों में लेकर बात शुरू की :

—आय एम फ़ीलिंग वेरी गिल्टी माइंडेड।

—किस बात के लिए?

—देखो, तुम मुझे बीच में रोको मत। पूरी बात कर लेने दो।

अपने हाथ के खाली ग्लास को सामने की छोटी मेज़ पर रखकर उसने बात आगे बढ़ायी।

—मैं सुधीर को बहुत प्यार करती थी। करती भी हूँ और करती रहूँगी। यह मेरी ज़िन्दगी की सबसे बड़ी सच्चाई है और यह भी बहुत बड़ा सत्य है मेरे जीवन का, कि सुधीर को उस ख़तरनाक रोग से बचाने के लिए ही मैंने डॉक्टरी की पढ़ाई शुरू की। अपनी पढ़ाई को और चन्द वर्षों के लिए अगर आगे बढ़ाया है तो वह भी इसीलिए कि मैं ट्यूबरक्लोसिस की विशेषज्ञ बनकर अपने देश लौटूँ। इस समय हमारे देश में यह बीमारी पहले से अधिक ज़ोर पकड़ती जा रही है। कुछ लोग तो इस बीमारी को छिपाकर अपनी हालत को और भी संगीन बना रहे हैं। लोग अपने भीतर यह भय लिए हुए हैं कि समाज की नज़रों में वे बहिष्कृत न हों। इसलिए अपना रोग ज़ाहिर न करके उसके साथ घुट-घुटकर मर रहे हैं।

सच पूछा जाये तो मॉरिशस में इस बीमारी को लोग एक अभिशाप माने हुए हैं और रोगी अछूत समझा जा रहा है। तुमसे यह जानकर मुझे एक राहत-सी हुई है और खुशी भी कि सुधीर की हालत में काफी सुधार आ चुका है और वह नौकरी भी करने लगा है। सुधीर अगर मेरे प्यार के प्रति असहमति दिखाते आ रहा था तो केवल इसलिए कि उसका अपने चंगे होने का विश्वास खंडित हो चुका था। मैंने हमेशा सुधीर की खुशी और उसके स्वास्थ्य को अपनी प्राथमिकता दी है और आज भी।

लेकिन आज मैं अपनी भावुकता को अगर कुछ घटाकर अधिक तर्कसंगत पा रही हूँ तो इसलिए क्योंकि मैं अब अपने पूरे देश का हित सोचने लगी हूँ। मेरे घरवालों ने जब मुझसे पूछा था कि हमारे परिवार के पास किस चीज़ की कमी है जो मुझे विदेश जाने की सूझी है। मैंने कहा था कि मैं अपने देश के लिए कुछ करना चाहती हूँ। मेरी माँ ने बड़े प्यार से मुझसे पूछा था कि क्या अपने देश में रहकर देश की सेवा नहीं हो सकती? तो पहली बार मेरे पिताजी ने मेरे पक्ष में बोलते हुए कहा था कि मेरी बेटी को इंग्लैंड से कुछ बनकर आने दो। इससे इसके सपने तो साकार होंगे ही, हमारे लिए भी उसकी सफलता गर्व की बात होगी।

यहाँ पर इस देश की सच्चाई को देखते हुए मैंने जीवन के चन्द नये मूल्यों को जाना है। मैं जानती हूँ कि तुम्हारे भीतर यह भाव पैदा हो आया है कि मैं सुधीर को भुला बैठी हूँ। नहीं, यह सही नहीं है और यह भी सही नहीं है कि मैं डॉ. प्रमोद से प्यार कर बैठी हूँ। सही तो यह है कि प्रमोद को मैं तुम्हारे बाद अपना सबसे घनिष्ठ मित्र मानती हूँ। भारत देखने की बहुत बड़ी तमन्ना है इसलिए मैं उनके साथ भारत जा रही हूँ।

29

अपने निर्णय की जल्दबाजी के कारण मैं अपने प्रति उनके उस आकर्षण को प्यार समझ बैठी थी। चन्द सप्ताह किसी की बाहरी भावनाओं को एक पराये देश में अपने प्रति गहरा अनुराग समझकर मैंने खुद अपने पैरों पर कुल्हाड़ी मार ली थी। प्यार और जीवन को सही परिप्रेक्ष्य में गम्भीरता से न लेकर मैं आज अपने को एक ऐसे ठौर पर खड़ी पा रही हूँ जहाँ से अब अपने देश और अपने लोगों के बीच लौटने की घड़ी में मेरे भीतर प्रसन्नता से अधिक दुविधा, झिझक और खौफ़ हावी हो चला है।

पच्चीस वर्ष की उम्र पार करके भी लगता है कि मैं आज प्रौढ़ता की सीढ़ी के नीचे ही रह गयी हूँ। अपनी इस नादानी पर मुझे खुद पर हैरानी होने लगी है और होनी-अनहोनी जैसे निष्कर्ष को झटके देकर मैं अपनी ही कमज़ोरी को कोसने लगी हूँ। बलात्कार का शिकार होना मेरी विवशता थी लेकिन शादी जैसे विषय की गम्भीरता को मैं इतने ढीलेपन के साथ मंजूर कर गयी इसकी सफाई अपने परिवार को कैसे दे सकूँगी?

यह केवल मेरी अपनी चिन्ता का कारण नहीं, मेरे साथ-साथ यह मेरी बेटी के लिए भी एक नाज़ुक परिस्थिति बन गयी थी। मेरी मुलाकातें एक जानवर और एक अधइन्सान से क्या हुई कि मैं न घर की रही न घाट की।

मैंने अपने को आईने के सामने पाया। चन्द मिनट पहले तो मैं मॉरिशस से फ़ोन पर बातें कर रही थी। मॉरिशस गोया कि मुझसे सवाल-पर-सवाल किये जा रहा था और मैं सही उत्तर न दे पाकर खामोशी साधे रही। उधर की आवाज़ मेरे कान में प्रतिध्वनित होती रही। पहले तो आवाज़ हुस्ना की थी, लेकिन अब आवाज़ की अनुगूँज आने लगी थी। समझ नहीं पा रही थी मैं कि मॉरिशस से वह किसकी आवाज़ थी।

—मेरी बेटी लन्दन पहुँच रही है...पहुँच रही है...।

मेरी ओर से ख़ामोशी बनी रही। रात में मैंने जो गोलियाँ ली थीं उनका असर अभी भी मुझ पर हावी था। फ़ोन पर आ रही आवाज़ सुन पा रही थी पर उसका कोई अर्थ नहीं निकाल पा रही थी। वह आवाज़ जो शुरू में हुस्ना की आवाज़ प्रतीत हुई थी, अब अनजानी लग रही थी।

—मेरी बेटी लन्दन पहुँच रही है...पहुँच रही है...पहुँच रही है...। उसे लन्दन में सीमित वीज़ा मिल रहा है...सीमित वीज़ा मिल रहा है। उसे वहाँ तीन-चार साल रहकर पढ़ना है...पढ़ना है...।

मेरे मुँह से आखिर आवाज़ निकल ही गयी :

—तो मैं क्या करूँ?

—तुम इंग्लैंड में उसकी नकली शादी करवा दो...करवा दो...करवा दो।

—पर क्यों?

—ताकि उसे वहाँ ठहरने की इजाज़त मिल जाए...इजाज़त मिल जाए।

पहली बार पीड़ा से फटते सिर के कारण मैंने वेलियम की गोली ली थी। पहली बार सुकून की तलाश में मैं नरक की परिक्रमा करने लगी थी।

आईने के सामने खड़े होकर मैंने अपने चेहरे को घूरा। वह मेरा चेहरा नहीं था। आवाज़ फिर भी गूँजती रही।

—ब्रिटेन का दस्तूर ऐसा। धन देकर शादी रचवा लो...और पा लो ब्रिटिश नागरिकता!

मैं चिल्ला उठी।

—पर मुझे इससे क्या लेना-देना?

—कुछ भी नहीं।

—तो फिर...?

—तो फिर महीनों बाद नकली शादी का नाटक खत्म हो जाएगा और...

मैं आईने के सामने से हट गयी।

मेरे कदम डगमगाने लगे थे। भारी-भरकम कदमों से पलँग की ओर मुड़ी। पाँव उठते-रुकते रहे। मैं जहाँ थी, वहीं खड़ी-की-खड़ी रही। कमरे का धुँधलका बढ़कर अँधेरे में परिवर्तित हो चला था।

मैंने विमला को पुकारते हुए अपनी ही आवाज़ सुनी।

फिर गहरा सन्नाटा छा गया।

और अब न जाने कितने घंटे बाद ख़ुमारी टूटी तो मैं अपनी बेटी की बगल में चारपाई पर पड़ी पायी। मदहोशी अभी पूरी तरह खत्म भी नहीं हो पायी थी।

मैं जागी तो लगा कि सुबह तो बहुत दूर पर थी। मैं तो मध्यरात्रि के आगोश में थी।

30

जबसे विमला को यह मालूम हुआ था कि हम मॉरिशस लौटने को हैं तो उसके अब तक के सारे सवाल बदल गये थे। अब तक तो वह अपने उस स्कूल तथा वहाँ के भिन्न रंग-रूपों के बच्चों के बारे में पूछती रहती थी। उन बातों से थककर वह अपनी सचित्र पुस्तकों के चरित्रों के बारे में सवाल कर जाती थी। कभी पूछ बैठती कि सिंड्रेला की तरह उसे भी डांस में जाने का आमन्त्रण कभी मिलेगा। कभी स्नो व्हाइट पर सवाल, तो कभी पीटर पान पर।

इधर महीने-भर से उसके सवाल अपनी नानी, अपने मामा और उनकी दुनिया के बारे में हुआ करते थे। क्या वहाँ भी बिगबेन है? थेम्स और डबलडेकर बसें हैं? और मेरे उत्तरों पर भी प्रश्नों की बौछार करने लगी थी। अभी कल ही पूछ बैठी थी कि क्या समन्दर थेम्स से बड़ा और गहरा है। वहाँ के लोग अंग्रेज़ी क्यों नहीं बोलते? मैं नानी से अंग्रेज़ी में बात करूँगी तो वह समझ पाएगी। तुमने मुझे भोजपुरी और क्रिओली क्यों नहीं सिखायी?

मैं थक जाती तो वह मुझे स्कूल में सीखे गीत सुनाने लग जाती। कभी 'हम्टी-डम्टी' तो कभी 'ओल्ड किंगकोल'। अब इधर कुछ दिनों से मुझे अपनी न पढ़ पा सकनेवाली चित्रावली की पुस्तिकाओं की कहानियाँ सुनाने की माँग करती आ रही थी। यह कहकर कि वह अपनी नानी को यहाँ की कहानियाँ सुनाया करेगी। कुछ ज्यादा ही सवाल करनेवाली विमला अपनी धुन में मुझसे एक ऐसा सवाल कर गयी जिससे मैं तिलमिला उठी :

—माँ! वहाँ नानी के पास पापा भी मिलेंगे न?

मेरी ही बेवकूफ़ी का तो नतीजा था यह। मैंने ही तो उसके एक सवाल का गलत उत्तर दे दिया था। उसने यह जानना चाहा था कि उसका कोई डैडी है कि नहीं। मैंने झट कह दिया था :

—क्यों नहीं, तुम्हारे भी डैडी हैं।

—तो फिर मेरे डैडी हमारे साथ क्यों नहीं रहते? कहाँ रहते हैं मेरे डैडी?

क्या जवाब देती? यह सोचकर कि सबसे सेफ जवाब देना है मैंने कह दिया था :

—मॉरिशस में तुम्हारी नानी के पास।

—पर मेरे मित्रों के डैड तो उनके साथ रहते हैं?

एक झूठ की रक्षा के लिए दूसरा झूठ बोलना ही पड़ा :

—तुम्हारे डैडी वहाँ काम करते हैं।

—वहाँ से हमें फ़ोन आते रहते हैं पर मेरे डैड ने कभी भी हमें फ़ोन नहीं किया। क्यों?

अब तो झूठ-पर-झूठ लादना ही था :

—जब उनका फ़ोन आता है तो तुम सोये रहते हो।

मुझे लगा था कि दुनिया में किसी से भी झूठ बोल जाने का साहस किया जा सकता है, पर बच्चों से नहीं।

पिछले सप्ताह ही की तो बात है। सूर्या और दो मॉरिश्यन लड़कियों के साथ, कुछ मॉरिशस ले जाने के लिए मैं कुछ उपहार खरीद रही थी। कई लोगों के लिए चीजें खरीदते देख विमला ने मुझसे पूछा था :

—मेरे डैड के लिए कुछ नहीं खरीदोगी?

मुझसे उत्तर न बनने पर उसने सूर्या से कहा था :

—मौसी! मुझे भी अपने डैड के लिए तोहफे खरीदने हैं। मेरे डैड को क्या पसन्द है?

मुझे मौन पाकर सूर्या ने मेरी ओर देखा और विमला का हाथ थामकर मेन्स डिपार्टमेंट की ओर बढ़ गयी थी।

कोई पन्द्रह-बीस मिनट बाद लौटी थी तो विमला के हाथ में एक पार्सल था। मैंने सूर्या की ओर देखा और उसने मेरे मौन प्रश्न का उत्तर दिया :

—हम तुम्हें नहीं बता सकते कि हमने विमला के पापा के लिए क्या खरीदा है। कौन जाने तुम उसे फ़ोन पर बता दो। विमला तो अपने पापा के साथ सरप्राइज करना चाहती है।

अपने पार्सल को दोनों हाथों से जकड़े विमला ने कहा :

—मैं अपने डैड से कहूँगी कि वह आँखें मूँदें। उनके आँखें मूँद लेने के बाद ही मैं अपनी पीठ के पीछे से पार्सल उनके सामने करके कहूँगी, डैडी! अब तुम आँखें खोल सकते हो।

इससे पहले मैंने जीवन में कभी भी झूठ न बोला हो, ऐसी बात नहीं। झूठ बोल जाने के लिए एक बार अपने पापा की डाँट पड़ी थी। एक अन्य अवसर पर माँ से तमाचे मिले थे। माँ के सामने कान भी पकड़ने पड़े थे और इसके बाद मैं कभी झूठ बोली, ऐसे किसी भी क्षण की स्मृति मुझे नहीं।

विमला के साथ एक झूठ के बाद कितनी स्वाभाविकता के साथ मैं झूठ पर झूठ बोलती रही। बोल जाने का पछतावा तो मुझे बहुत है पर मॉरिशस में विमला के सामने मेरे झूठ की पोल खुल जाने पर मेरी बेटी पर क्या गुज़रेगी?

उन दिनों विमला चार वर्ष की थी। हमारे घर के पास के नर्सिंग स्कूल जाती थी। उसकी यह चौथी क्रिसमस मेरे घर के बदले सूर्या के घर मनाई गयी

थी जिसमें छह मॉरिशस के बच्चे शामिल थे। इससे पहले लन्दन का यह लोकप्रिय त्योहार मैंने केवल देखा था मना नहीं पायी थी। दो बार और दोनों अवसरों पर मैं अस्पताल के मरीज़ों के बीच के जश्न में शामिल रही। इस बड़े दिन के त्योहार से चार दिन पहले ही सड़कों और दुकानों की भारी भीड़ के बीच मैंने और सूर्या ने बच्चों के लिए खिलौने खरीदे थे। ग़नीमत थी कि मॉरिशस वाली गर्मी के बदले लन्दन में ज़ोरों की ठंड थी। चारों तरफ बर्फ-ही-बर्फ थी। छतों पर, पेड़ों पर और सड़कों पर बर्फ की परत घनी तो थीं ही, गाड़ियाँ तक बर्फ से ढँकी हुई थीं।

मॉरिशस में इस मौके पर इतनी अधिक गरमी होती है कि आदमी पसीने से तर तथा अकुलाहट से परेशान हो जाते हैं। लन्दन की आपाधापी बर्फ की ठंडक कम-से-कम मॉरिशस वाली अकुलाहट नहीं पैदा कर रही थी। यह ज़रूर था कि नीचे से ऊपर तक हर आदमी गरम कपड़ों में होता है। सभी बच्चों से अलग विमला के लिए सूर्या ने विशेष तोहफा खरीदा था। माँ बोलने और आँखें खोलने तथा बन्द करनेवाली चीनी गुड़िया। मॉरिशस के बच्चों में विमला के बाद सबसे छोटा दो साल का लड़का था और सबसे बड़ी चार साल की लड़की थी। इनमें एक ही का बाप अंग्रेज़ था। बाकी मॉरिशसीय थे।

जश्न के दौरान जिस बात की मुझे आशंका थी वही होकर रही। विमला के पिता का सवाल आखिर उठ ही गया था। मेरे जवाब देने से पहले सूर्या ने लोगों को बता दिया कि विमला का पिता ज़रूरी काम से अमेरिका गया हुआ है। उपस्थित लोगों में मेरी दो सहेली और दो दोस्त थे जिन्हें मेरी कहानी मालूम थी। सूर्या के उत्तर पर मेरी तरह उन चारों ने भी लम्बी साँस ली थी। वृन्दा ने जो कि मेरे एकदम करीब थी, धीरे से बोली थी :

—बला टली वरना बात का बतंगड़ हो जाता। पूछने वाली यह औरत तुम्हारे ही प्रान्त की है। मैं इसे बहुत अच्छी तरह जानती हूँ। सुबह होने से पहले यह बात मॉरिशस पहुँच जाती।

—मुझे अपने परिवार के अलावा किसी की परवाह नहीं। किसी ग़ैर हिन्दू से शादी करनेवाली तो वैसे भी मैं पहली थोड़ी ही हूँ।

उस रात खाने के बाद सूर्या यह कहकर रही जिसके लिए मैं उसे दो-दिन से मना करती आ रही थी। यहाँ मेरे पहुँचते ही उसने फिर एक बार कह ही दिया था कि देखो, तुम्हें गाना ही होगा। भोजन के बाद वह ऐलान करके ही रही थी। हमारे इलाके में सबसे पहला रेडियो हमारे घर आया था। उससे पहले हमारे यहाँ एक ग्रामोफ़ोन था जो जबसे मैं जानती थी, बेकार पड़ा हुआ था। उन दिनों हमारे यहाँ रेडियो के हिन्दी कार्यक्रम शाम पाँच से साढ़े छह बजे तक ही चलते थे। मौसम अच्छा होने पर आकाशवाणी और 'बिनाका गीतमाला' से कुछ गाने सुनने को मिल जाते थे। मैं गानों की अपने पापा ही की तरह बहुत

ही शौकीन थी और अब भी हूँ। यह बात भैया ने सूर्या को बताई थी कि मैं बहुत अच्छा गाती हूँ।

मैं तो बस इतना जानती हूँ कि मन बहलाने के लिए गुनगुना लेती हूँ। जब सभी ने गाने की रट लगानी शुरू की तो मैं 'सीमा' फिल्म से लता जी का एक गीत गुनगुना उठी थी : '...सुनो छोटी-सी गुड़िया की कहानी।...'

गाना समाप्त होते ही लोग पीछे पड़ गये थे।

—प्लीज़! एक और! एक और!!

सिर तो ओखली में जा ही चुका था। कई गानों की तो अब सिर्फ चार-पाँच पंक्तियाँ ही याद थीं। दिमाग़ पर ज़ोर देने के बाद 'साहब बीवी और गुलाम' का एक गाना याद आ गया—'भँवरा बड़ा नादान'। एक-दो लोगों को यह गाना कुछ-कुछ आता था इसलिए वे भी मेरे साथ गा उठे थे।

उस रात का आखिरी आइटम बच्चों से गवाना था। पहले तो दो-तीन बच्चों ने समूह स्वर में दो नर्सरी राईम्स गाये थे। फिर तो विमला मेरे पास आकर धीरे से बोली थी :

—माँ, मैं भी गाना गाऊँगी।

अंजलि ने भी सुन लिया था इसलिए उसने तुरन्त सभी के सामने ऐलान कर ही दिया था:

—अच्छा, अब हमारी गुड़िया विमला एक गाना गाएगी।

विमला ने झट गाना शुरू कर दिया था —

'रेन, रेन।
गो अवे
कम अगेन अनदर डे
रेन ऑन दी ग्रीन ग्रास
रेन ऑन दी ट्री
रेन ऑन दी हाउस टोप
बट नॉट ऑन मी'

सभी लोगों ने विमला को चूम लिया था।

31

अनायास और अनचाहे अतीत का एक दृश्य आँखों के सामने झिलमिला उठा।

रमणीक पिकॉडली की भारी भीड़ से होकर मैं और फ्रेडी ने एक शान्त जगह पर शाकाहारी लंच लिया था। मुझे शाकाहारी पाकर शुरू के दो-तीन सप्ताह

फ्रेडरिक ने भी अपने को शाकाहारी बनाये रखा था। पर उससे आगे एक दिन वह झुँझला उठा था :

—मैं ये घास-फूस खाकर नहीं जी सकता।

मैंने पहली बार उसकी झुँझलाहट देखी थी। उसमें नाराज़गी का भाव तनिक भी नहीं था। मुझे उसका उस तरह झुँझलाना अच्छा लगा था। बच्चों की-सी हरकत थी वह। मैंने उससे कहा था कि ठीक है, कल से मैं तुम्हारे लिए तुम्हारे पसन्द की चीज़ तैयार कर दिया करूँगी।

यह सुनकर उसे हैरानी हुई थी। बोला था :

—तुम पका पाओगी? मांस-मछली के बाज़ार से गुज़रते समय नाक को अँगुलियों से दबा लेनेवाली नॉनवेज तैयार कर पाएगी क्या?

—पर एक शर्त है।

—मैं जानता हूँ। पका तो लोगी पर खाओगी नहीं।

—हरगिज़ नहीं खाऊँगी। मगर यह मेरी शर्त नहीं।

—तो फिर तुम्हारी शर्त क्या है?

—मैं चिकन और मछली के अलावा और कोई चीज़ नहीं पकाऊँगी। अधिक स्पष्ट कह दूँ कि मैं किसी भी हालत में बीफ़ और पोर्क इस घर में बिल्कुल नहीं आने दूँगी।

—शर्त मंजूर।

शर्त मंजूर करके एक दिन वह शर्त तोड़कर ही रहा। उस दिन संयोग से हम दोनों की छुट्टी का दिन था। फ्रेडी को ट्रेफेल्गर स्क्वॉयर में किसी से मिलना था। उधर से लौटते हुए मैं एक भारतीय दुकान में साड़ियाँ और शलवार-कमीज़ देखने लगी और वह सामने के एक शॉप में रसोई के कुछ सामान जिसकी फेहरिस्त मैंने उसे दी थी, लेने चला गया। मेरे पास आया तो उसके दोनों हाथों में टोकरियाँ थीं। मैंने कपड़ों की दुकान से एक शलवार-कमीज़ ले रखी थी।

बस द्वारा हम लोग घर लौटे। फ्रेडी अपनी दोनों टोकरियों को रसोई में छोड़ आया था। मुझे थकान महसूस हो रही थी इसलिए अपने हाथ के पार्सल को सोफे पर रखकर उसकी बगल में बैठ गयी। फ्रेडी पार्सल खोलकर कपड़े देखता रहा फिर बोला था :

—एक बात बताओ। तुम इतने उदास रंग के कपड़े क्यों पहनती हो?

मैंने हँसते हुए उसके इस सवाल का जवाब दिया था :

—क्योंकि सादे रंग मुझे चटकीले रंगों से ज्यादा पसन्द हैं।

—मैंने तुम्हें जो गहने भेंट किये उन्हें भी तुम नहीं पहनती हो!

—गहनों की आदत नहीं मुझे।

—यह तो मैं जानता हूँ कि तुमने अपना ज्यादातर समय तंगहाली में बिताया है लेकिन अब तो...यू केन अफोर्ड नाउ...अब तो कम-से-कम...।

—तुम्हारे दिये गहने कल मेरी बच्ची पहनेगी।

—तुम्हें अभी भी यकीन है कि हमारा पहला बच्चा लड़की होगा।

—मुझे तो पूरा विश्वास है।

कोई घंटे भर बाद मैं रसोई में पहुँची। एक टोकरी में सब्जियाँ और कुछ फल थे। मैंने उन्हें बाहर निकालकर सब्जियों के ट्रे में रख दिया। दूसरा पार्सल खोला तो एक फ्रोजन चिकन उसके भीतर से बाहर निकला। दूसरा पार्सल बाहर निकाला उसमें लाल रंग की मीट देखकर सिहर-सी गयी थी। जहाँ थी, वहीं से आवाज़ दी थी :

—फ्रेड्डी!

—क्या है?

—इधर आओ तो!

वह जब मेरे सामने आकर खड़ा हो गया तो मैंने नीचे रख चुके पार्सल की ओर संकेत करके उससे पूछा था :

—यह क्या

—इट्स मीट माई डीयर।

—कैसी मीट?

—बीफ़।

—यू टेक इट अवे फ्रॉम माई किचन।

—अमी! बहुत दिनों बाद मन किया...।

—भाड़ में जाए तुम्हारा मन किया...इसे लैंड-लेडी को दे आओ, नहीं तो मैं बाहर फेंक दूँगी।

हमारी वह रात कोलाहाल-भरी रही।

हमारी पहली गरमागरम तकरार थी वह।

32

जब मैं समुद्री जहाज़ से यात्रा करके लन्दन पहुँची थी तो मेरे छोटे से सूटकेस में अपने लिए दो जोड़े कपड़े थे और एक जोड़ा मेरे अपने शरीर पर। एक जोड़ी चप्पल मेरे पाँवों में थी और एक अधघिसी जोड़ी सूटकेस में। आज जब लन्दन छोड़ने की तैयारी में हूँ तो दो सूटकेस कपड़ों, जूतों, कॉसमेटिक और अन्य कई

तरह के उपहारों से खचाखच भरे हुए हैं। कल शाम सूर्या के साथ लम्बी फेहरिस्त के एक बार फिर से मुआयने के बाद लगा कि कुछ लोगों के लिए मुझे कुछ-न-कुछ तो लेना ही पड़ेगा। इसलिए उस एक आखिरी खरीदारी में दो सौ पाउंड खर्च करना ही पड़े।

अपनी कमाई का पूरा खाता जो बैंक में था, सप्ताह पहले ही उसकी तबदीली की औपचारिकताएँ मैंने पूरी कर ली थीं। अपने साथ नकद राशि भी कुछ ले रखी थी। सूर्या का सहयोग इस पूरी तैयारी में मुझे मिलता रहा था। वह डॉक्टर प्रमोद और अम्बिका के साथ मेरे लन्दन छोड़ने के पाँच दिन बाद ही भारत के लिए रवाना होने वाली थी। कल रात उसने मेरे ही यहाँ से मॉरिशस के अपने एक रिश्तेदार को फ़ोन किया था जो स्वास्थ्य विभाग में एक ऊँचे ओहदे पर कार्यरत थे। उनसे बात करने के बाद सूर्या ने मुझे आश्वासन देते हुए कहा था :

—तुम्हें मॉरिशस में नौकरी मिलने में कोई दिक्कत नहीं होगी। यहाँ के तुम्हारे नर्सिंग प्रशिक्षण और कार्य अनुभव का वहाँ काफी महत्त्व होगा। वैसे भी अपने प्रमाणपत्र और रीकमेंडेशन लेटर तो तुम्हारे पास हैं ही। मैं भारत पहुँचते ही तुम्हें फ़ोन करूँगी।

उसने एक पार्सल अपने परिवार के लिए मुझे सौंपा था और उसके साथ एक चिट्ठी भी दे रखी थी। मैंने उसे आश्वस्त किया कि मैं खुद उसके घर जाऊँगी और लन्दन में उसके अपने आवास और पढ़ाई के आगे बढ़ाने की बात भी उसके परिवार को बताऊँगी। सूर्या ने जब भी अपने घर पर फ़ोन करके अपने परिवार को अपनी अगली योजना बतायी थी तो उसके पिता ने तो बात मान ली थी पर उसकी माँ बार-बार यही कहती रही थी कि डॉक्टर बन गयी यह काफी नहीं, विशेषज्ञ बनने की क्या जरूरत है?

रात में बातों के दौरान मैंने सूर्या से पूछा था कि क्या डॉ. प्रमोद शर्मा के साथ के उसके उस आत्मीय रिश्ते की बात मैं उसके परिवार को बता सकती हूँ तो वह झट से बोल उठी थी :

—अरे नहीं, भूलकर भी ऐसा मत करना। वे लोग तो पहले ही से न जाने किसे मेरे लिए रोके बैठे हैं।

मैंने चाहा कि एक बार उससे स्वयं अपने भैया के प्रति कुछ सुनूँ। पर अब तक जब उसने उस मुद्दे को कभी भी नहीं उठाया तो मैंने चाहा कि मैं खुद उससे पूछँ कि क्या सुधीर भैया के लिए कोई सन्देश है? पर नहीं पूछ पायी।

मैं अपने भैया को बहुत अच्छी तरह से जानती हूँ। वह सूर्या को बहुत प्यार करता है। पर मैं इस सच्चाई को भी जानती हूँ कि मेरा भाई दो कारणों से अपने प्यार को किसी रिश्ते का नाम देने की स्थिति में अपने को नहीं पा रहा।

एक तो अपनी बीमारी की वजह से और दूसरी वजह वह है जो उसने तब भी कहा था जब मैं मॉरिशस में थी। अभी कोई दो महीने पहले जब मैंने फ़ोन पर उससे यह झूठ कहा था कि सूर्या हमेशा उसी की बात करती रही है तो उसने फ़ोन पर गम्भीर स्वर में कहा था :

—उसे तो अब तक सारी पुरानी बातें भूल जानी चाहिए थीं।

—भैया, तुम आज भी सूर्या को पहले ही जैसा प्यार करते हो?

उसने उत्तर देने में देर की तो मैंने अपने सवाल को दोहराया और वह बोला था :

—हाँ बहना, मैं आज भी उसे वही पहलेवाला प्यार करता हूँ लेकिन...

उसे खमोश पाकर मुझे पूछना पड़ा था।

—लेकिन क्या भैया?

—उस पहले जैसी उम्मीद के साथ नहीं।

—मतलब?

—अब भी उसे प्यार करता हूँ इस उम्मीद के साथ नहीं कि मैं उससे ब्याह करूँ।

फिर तो खामोशी रही।

पर मैं तो पहले ही से इस बात को समझ बैठी थी। यह भी समझ सकी हूँ कि मेरा भाई उन लोगों में नहीं जो अपने दर्द से कराह और चिल्ला उठते हैं। मेरा भैया तो अपने दर्द को अपनी अन्दरूनी एहसास की अमानत माननेवालों में है।

33

अपनी मासूम विमला को गोद में लिये मैं सोच उठती थी, मैंने जीवन में इतनी जल्दबाज़ी क्यों की? अपनी पढ़ाई समाप्त करने में भी जल्दबाज़ी की थी इसकी वजह समझना तो बड़ा आसान था। मैं तो चाहती थी कि मैं भी दयाल चाचा की बेटी मंजुला की तरह गाँव ही के अध्यापक से ट्यूशन लेकर माध्यमिक कक्षा तक की पढ़ाई कर लूँ। लेकिन अपने पापा की मृत्यु तथा भाई की बीमारी के कारण ऐसा करना सम्भव नहीं था। मंजुला ने अपने अध्यापक से यह तय भी कर लिया था कि वह मुझसे भी बाईस रुपये ही ले। पर इस बाईस रुपये का प्रबन्ध आसान नहीं था।

जल्दबाजी में मैंने देवन्ती चाची की बात मानकर उसके घर नौकरी शुरू की थी। सूर्या के कहने पर लन्दन चलने की बात मान जाने में भी जल्दबाज़ी

की थी। वही जल्दबाज़ी फ्रेडरिक के प्रस्ताव स्वीकार कर जाने में भी की थी। लेकिन इस प्रस्ताव को मान जाने से पहले मैंने सूर्या से बात की थी। उसने जो राय दी थी उसे भी शायद मान जाने में मेरी ओर से जल्दबाज़ी ही तो हुई थी। फिर भी सूर्या की बात सही थी।

हम दोनों उस दिन सूर्या के अस्पताल की कैंटीन में थे। सूर्या ने पूरी गम्भीरता के साथ मुझसे कहा था :

—मैं तो यही कहूँगी कि फ्रेडरिक जब तुम्हें अच्छा लगता है और तुम उससे मिलने-जुलने लगी हो तो ज़ाहिर है कि तुम उसे प्यार करने लगी हो। वह भी तुम्हें प्यार करता है तभी तो तुम्हारे सामने शादी का प्रस्ताव रखा। मेरी एक बात तुम ध्यान से सुन लो और अच्छी तरह से समझ लो। तुम्हारे साथ जो दुर्व्यवहार हुआ है, उसकी तुम्हारे बदन पर मुहर लग गई है। हमारे यहाँ तो गाँव की औरतें कहती रही हैं कि यह ऐसा दाग़ है जो कभी धुल नहीं सकता। हमारे लोग मर्दों के हवस की शिकार हुई लड़की को टूटी हुई गगरी कहते हैं, जो एक बार टूटकर फिर कभी जुड़ नहीं पाती।

दो-तीन सहेलियों के आ जाने के कारण सूर्या अपनी बात पूरी नहीं कर पायी थी। हम लोग बस स्टैंड पर थे जब उसने अपनी बात को आगे बढ़ाया था :

—फ्रेडरिक जिस दुनिया का है, उस दुनिया में लड़की की वर्जिनिटी को लेकर तूफ़ान खड़ा नहीं किया जाता। अपने क़ौम की बात सोचकर तुम ज़िन्दगी के सबसे बड़े खतरे को मोल लोगी। हमारी जाति का कोई भी मर्द यह गवारा नहीं करेगा कि उसकी पत्नी चाहे निर्दोष स्थिति में ही सही, बलात्कार की शिकार रही हो। तुम बच्ची नहीं जो तुमसे थोड़ी-सी बड़ी होकर मैं तुम्हें नसीहत दे सकूँ पर इतना जरूर कहूँगी कि फ्रेडरिक जिस रूप में तुम्हें सहर्ष स्वीकार कर लेगा उसे हमारी संस्कृति वाले स्वीकारने को तैयार नहीं होंगे।

फिर भी फ्रेडरिक को अपना पति बना लेने में मैंने एक बार फिर जल्दबाज़ी कर ही डाली थी। कम-से-कम अब तो मेरी यही मान्यता है। आज जब मेरी बेटी छह साल की दहलीज़ पर खड़ी है तो मैं उससे ख़ामोशी में पूछ उठती हूँ :

—विमला! तुमने जनमने में इतनी जल्दी क्यों की? जल्दबाज़ी कर भी गयी तो मेरा रंग लेने की भूल क्यों कर बैठी? तुम अपने पापा का रंग लिये जनमती तो आज मैं अपने देश, अपने घर, अपने जनों के बीच वापस जाते हुए इतनी भयभीत नहीं होती!

मेरा बड़ा भाई मुझे हमेशा कहा करता कि मैं कुछ ज्यादा ही भावुक हूँ। पहली बार जब उसके मुँह से मैंने इस शब्द को सुना था तो समझ ही नहीं पायी थी कि उसका मतलब क्या है। अपनी माँ से मैंने उसका मतलब पूछा था तो

वह बोली थी कि वह इन क्रिओल और फ्रेंच शब्दों का मतलब खुद नहीं समझती। बोली थी कि मैं जाकर अपने पापा से पूछूँ। मैं दौड़ी हुई पापा के पास पहुँच गयी थी, पूछकर ही रही थी :

—पापा, सांचिमाँताल का क्या मतलब होता है?

—भाकुक।

—यह भावुक क्या होता है?

—मयगर...यह भी नहीं समझती। जिसके मन में दया ज्यादा होती है, उसी को मयगर, दयावान या भावुक कहते हैं।

आज सोचती हूँ कि बहुत बाद में एक बार जब भैया ने मुझसे कहा था कि जो लोग अधिक दयावान होते हैं, अधिक भावुक होते हैं वे जीवन में हमेशा खुशी से कहीं अधिक पीड़ित रहते हैं।

फिर भी मैंने अपने को पीड़ित कभी नहीं पाया।

यह दूसरी बात है कि मैंने अपनी ख़ुशियों के लम्हों को कभी न तो जोड़ा, न ही उन्हें गिनकर सँजोये रखा।

34

विमला का हमेशा सवाल करते रहना मुझे बहुत अच्छा लगता था। 'उसकी ज्ञान वृद्धि के लिए उसका उस तरह प्रश्न करना बहुत अच्छी बात है' यह बात सूर्या मुझसे कह गयी थी। मुझे अच्छा लगने का एक और कारण था। मुझे अपने घर में प्रश्नों के उत्तर तो देने ही होते थे लेकिन प्रश्न करने का साहस नहीं था। हम लड़कियों से घर के बड़े जनों के सामने सवाल कर जाने की हिम्मत को धृष्टता मानी जाती रही थी। यह केवल हमारे घर की प्रथा न होकर पूरे गाँव में थी। लड़का तो कभी प्रश्न कर जाने की गुस्ताखी कर सकता था, मगर लड़की नहीं।

यही कारण है कि विमला का इतनी सुगमता से प्रश्न करना मुझे बहुत अच्छा लगता था। उसकी प्रश्न करने की आज़ादी पर कोई अंकुश नहीं था। पर कई बार मैं उसके प्रश्नों से सहम जाती थी। कुछ देर पहले मेरे घर पर मॉरिशस के आठ लोग मौजूद थे। इन सभी दोस्तों को मैंने अपने यहाँ खाने पर बुलाया था। खाने पर तो वे आये ही थे पर उनके लिए यह एक पन्थ दो काज वाली बात भी थी। सभी लोग अपने-अपने परिवार के लिए एक-एक चिट्ठी के साथ छोटे और हल्के उपहार भी लाये थे। ये छोटे और हल्के की शर्त मेरी रखी हुई थी।

खाने से पहले और खाने के बाद विमला मेरे साथियों से मिलकर उनसे अपनी एक बात कहती तो साथ ही एक के बदले दो-तीन सवाल कर ही जाती थी। मेरे अतिथियों का अनुपात संयोग से बराबरी का था। चार लड़के और चार लड़कियाँ, जो नर्सिंग के लिए ही आयी हुई थीं, दो को छोड़कर बाकी छः तो पहली बार एक दूसरे से मिल रहे थे।

सूर्या की कमी थी। पर खटकनेवाली कमी नहीं थी क्योंकि दो दिन पहले सूर्या डॉ. प्रमोद और अम्बिका के साथ भोजन पर आ चुकी थी। आज के इस भोज पर हम सभी ज्यादातर मॉरिशस के अपने-अपने परिवारों और घरों के बारे में ही बातें करते रहे थे। उनके जाने के बाद विमला ने जो सवाल मुझसे किया वह बातचीत से ही उभरा था। इसमें कोई शक नहीं। बड़े ही भोलेपन के साथ विमला ने पूछा था :

—माँ! मॉरिशस का हमारा घर भी ऐसा ही होगा?

मुझे सहमा देनेवाला सवाल था यह। क्योंकि इधर साल भर से जिस घर में मैं रही हूँ वह मेरे पिछले दो घरों से एकदम अलग था। पहले वाले घर मेरी बेबसी के नतीजे थे और यह घर मेरी बेहतर ज़िन्दगी का परिणाम था। मैं अपने पापा से प्रायः एक बात सुनती आयी थी—कहाँ राजा भोज और कहाँ गड्डू तेली।

मैं उधेड़बुन में पड़ी रही। ना कहने की हिम्मत नहीं हो रही थी और हाँ कहने से डर लग रहा था। बला यहाँ तो टाली जा सकती थी पर मॉरिशस पहुँच कर क्या अंजाम होगा। मस्तिष्क पर कुछ अधिक ही जोर देना पड़ा और अपने स्वर में विनम्रता का ओवरडोज़ लिये मैं कह गयी :

—इस घर से अच्छा तो नहीं पर बुरा भी नहीं।

यह झूठ थोड़ा छोटा रहा। अपने को एक बहुत बड़े झूठ से बचाकर मैंने राहत की साँस ली। पर राहत की साँस लेने में मैंने थोड़ी जल्दबाज़ी कर ही डाली। अपनी बेटी से तत्काल दूसरे प्रश्न की आशा न रखना मेरी बेवकूफ़ी ही तो थी। अगला सवाल था :

—रेडियो और फ़ोन भी हैं?

मारी गयी अपने ही जाल में फँसकर। कुछ पल बगलें झाँकते रहने के बाद बोल पायी :

—हाँ-हाँ, रेडियो तो है।

—और फ़ोन?

डबल झूठ बोल जाने का साहस न कर पाकर मैंने कहा :

—अरे फ़ोन तो है ही। भला हुस्ना मौसी और हमारे घर तो एक ही हैं।

वैसे भी कुछ अर्थों में बात तो सच ही थी। अपने इस आत्मसन्तोषजनक उत्तर के बाद मैंने विमला से कहा :

—चलो, अब सो जाओ। रात काफी बीत चुकी है।

—लेकिन मामा...

—नो मामा, सीधे पलंग पर। मैं रसोईघर के कामों को सँभालकर...

—किचन की सफाई तो चारों आंटियों ने मिलकर पूरी कर दी।

—बस मैं एक बार चेक करके और रोशनी बुझाकर आ जाती हूँ। तुम चलो सीधे सोने के कमरे में।

रात के ग्यारह बज रहे थे जब फ़ोन घनघना उठा। विमला दूसरे कमरे में सो रही थी। मैंने फ़ोन उठाया। हेलो बोलती कि इससे पहले सूर्या की आवाज़ कान भेद गयी। मैंने चोंगा को अपने से थोड़ा-सा अलग करके कहा :

—तुमने बहरों के अस्पताल में फ़ोन किया है क्या?

उधर से सूर्या के आवाज़ आयी :

—दस मिनट पहले मैं बहरों के अस्पताल के एक डॉक्टर से बात कर रही थी। बस यही वजह...

—मुझे वजह मत बताओ। यह बताओ कि तुम्हें समय का ख्याल है या नहीं?

—मैं समझी नहीं।

—रात के ग्यारह बज रहे हैं

—मैं भी तो तुम्हें यही बताने वाली थी...

—कि रात के ग्यारह बज रहे है?

—हाँ!

—क्यों, मेरे अपने यहाँ घड़ी नहीं है क्या?

—अरे नहीं। हम तुम्हारे घर पहुँच रहे हैं।

—नॉर्थ से ईस्ट? पूरा घंटा लग जाएगा।

—बस यही तो बताना था तुम्हें ताकि तुम सो मत जाओ।

—मुझे तो हर हालत में सोना ही पड़ेगा। कल हवाई जहाज़ में पूरी रात सो नहीं पाऊँगी।

—पर तुम लोग कल सुबह भी तो आ सकते हो!

—ठहरो! तुम इनसे बात कर लो।

दूसरे ही क्षण सूर्या की आवाज़ से विपरीत आवाज़ सुनने को मिली। पहचानते ही मैंने कहा।

—मेट्रा...

अपना वाक्य पूरा कर पाती कि मात्रोन बोल उठी :

—हम तुम्हारे घर पहुँच रहे हैं। डॉ. प्रमोद की कार से।

—इतनी रात गये?

—हाँ, क्योंकि कल सुबह मैं इटली जा रही हूँ। फ्लोरेंस में मेरी बहन के पति की मृत्यु हो गयी है।

यह सुनते ही मैंने उसे अपनी सहानुभूति प्रकट की, फिर बोली :

—ठीक है, आप लोग आ जाइए।

परसों अस्पताल में नौकरी का मेरा आखिरी दिन था। शाम को मेट्रन से मिलने पर हम दोनों के बीच लम्बी बातचीत हुई थी। उसी समय उसने कहा था कि यह हमारी आखिरी मुलाकात नहीं है इसलिए उसी समय वह मुझे शुभयात्रा की कामना नहीं कर रही है।

—विमला से तो एक बार मिल लूँ। आफ्टर ऑल आइ एम हर...

बड़ी ही भावुकता के साथ उसने उस समय वह वाक्य कहा था।

एक सूटकेस को तो मैंने लॉक कर दिया था, दूसरे को खुला छोड़ रखा था। उसमें अभी कुछ सामान रखना बाकी था। उसी में लग गयी और मेट्रन का इन्तज़ार भी करती रही।

सवा बारह बजे दरवाजे पर खटखटाहट हुई और लैंड-लेडी की आवाज़ सुनाई पड़ी। मैंने झट दरवाज़ा खोला। सूर्या और मेट्रन पहले भीतर पहुँची। उनके पीछे डॉक्टर प्रमोद और अम्बिका भी सामने आ गये। अपने हाथ के दोनों पार्सल मुझे थमाते हुए बोले :

—बस, ये तुम दोनों को देने थे।

मैं विह्वल होकर कुछ नहीं बोल पायी। उन्हें बैठने तक को नहीं कह पायी। उन चारों के स्वयं बैठ जाने के बाद मैंने दोनों पार्सल कोने के खाली सोफे पर रखे।

बैठ जाने के बाद मेट्रन ने रुँधे स्वर में कहा :

—तुम्हारी याद बहुत आएगी।

मुझसे धन्यवाद भी कहना नहीं हो पाया। आगे भी वही बोली।

वह शायद लैंड-लेडी की ऊँची आवाज़ थी जिससे विमला जाग उठी होगी। अधमुँदी आँखों के साथ वह हमारे बीच आ खड़ी हुई।

35

फ्लाइट से ढाई घंटे पहले हम हवाई अड्डे पहुँच गये थे। वृन्दा हमारे साथ थी उसी ने टैक्सी की व्यवस्था की थी। हमारे पहुँचने के यही कोई दस मिनट बाद

सूर्या डॉ. प्रमोद शर्मा और अम्बिका के साथ पहुँची। सूर्या से बिछड़ने की कसक जितनी मेरे भीतर थी उतनी ही उदास सूर्या भी दिख रही थी। बाहर ही ठहरकर हम लोग आखिरी बातें करते रहे। मैंने अम्बिका से कहा कि अपनी अगली छुट्टी वह भारत में न बिताकर मॉरिशस आ जाए। इस पर सूर्या बोल पड़ी थी :

—यह ज़िम्मेदारी तुम मेरे ऊपर छोड़ दो।

शिष्टाचार निभाते हुए मैंने डॉ. प्रमोद से भी यही माँग की। उसने शुक्रिया कहते हुए हामी भरी। सूर्या और डॉ. प्रमोद की जोड़ी बहुत ही अच्छी होगी, यह मैं कई बार अपने में कहती रही थी। फिर भी भीतर से अपने भाई के बारे में सोचकर विह्वल हो जाती थी। पर इस बात का मुझे दुख था कि मेरी प्रिय सहेली सूर्या मेरे भाई के बारे में दो शब्दों का एक सन्देश भी नहीं दे पायी। चाहकर भी मैं उससे यह नहीं पूछ पा रही थी कि क्या भैया के लिए वह दो शब्द कहेगी।

मैं भली-भाँति जानती हूँ कि सूर्या ने भाई के साथ किसी तरह की बेवफाई नहीं की थी। समय यह परिणाम दे गया था। इतने लम्बे समय की खामोशी अपना रंग दिखा गयी थी। परिस्थिति अपना खेल खेल गयी थी। मैं अपनी माँ से कई बार यह कहते सुन चुकी हूँ कि नियति को भी अपने नियम का पालन करना पड़ता है।

तीन सप्ताह पहले मैं अपने भाई से फ़ोन पर बात कर पायी थी। पूरे साल भर बाद भी हुस्ना उसके पीछे पड़कर ही उसे अपने घर के भीतर ले आयी थी। उस दिन फ़ोन पर भैया ने इतना जरूर कहा था :

—तुम दोनों एक-दूसरे का ख्याल रखना।

जैसे कि उसे सूर्या का नाम लेने का साहस नहीं हुआ था।

उस वाक्य का मतलब चाहे कुछ भी रहा हो, मेरी मान्यता तो अब भी यही थी कि भैया सूर्या को आज भी प्यार करता है। यही नहीं, आज भी वह यही चाहता है कि सूर्या अपने मकसद में कामयाब होकर रहे।

मुझे अपने भैया की वर्षों पुरानी एक बात याद आ गयी :

—बहना! मैं जहाँ हूँ वही रह जाऊँ इसका पश्चाताप मुझे कभी नहीं होगा लेकिन मेरा प्यार बीच रास्ते ही हार स्वीकार कर ले, यह मुझे गवारा नहीं होगा। मेरे प्यार की सफलता तो इसमें है कि मेरा प्यार जहाँ भी रहे, फले-फूले और आसमान को छुए।

और मैंने इसी वाक्य पर अपने को नतमस्तक कर दिया था।

कोई आधे घंटे बाद सूर्या ने हम सभी से कहा कि अब यात्रियों को अपने चेक-इन के लिए केवल बीस मिनट रह गये हैं। इसका मतलब यह था कि बीस मिनट से पहले हमें सारी औपचारिकताएँ पूरी कर लेनी चाहिए।

हवाई जहाज़ की यात्रा के आदी डॉ. प्रमोद ने हमें यानी कि मुझे और मेरी बेटी को सारी बातें समझा दीं और हमें शुभयात्रा की कामना के साथ विदाई दी। सभी मॉरिशसीय साथियों के बाद सूर्या मेरे पास आयी। मेरे दोनों हाथों को अपने दोनों हाथों में लेकर उसने कहा :

—आमी! घर जाकर मुझे भूल न जाना।

मैंने उससे कहना चाहा सूर्या यह याचना तो मुझे करनी चाहिए थी। अपनी सम्पन्नता के बीच तुम मुझे मत भूल जाना। पर ऐसा कह जाना कठिन ही नहीं, मेरे लिए एकदम असम्भव था।

हम दोनों गले मिले और इस बीच सूर्या ने मेरे हाथों में एक लिफाफा थमा दिया। लिफाफे को देखे बिना मैंने अपनी प्रिय सहेली से पूछा :

—सूर्या! यह क्या है?

उसके पास मेरे इस प्रश्न का उत्तर नहीं था। बस वह निःशब्द मुझे देखती रही। अपनी बेटी का हाथ थामे मैं ठिठकी रही। उसे देखती रही। उसकी आँखों से आँसुओं की धारा को बहते देख मैं भी अपने को काबू में नहीं रख पायी। आँसुओं के बीच अपने से पूछकर ही रही :

—सूर्या के ये आँसू किसके लिए थे? मेरे लिए या भैया के लिए?

36

सोलह घंटे की हवाई यात्रा के दौरान विमला तो अपनी पूरी नींद सो ली थी। बीच यात्रा में मौसम की खराबी के कारण हुए झटकों से वह जाग उठती थी पर दो-तीन मिनट बाद गहरी नींद में खो जाती थी। यह अच्छा रहा कि जहाज़ में डिनर के बाद ही उसे झपकियाँ आनी शुरू हो गयी थीं। मैंने सोने की कोशिश ज़रूर की पर बिल्कुल नहीं सो पायी। मेरी बगल में जो अंग्रेज महिला थी वह तो लम्बे खर्राटे लेती रही।

मेरे मन में घर लौटने, अपने परिवार, हित-मित्र सभी के बीच होने की अगाध खुशी थी। न सो पाने का कारण यह खुशी ही तो थी। पर एक वजह और थी। वह थी भारी आशंका। विमला के साथ माँ और भैया का सामने होना। उनकी आँखों से आँखें मिला पाना। अपने भाई से कहीं अधिक मैं माँ को सोच-सोचकर चिन्तित थी। एक सच्चाई को तो उससे महीनों तक छिपाये रही थी। जब भी माँ को कुछ गम्भीर पाती थी तो पहला ख्याल जो मन में आता था वह

यही था कि कहीं माँ को जीवनलाल चाचा के घर में गुज़री उस घटना का पता तो नहीं चल गया।

पर अपने जीवन में अपनी विमला की मौजूदगी का स्पष्टीकरण का सवाल उछल आया तो? सवाल का उठना तो अपरिहार्य था, अनिवार्य था। विमला तो उनके सामने पोती और भाँजी की तरह नहीं, बल्कि एक प्रश्न की तरह उपस्थित होगी।

कौन है यह लड़की? तुम्हारे साथ कैसे? किसकी बच्ची है?

साढ़े सात वर्ष बाद की उस मधुर भेंट को खंडित न होने के लिए मैं बहाने का सहारा नहीं ले सकती? मेरे अपने पास भी तो उत्तर से अधिक सवाल-ही-सवाल थे। बहाने और झूठ में क्या फर्क है? क्या यह झूठ बोल जाने का दुस्साहस मैं कर पाऊँगी कि यह मेरी एक सहेली की बच्ची है? अगर यह झूठ बोल भी गयी तो उसे कितने दिनों तक झूठा सच बनाये रख पाऊँगी? इन तमाम सवालों से मैं दहलती रही हूँ।

हवाई अड्डे पर सूर्या ने आगाही दी थी :

—विमला की असलियत अपने परिवार को बताने में जल्दबाज़ी मत करना। स्थिति पर पूरा काबू पा लेने के बाद ही सच्चाई को सामने रखना।

हुस्ना ने फ़ोन पर बताया था कि वह मेरे कहे अनुसार मेरे लौटने की बात को रहस्य ही रखे हुए है। केवल उसके माँ-बाप को इस बात का पता था और हुस्ना के साथ वे ही दो व्यक्ति एअरपोर्ट पहुँच रहे थे। यही एक बात मेरे भीतर धैर्य बनाये रखने में मददगार बन रही थी। मैं सारी बातें चाचा और चाची को बताकर उनके सुझाव जानना चाहूँगी।

मेरे ख्याल कभी अपने परिवार तो कभी अपनी बच्ची पर आते-जाते रहते थे। विमला को अपनी नानी और अपने दोनों मामा से मिलकर कितनी खुशी होगी, पर क्या दोनों मामा भी उतना खुश हो पाएँगे?

यह सवाल बार-बार मन में उभरता और मिटता रहा था, सही जवाब के अभाव में।

एक दूसरा यह भी तो था जो विमला ने एक से अधिक बार मुझसे पूछा था :

—माँ, मेरी नानी मेरे मामा का घर हमारे ही घर जैसा होगा न?

साढ़े सात साल पहले ही उस घर की दशा एकदम खराब थी। आज सात साल बाद तो वह और भी बिगड़ी हुई हालत में होगा। क्या वह घर विमला को पसन्द आएगा। लन्दन के किराये के घर की वे सुविधाएँ अगर विमला गाँव के घर में ढूँढ़ने लग गयी तो?

वह अपने पिता को भी वहाँ पाना चाहेगी।

मैं खुद अपने को अपनी सारी परेशानियों की जड़ मानने लगी हूँ।

37

हमारे हवाई जहाज़ के कप्तान ने केबिन से घोषणा की कि हमारा हवाई जहाज़ दस मिनट में प्लेजांस के हवाई अड्डे पर उतरेगा। सूरज की पहली किरणें हमारे जहाज़ की अगवानी करती हुई समुद्र में झिलमिलाती हुई द्वीप की हरियाली पर पसर गयी थीं। समन्दर, पहाड़ और खेतों की हरियाली देश की सुन्दरता को एक मनभावन निखार दिये हुए थे।

खिड़की से झाँकते हुए विमला गद्‌गद् स्वर में बोल उठी :

—बहुत ही सुन्दर है, माँ।

मेरे मुँह से बस दो शब्द निकल पड़े :

—मेरी जन्मभूमि।

मेरे अपने भीतर स्पन्दन उमड़ पड़े। खुशी से मन झूम उठा। मैं विह्वल हो उठी। गला रुँध गया। आँखों में खुशी का पानी डबडबा आया।

दो साल पहले अपने इस देश की आज़ादी के चौरंगे हमने लन्दन में भी फहराये थे।

दूसरा भाग

1

साढ़े सात वर्ष बाद अपनी धरती पर पाँव रखने की उमंग मन में लिए अपनी बेटी के साथ मैं हवाई जहाज़ से बाहर आयी। सुहानी सुबह थी। आँखें मूँदकर मैंने पूर्वाई की ठंडक को अपनी साँसों में महसूसा और उस माटी की सोंधी गन्ध को आत्मसात किया। फिर आगे बढ़ी।

अपने देश में पहुँचकर भी लगा कि अभी अपने घर और अपने आँगन से बहुत दूर हूँ मैं। मैं अपनी माँ और अपने भाइयों से हवाई अड्डे पर नहीं मिलना चाहती। उनसे अपने आँगन, अपने घर में गले मिलना चाहती हूँ। मेरा घर इन साढ़े सात वर्षों में कितना पुराना हो गया होगा, पर मेरा आँगन आज भी वैसा ही होगा। आम का वह पेड़ अभी भी उतना ही हरा-भरा होगा। हनुमान जी का वह चौतरा, तुलसी का पौधा, सभी मेरी राह देख रहे होंगे। मेरा पुराना घर आज भी लन्दन के उस आधुनिक घर से अधिक सुन्दर लगेगा मुझे।

एअरपोर्ट के भीतर इमीग्रेशन, स्वास्थ्य-लगेज और कस्टम इन सभी विभागों की औपचारिकताएँ बहुत लम्बी प्रतीत हो रही थीं। पैंतालीस मिनट बाद ही ट्रॉली और विमला के साथ मैं बाहर निकल पायी। तभी भीड़ के बीच से एक आवाज़ सुन आयी :

—अम्मी!

आवाज़ वाली दिखाई तो नहीं पड़ी पर आवाज़ पहचानने में देर नहीं लगी। उस आवाज़ देनेवाली ने भी देर नहीं की मुझसे आकर लिपट जाने में। मेरे मुँह से बस इतना ही निकल पाया—मेरी प्यारी हुस्ना!

फिर तो दूसरे ही क्षण बाद चाचा और चाची भी मेरे सामने थे। मैंने दोनों के चरण स्पर्श किये और चाची ने मुझे गले लगा लिया। मैंने जैसा चाहा था वैसा ही हुआ था। तीन ही जने मुझे लेने आये थे। जिस तरह से चाचा और चाची ने विमला के माथे को चूमा उससे मुझे बेहद प्रसन्नता हुई। साथ-ही-साथ मेरे ज़ेहन में वही

सवाल फिर एक बार उफन कर ही रहा। क्या मेरी माँ और मेरे भाई इसी तरह मेरी बच्ची को अंगीकार कर पाएँगे या कि मैं सवालों के बवंडर में हाथ-पाँव मारती रह जाऊँगी?

पहला सवाल तो यही होगा न कि यह बच्ची कौन है?

अपनी जमीन पर पहुँचकर इतना जटिल असमंजस!

इस अज्ञात स्थिति में पहुँचकर, इस अज्ञात आशंका में फँसे अब ऐसा आभास होने लगा कि मुझे लन्दन से ही अपने परिवार को अपनी सच्चाई बता देनी चाहिए थी। ऐसा करके सम्भवत: मैं अपने परिवार को समय और अवसर तो दे गयी होती कि वे मेरी नाज़ुक परिस्थिति को वक़्त के साथ समझकर अपने निर्णय को कठोर होने से बचा पाने की स्थिति में आ जाते।

इस बवंडर से अपने को रिहा करके मैंने चाचा से पूछा :

—घर पर सभी लोग ठीक हैं न?

—ख़ुदा की मेहरबानी से सभी कुछ ठीक है।

मैंने चाची की ओर देखा। उसने सिर हिलाकर हामी भरी। हुस्ना शुरू से अब तक विमला का हाथ थामे हुई थी।

चाचा ट्रॉली को ठेलते हुए आगे-आगे बढ़े और हम उनके पीछे-पीछे उन्हीं जैसी रफ़्तार में चलते रहे। विमला ने अपना पहला सवाल हुस्ना से किया :

—माँ ने बताया कि आपके घर पर टेलीविज़न है। क्या उसमें मिकी माउस और स्पाइडर मैन आते हैं?

विमला की अंग्रेज़ी समझने में हुस्ना को थोड़ी-सी दिक्कत पेश आयी, पर मजमून समझ में आ जाने पर उसने कहा :

—अरे हाँ, एकदम आते हैं।

—डोनाल्ड डक भी।

—हाँ, डोनाल्ड डक भी और स्नो व्हाइट भी।

—एक बात और पूछूँ?

यह तो मैंने पहली बार सुना। विमला और सवाल पूछने की इजाज़त! मुझे हँसी आये बिना नहीं रही। पर विमला को हुस्ना की ओर से जवाब मिलता कि इससे पहले चाची उससे पूछ बैठी :

—तुमने अपना नाम नहीं बताया। क्या नाम है तुम्हारा?

—मेरी माँ ने आपको नहीं बताया कि मेरा नाम क्या है?

यह सवाल भोजपुरी और क्रिओली मिश्रित अंग्रेजी में था।

—नहीं तो।

हम लोग टैक्सी तक पहुँच आये थे। विमला ने मेरी ओर मुड़कर मुझसे पूछा :

—माँ, तुमने इन लोगों को मेरा नाम नहीं बताया?

—तुम्हारा नाम है तुम बताओ।

—मेरा नाम विमला है। मेरी नानी और मेरे मामू हमें लेने नहीं आये?

हुस्ना ने उसे बताया कि वे लोग घर पर उसके पहुँचने का इन्तज़ार कर रहे हैं।

हवाई जहाज़ में भी मैं सूर्या के बारे में सोचती रही थी। भैया शायद उसके बारे में कम ही पूछे या ना भी पूछे, पर मुझे तो उसके मौन प्रश्नों को समझ लेना चाहिए। सुधीर भैया ने सूर्या को बेहद प्यार किया था। इस सत्य को सूर्या भी नहीं जानती क्योंकि मेरा भाई अपने मन की बात केवल मुझे ही खुलकर बता सकता था। सूर्या को उसने कभी भी यह नहीं कहा कि वह उसे प्यार करता है। और यह भी कभी नहीं कहा कि वह उसे प्यार नहीं करता।

मेरा बड़ा भाई अंग्रेजी, फ्रेंच ज़्यादा तो नहीं पढ़ पाया था पर गाँव की बैठक में उत्तमा तक पढ़ा था और हिन्दी पुस्तकों, ख़ासकर कविता और उपन्यासों का खबोर पाठक हैं। जो पुस्तक उसे बहुत अच्छी लगती थी वह मुझे भी पढ़ने को देता था। जिस पुस्तक को हम दोनों पढ़ चुके होते उस पर हम बैठकर चर्चा किया करते थे। उसने अपने को उन्हीं पात्रों की तरह ढाल लिया था जो अपनी खुशी और दर्द, दोनों को बाहर बहुत कम अभिव्यक्त करते थे। उन क्षणों को वह भीतर-ही-भीतर जीकर दुख-सुख को ख़ामोशी में झेल जाने वाला प्राणी था।

सूर्या जानती थी कि मेरा भाई उसे किस गहराई से प्यार करता था और आगे चलकर उसकी बीमारी के कारण उसकी ख़ामोशी में भी उसकी मुहब्बत कितनी बुलन्द थी। कितने त्याग की भावना थी उसके अपने दर्दनाक संयम में।

और आज जब वह उस भीषण रोग से जूझकर नया जीवन, नयी जिजीविषा पा ली है और ख़ामोशी अपने प्यार की गुहार करने लगी है तो सूर्या उससे कितनी दूर चली गयी। देश छोड़ते समय सूर्या ने भैया से कहा था कि वह जितनी दूर जा रही है, उतने ही उसके करीब रहेगी और विदाई के क्षण मेरे भाई ने जो आख़िरी वाक्य मुझसे कहा था वह मेरे ज़ेहन में अंकित रहा है आज तक। उसने कहा था कि इस रोग ने मुझे मार भी डाला तो भी मेरा प्यार नहीं मरेगा और अगर मैं इससे लड़कर, इसे पछाड़ कर जिन्दा रहा तो यह जीवन अपनी सूर्या को समर्पित कर दूँगा।

यह बात चाहकर भी मैं कभी सूर्या को नहीं बता पायी। मैं दो छोर पर अपने को खड़ा पाती रही थी। एक छोर पर मेरा भाई और दूसरे छोर पर मेरी सबसे प्रिय सहेली सूर्या। मेरा भाई अपनी बीमारी से जूझकर, उसे परास्त कर आज ज़िन्दा है तो इस उम्मीद के साथ कि उसका प्यार अपनी पढ़ाई पूरी करके दौड़ता हुआ उस तक आ जाएगा।

जिस दिन मेरे भाई ने सूर्या की उपस्थिति में यह कहा था कि वह अपनी बहन को अपनी अमानत के रक्षक के रूप में भेज रहा है तो कहने को तो उसने मज़ाक की तरह कहा था लेकिन वह मज़ाक नहीं था। वह उसके अपने विश्वास का स्वर था।

आज मेरी क्या जवाबदेही होगी? कैसे बता पाऊँगी भैया को कि उसकी अमानत अब किसी और की अमानत बन गयी। वह भी इस रक्षक के होते हुए। मैं उस पत्र के बारे में भी सोच उठी जो सूर्या ने मुझे सौंपा है भैया को देने के लिए। आखिर सूर्या ने मुझे इस दर्दनाक काम के लिए क्यों चुना?

भैया तो मुझे अपने सामने पाकर आश्चर्य और खुशी से झूम उठेगा और मेरा हाल पूछने से पहले यह पूछकर रहेगा :

—सूर्या भी लौट आयी?

इतनी दूर से इतने वर्षों बाद देश को लौटी तो साथ में अपने भाई के लिए कितनी दुखद खबर लायी हूँ। छाती पर पत्थर रखकर ही उसे सही बात बता पाऊँगी। मेरी उधेड़बुन मिट नहीं पा रही थी। मुझसे सूर्या की हक़ीकत सुनकर वह ज्यादा दुखी होगा या सूर्या का पत्र पढ़कर? इस चिट्ठी का मजमून क्या हो सकता है? जहाज़ में यह सोचती रही थी कि मैं भैया को तत्काल वह पत्र न देकर कुछ दिन बाद दूँ। पर क्या यह जायज़ रहेगा?

यह तो दो व्यक्तियों के प्रति गद्दारी होगी। विश्वासघात होगा। अपने प्यारे भाई और अपनी प्यारी सहेली के साथ। लगा कि मैं सिर पर पहाड़ लिए हुए थी। कहाँ तो मैं अपने देश की खूबसूरती को निहारकर मन्त्रमुग्ध थी, कहाँ कयामत का एहसास होने लगा।

इस बीच हुस्ना ने दो बार मुझसे कुछ कहा पर मैं ध्यान दे ही नहीं पायी। मुझे खोई हुई पाकर उसने पूछा :

—क्या बात है अमी?

गोया कि नींद से जागी। सवाल का बड़ा ही कृत्रिम उत्तर दे पायी :

—इन साढ़े सात वर्षों में हमारा देश कितना विकास कर चुका है!

2

कार के भीतर से बाहर से दृश्यों को देखते हुए लग रहा था कि मैं अपने देश को कोई पन्द्रह-बीस साल बाद देख रही थी। नये ढंग से घर, नये रास्ते, नये पहनावे, नयी गाड़ियाँ, सारा कुछ नया-ही-नया दिख रहा था। साढ़े सात वर्ष के

इस घोर परिवर्तन पर सुखद आश्चर्य हुआ मुझे। पर तभी अचानक मन में यह ख़्याल भी पैदा हो आया कि इतने नये सुन्दर घरों के सामने हमारा घर आज भी वैसा ही होगा या फिर उससे भी बदतर हालत में पहुँच गया होगा।

लन्दन के हीथ्रो एअरपोर्ट पर मेरे विदा होते हुए सूर्या ने कहा था कि मैं पहुँचते ही उसे फ़ोन पर खुशखबरी सुनाऊँ। मैंने पूछा था कैसी खुशखबरी पर तब तक वह हाथ से बाय-बाय करती हुई दूर जा चुकी थी। देश की प्रगति को देखकर मैं अपने को भीतर-ही-भीतर अपने परिवार की बदतर हालत को बिन दुखी हुए देखने को तैयार कर रही थी। मेरे अपने भीतर का यह विश्वास बरकरार था कि मैं चन्द महीनों में अपने घर का कायापलट करके रहूँगी।

क्यों मैं अपने भविष्य का सोचने लगी थी जबकि मेरा वर्तमान इतने गम्भीर मुद्दों से घिरा हुआ था। लग रहा था कि एक घंटे बाद मैं अदालत में पेश होने वाली थी। तीन वकीलों के सवालों का सामना करना पड़ेगा और तीन न्यायाधीशों के फैसले पर ही निर्भर होगा मेरा भविष्य। मैं अपने इन्हीं अस्तव्यस्त ख़्यालों में डूबी रहती अगर आगे की सीट से चाचा यह न पूछ बैठते :

—कस्टमवालों ने तुम्हें परेशान तो नहीं किया?

—केवल यह जानना चाहा कि दोनों सूटकेसों में क्या है। मैंने कह दिया कि हम दोनों के कपड़ों के अलावा एक-दो तोहफे हैं।

—अभी दो सप्ताह पहले भारत से लौटते मेरे एक भतीजे को इन लोगों ने बहुत तंग किया था।

मेरे चुप होते ही विमला अंग्रेजी में सवाल कर बैठी :

—लन्दन की टैक्सी में पिछली सीट पर चार आदमी नहीं बैठ सकते, यहाँ क्यों हम चार लोग बैठे हैं?

उसे जब कहीं से जवाब नहीं मिला तो मैंने उसके प्रश्न पर ही प्रश्न किया :

—यह प्रश्न तुमने किससे किया है? कार में दो व्यक्ति आगे और चार पीछे बैठे हैं।

—मैंने कार के ड्राइवर से पूछा है।

ड्राइवर ज़ोर से हँस पड़ा, फिर उसने भी अपने ढंग की अंग्रेज़ी में ही कहा :

—यह सवाल तुम्हें मेरी बगल में बैठे हुए साहब से पूछना चाहिए।

चाचा हँस पड़े और हम सभी चाचा के साथ हँसने लगे।

—आप लोग हँस क्यों रहे हैं?

चाचा ने पीछे देखते हुए कहा :

—तुम बहुत प्यारी लड़की हो।

विमला ने मेरी बाँह छूकर पूछा :

—वॉट ही सेड?

—यू आर ए वेरी क्यूट गर्ल।

—थैंक यू।

मैंने सुधारा :

—थैंक यू नाना।

वह भी वैसा बोली और उसी के साथ एक और सवाल भी कर बैठी :

—हम नानी के घर कब पहुँचेंगे?

—तुम चुपचाप बैठो तो सही।

—ऑल राईट नाना।

मैं विमला से भी अधिक अधीर थी घर पहुँचने के लिए। ऐसा लगा कि मैंने अपने आगमन की बात उनसे छिपाकर अच्छा नहीं किया। उन्हें चौंकाकर खुश करने का मेरा यह मकसद बड़ा क्रूर साबित होने लगा था। मेरे भीतर की बेसब्री और भी बढ़ आयी थी। मैंने चाची से पूछा :

—भैया और अनिल दोनों घर पर ही होंगे या...?

—दोनों काम पर से यही कोई चार-साढ़े-चार बजे घर लौटेंगे।

—अभी तो दस बज रहे हैं। इसका मतलब हुआ अभी से साढ़े छह घंटे बाद।

अब तक चुप रहनेवाली हुस्ना ने कहा :

—किस्मत अच्छी रही तो पहुँचते ही मिल जाएँगे कौन जाने।

3

मोंस्वाज़ी के समुद्री भाग से हमारी कार ग्राँ-बे से यही कोई डेढ़ मील के फ़ासले से अधिक दूरी पर भाग रही थी। दस मिनट से पहले मैं अपने घर पहुँचने को थी। ग्राँ-बे की शुरुआत ही में जो परिवर्तन देखा उस पर विश्वास नहीं हो रहा था। समुद्री भाग में तो पहले ही गोरों के भव्य बँगले थे लेकिन दायीं ओर के सभी छोटे पुराने घर की जगह भव्य घर और सुन्दर इमारतें ही इमारतें नज़र आ रही हैं। हम अपने घर के जितने करीब पहुँच रहे थे उतने ही ज़ोर से मेरी धड़कनें बढ़ती जा रही थीं। मैंने चाची से कहा :

—चाची, इस समय माँ घर के पिछवाड़े में इमली के पेड़ के नीचे आपके साथ बैठी चावल और दाल से कंकड़ चुनने में लगी रहती थी। पर आप तो हमारे साथ हैं। वह अकेली क्या कर रही होगी?

—वही काम कर रही होगी, पर शायद घर के भीतर।

—आप लोग जब घर से निकल रहे थे तो माँ ने यह जानना नहीं चाहा कि आप लोग कहाँ जा रहे हैं?

—हमने एक दिन पहले ही उसे बता दिया था कि आज हम हवाई अड्डे जानेवाले हैं।

—क्या?

—यही कि हमें...

—पर चाची, इसका मतलब है कि माँ को मालूम हो गया है कि मैं आ रही हूँ?

इस बार उत्तर चाची ने नहीं दिया। हुस्ना बोली, वह भी प्रश्न के जरिए :

—क्यों, इस हवाई अड्डे पर केवल तुम ही हवाई जहाज़ से उतर सकती हो क्या?

इस सवाल ने मुझे राहत की साँस लेने दी।

—माँ, अभी और कितनी दूर है नानी का घर?

मैं जवाब देती कि इससे पहले हुस्ना ने उससे कहा :

—आँखें बन्द करो!

विमला ने मेरी ओर देखा। मैं समझ गयी कि वह जानना चाह रही है कि आखिर उसे आँखें क्यों बन्द करनी थीं।

उसके दोनों हाथों को थामकर मैं उन्हें उसकी आँखों तक ले गयी, फिर धीरे से बोली :

—नानी के घर पहुँचते ही हुस्ना मौसी तुमसे आँखें खोलने को कहेगी तब खोलना।

—अच्छा। याने कि सरप्राइज़?

—हाँ, सरप्राइज़। बस अब आँखें बन्द किये रहो। नो चीटिंग...।

यह कहकर हुस्ना ने गिनना शुरू किया :

—...सेवेन, ऐट, नाइन, टेन...आँखें खोलो!

हमीद चाचा के घर को पार करके टैक्सी एक नीले रंग के घर के सामने रुकी। मैं अवाक् चारों तरफ देखती रही। हवा तेज़ होने के कारण बायीं ओर समुद्री लहरें गर्जन लिए हुई थीं। मैं अपना घर ढूँढ़ती रही कि तभी हुस्ना ने कार का दरवाजा खोला और विमला से कहा :

—लो, नानी का घर आ गया।

मैं असमंजस में पड़ी दायें-बायें देखती रही। फरीदा चाची ने मेरे कन्धे पर हाथ रखकर कहा :

—क्यों, अपने घर को नहीं पहचान रही?

—लेकिन चाची...

—तुम्हारे घर की जगह यह घर कहाँ से आ गया, यही न?

मैं अवाक् खड़ी रही।

ड्राइवर ने कार की डिक्की से हमारे सूटकेस बाहर निकाले।

तभी सामने से नये नीले घर का दरवाज़ा खुला।

एअरपोर्ट से बाहर आकर जब टैक्सी के पास पहुँचे थे तो विमला ने हुस्ना से पूछा था कि उसकी नानी और मामा उसे लेने नहीं आये तो हुस्ना ने कहा था कि वे घर पर इन्तज़ार कर रहे हैं। यह जवाब मुझे खटका था पर मैं चुप रह गयी थी।

मेरे चौंकने का दूसरा अवसर वह था जब मैंने हुस्ना से पूछा था कि भैया और अनिल घर ही पर होंगे तो उसने जवाब में कहा था कि दोनों काम पर से साढ़े चार बजे घर पहुँचेंगे। दोनों उत्तर जो विरोधाभास देते से प्रतीत हुए थे फिर भी मैंने उस पर अधिक माथापच्ची नहीं की थी।

लेकिन एक तीसरी बात भी थी जो कार के भीतर हुस्ना ने कही थी। जो मेरे दोनों भाइयों से ही ताल्लुक रखती थी।

—किस्मत अच्छी रही तो पहुँचते ही मिल जाएँगे, कौन जाने।

तभी मुझे बात समझ लेनी चाहिए थी।

4

हाथ में आरती की थाली लिये माँ दरवाज़े से बाहर आयी। उसके पीछे बड़े भैया और अनिल मुस्कराते हुए आगे बढ़े। लगा कि सपना देख रही हूँ। मैंने हुस्ना की ओर देखा। मेरे मौन प्रश्न को समझकर उत्तर के बदले मुस्करायी। मैं आगे बढ़ी और माँ के चरणों को छुआ। भैया ने आगे आकर मुझे अपने अंक में लिया। अनिल ने भी वैसा ही किया और आगे बढ़कर विमला को गोद में उठा लिया। माँ ने आरती की और फिर मेरे दोनों गालों को चूमकर थाली भैया को थमाकर अनिल तक गयी। उसकी गोद से विमला को लेकर उसके माथे को चूम लिया। माँ की आँखें सजल थीं। वह बोली :

—यहाँ से गयी थी झगला पहने। लौटी हो नीली साड़ी में। कितनी सुन्दर कितनी प्यारी लग रही हो :

हमीद चाचा और हुस्ना सूटकेस और हैंडबैग को भीतर रख आये। मैं अपनी आँखों के आँसुओं को रोक नहीं पायी। चाची ने कहा :

—अब भीतर भी तो चलो।

मैंने माँ से पूछा कि मेरे आने की बात उन्हें कैसे मालूम हुई तो उसने बताया कि परसों सूर्या ने फ़ोन किया था। मैंने भैया से पूछा :

—भैया! अगर आप लोगों को मालूम था कि मैं आ रही हूँ तो फिर आप लोग मुझे लेने हवाई अड्डे क्यों नहीं आये?

जवाब अनिल ने दिया :

—दीदी, अगर तुम सरप्राइज़ कर सकती हो तो हम क्यों नहीं कर सकते?

मैंने दोबारा उसे गले से लगाकर कहा :

—तुम आज भी वैसे-के-वैसे ही हो।

—बेवकूफ़?

—नटखट।...पर तुम लोग विमला को कैसे पहचान पाये?

इसका जवाब भैया ने दिया :

—विमला की तस्वीर है हमारे पास। सूर्या ने भेजी थी। पिछले सप्ताह।

—सूर्या की बच्ची...तुमने मुझे इस तरह अँधेरे में रखा!

मैंने निःशब्द रहकर यह कहा।

विमला ने माँ से पूछा :

—नानी की नुवेल? अच्छा ह...ओ न?

सभी लोग हँस पड़े।

भैया ने उसे माँ की गोद से लेते हुए अंग्रेजी में कहा :

—अच्छा तो मेरी गुड़िया क्रिओली और भोजपुरी भी बोलती है! ठीक है, तुम हमें अंग्रेज़ी सिखाना और हम तुम्हें क्रिओली और भोजपुरी सिखाएँगे।

—पर मामू, आप तो अंग्रेज़ी जानते हैं?

—बस थोड़ी-बहुत बोल लेता हूँ। तुम्हारा छोटा मामू तो धड़ाधड़ अंग्रेज़ी बोलता है।

अपनी उत्सुकता को अधिक देर तक न रोक पाकर मैंने पूछा :

—माँ, यह नया घर...

भैया ने मेरे सवाल को पूरा होने नहीं दिया। बोला :

—इतनी लम्बी यात्रा करके आयी हो। पहले नहा-धो लो। आराम करो। खाने के बाद बातें होंगी।

अपनी कुर्सी से उठते हुए चाचा ने कहा :

—हाँ बेटी, तुम नहा-धोकर खाना खा लो, हम शाम को फिर मिलते हैं और हाँ, आज शाम का खाना हमारे यहाँ होगा। चलो हुस्ना, अमिता को आराम करने दें।

—चाचा!

—हाँ बेटी।

—मैं आपकी शुक्रगुज़ार हूँ।

—काहे का?

—बहुत सारी बातों के लिए। आपके एहसान...

चाची ने मुझे रोककर कहा :

—अपनी बेटी पर कोई एहसान करता है क्या? तुम्हारे जाने के बाद हमें तो ऐसा लगा था कि हुस्ना हमें छोड़कर चली गयी। मुझे तो यकीन ही नहीं होता था कि तुम हमसे दूर हो। हुस्ना से कई बार यह कह जाती थी कि ज़रा अमिता को बुला ला।

—मुझे भी चाची, आप लोगों की याद हर वक़्त आती थी।

5

नहाने और फिर खाने के बाद भैया और अनिल विमला को अपने साथ लिये उसे समुद्रतट घुमाने चले गये। माँ के साथ अकेले होकर मैंने उससे इस नये घर के बारे में जानना चाहा। पहले तो उसने मुझे यह बताया कि इस समय मेरे बड़े भैया की तरह अनिल ने भी काम करना शुरू कर दिया था। नये बने होटल में वह बहुत अच्छी नौकरी कर रहा था। पर माँ यह नहीं बता पायी कि वह कौन-सी नौकरी थी। बोली थी कि मैं अनिल से ही पूछ लूँ। मेरे दोनों भाई आज अपनी-अपनी नौकरी पर नहीं गये थे। सुधीर भैया की नौकरी के बारे में बताने में माँ को कठिनाई नहीं हुई। भैया ग्राँ-बे की ही एक सेविनियर शॉप में सेल्समैन हो गया था।

घर के बारे में माँ ने बताया कि भैया ने गृह निगम से बारह हजार रुपये क़र्ज़ लेकर यह घर बनाया है। इस बात की मुझे जानकारी नहीं थी कि दो साल पहले तूफान में हमारा घर धराशायी हो गया था। मैंने माँ से पूछा कि भैया को हर महीने कितने रुपये चुकाना पड़ता है तो उसने कहा कि यह बात भी भैया से ही पूछनी चाहिए। ब्याज की बात भी माँ को मालूम नहीं थी।

हमारी बातें अभी हो ही रही थीं कि पास-पड़ोस के कुछ लोग घर आ गये। उनमें ग्राँ-बे के एकदम दूसरे छोर पर रहनेवाली गोमती चाची भी थीं। मेरे आने की खबर लगता है, बहुत तेज़ी से फैल गयी थी। गोमती चाची ही ने बात शुरू की। मेरी माँ उसे गोमती न कहकर रेडियो कहती थी क्योंकि जब वह बोलना शुरू करती तो बस बोलती ही चली जाती थी।

—विलायत से रहकर किसुनवा के छोकरवा के जैसे तू भी त विलायती न बन गयली न! अरे किसुनवा का छोकरवा त नाही भोजपूरी समझे ला और ना ही क्रिओली। जब सुनबे तबे खाली गिटमिट-गिटमिट अंग्रेज़ी ही बोलत रहेला। कहीं तू भी भोजपूरी...।

—चाची, हम भोजपुरी बोली नै भूलल बानी और ना ही किरयोली।

—अबे हम त जानत बानी तू कभी घमंडी नै हो सकबे। कितने साल बाद...

मेरे लिए चाची की बातों के बीच ही बोल जाना ज़रूरी था, नहीं तो वह बोलती ही चली जाती। मैंने बीच में कहा :

—साढ़े सात साल चाची।

मैं समझ गयी थी कि चाची का अगला सवाल क्या होगा इसलिए मैं बोल गयी :

—किसुन चाचा के छोकरवा के तरह अपने साथ अंग्रेज को नहीं लायी हूँ।

लन्दन में किसुन चाचा के बेटे रामदत्त से मैं केवल दो ही बार मिल पायी थी। वैसे भी वह लन्दन से दूर मानचेस्टर में रहता था। उसकी अंग्रेज पत्नी से भी मैं मिल चुकी थी। मेरी माँ ने गोमती चाची से कहा :

—तुम्हारे साथ और लोग भी आये हैं। उन्हें भी तो अमिता से बात कर लेने दो।

वह माँ की इस बात को अनसुनी करके बोली :

—सुनती हूँ कि तोर संगे एगो लयका भी आल बाते...?

—हाँ चाची। मेरे साथ मेरी बेटी भी आयी है।

—अच्छा त हुवाँ शादी कर लेले...।

—तुम्हें दावत भेजती तो भी तुम नहीं आती।

सभी लोग हँस पड़े।

—तुम्हारा पति भी साथ आया है न?

उसके प्रश्नों से ऊबकर मन में आया कि कह दूँ कि वह मुझे छोड़ किसी दूसरी औरत के साथ भाग गया।

पर चुप रही।

राधा मेरी स्कूल की सहेली थी। हम बैठका में हिन्दी भी साथ-साथ पढ़ते थे। वह बीच में बोल गयी :

—ए चाची, अब तुम हमें भी अमिता से बात करने तो दो। तुम्हारी बेटी दिखाई नहीं पड़ रही अमित।

—अपने दोनों मामुओं के साथ समन्दर और नौकाएँ देखने गयी है। यहाँ तो काफी बदलाव आ गया है। समन्दर में नावों की संख्या चौगुनी हो गयी है।

आखिर गोमती चाची से चुप नहीं रहा गया। बोल बैठी :

—हियाँ त हर जगह हय तूरिस्त लोग अध लँगटे घूमत-फिरत रहे लन स। बड़ा बेसरम हवन स ई बिदेसी गोरवन।

बाहर ही से विमला अंग्रेजी में बोली :

—माँ, मैं नाव में भी चढ़ आयी।

6

लोग मुझसे मिलने आते-जाते रहे। दोपहर तक अपने घर सुरेखा भौजी को आते हुए नहीं पाया तो मैंने माँ से पूछा कि सुरेखा भौजी बिल्कुल दिखाई नहीं पड़ी। उसने बताया कि वह एक बँगले में गोरे परिवार की नौकरी करती है। लन्दन में मैं भौजी को बहुत याद करती रहती थी। हुस्ना से उसके बारे में पूछती रहती थी। मैं माँ के साथ उसी के बारे में बातें कर रही थी कि वह हमारे सामने आकर खड़ी हो गयी।

—आह येन की दुकान के पास चम्पा ने बताया कि तुम आयी हो इसलिए घर न जाकर सीधे तुमसे मिलने आ गयी।

यह कहकर उसने मेरी दोनों बाँहें थामकर मुझे उठाया और दोनों गालों को चूम लिया। फिर बोली :

—कितनी बदल गयी हो!

—पहचानने में दिक्कत हुई क्या?

—आरे नाहीं। और भी खूबसूरत होकर लौटी हो। सुना है कि तुम्हारी एक लड़की है जो अंग्रेज़ी धड़ाधड़ बोलती है?

—हुस्ना आयी थी, अपने घर ले गयी है।

—कितने साल की है?

—छह साल की है।

—और तुम्हारा... ?

मैं कितने लोगों को अपने भगोड़े पति के बारे मैं बताती रहती इसलिए उसके वाक्य के पूरा होने से पहले पूछ बैठी :

—भौजी! भैया कैसे हैं?

—मधुमेह का रोगी है। इसीलिए तो मुझे नौकरी करनी पड़ रही है।

—चाची आयी थी, अभी मिलकर गयी। मैं मोती भैया से मिलने तुम्हारे घर आ जाऊँगी।

—उधर से क्या लायी है मेरे लिए?

—होठों की लाली।

—धत् तेरे की। जो मैंने कभी लगाया ही नहीं। अब इस बुढ़ापे में...

—भौजी, तुम तो मुझसे भी जवान दिखती हो। मैं तुम्हारे लिए लन्दन से एक ख़ास चीज़ लायी हूँ।

उसे माँ से बातें करते छोड़ मैं दूसरे कमरे में गयी और सूटकेस से एक डिब्बा लिये भौजी के पास लौट आयी।

—यह है तुम्हारा तोहफा।

—क्या है इसमें?

—खोलो तो सही।

उसने डिब्बे को खोला। दोनों चप्पलों को अलग-अलग हाथ में लेकर निहारती रही।

—बहुत सुन्दर हैं...पर...पर मेरी नाप के हैं कि नहीं?

—पहनकर देखो।

उसने अपने पाँवों से रबड़ की चप्पलों को हटाकर चमड़े की चप्पलों को पहन लिया।

—अरे ये तो एकदम ठीक-ठीक आ गयीं। तुम्हें मेरे पाँवों का नाप कैसे मिला?

—पसन्द आया?

—बहुत पसन्द आया।

—भारत की चप्पल हैं।

—मैंने तो तोहफ़े की बात करके मज़ाक किया था।

—मैं तुम्हें कैसे भूल सकती थी भौजी। इतना भी जान लो कि अभी मैंने अपने घर के लोगों को उनके तोहफ़े दिये ही नहीं। मेरी फेहरिस्त में तुम्हारा नाम सबसे पहले था। चाची से कह देना, मैं कल सुबह उससे मिलने आऊँगी और मोती भैया से भी मिल लूँगी।

रात में हम लोगों ने हुस्ना के घर खाना खाया। वहाँ से पूरे परिवार के साथ अपने यहाँ पहुँचे। मैंने हुस्ना और अपने दोनों परिवारों के सामने दोनों सूटकेस खोले। लन्दन से लाई चीज़ें सभी को दिखाई। फिर बारी-बारी से सभी के तोहफे उनके सुपुर्द किये।

लन्दन के लिए निकलने से पहले हम लोग अपने पुराने घर में इसी तरह से मिले थे। आज इतने लम्बे समय बाद का हमारा यह मिलन उमंगों से भरा था। लेकिन...

अभी तक मैंने भैया को सूर्या का पत्र नहीं सौंपा था।

वह अज्ञात आशंका बनी रही।

7

भैया का बनवाया हमारा यह नया घर हमारे पुराने घर से जमीन-आसमान का फ़र्क़ रखे हुए था। कहाँ वह दो कमरों का घर और कहाँ यह पाँच कमरों वाला। चार शयनकक्ष और एक बिन सामान का खाली कमरा। जुड़ा हुआ रसोईघर और एक ही छत के नीचे, एकदम इंग्लैंड ही की तरह, अलग पीछे की ओर वह गुस्लख़ाना। माँ का अपना कमरा था। दोनों भाइयों के अपने अलग-अलग कमरे थे। दो बाकी कमरों में गोया कि पहले ही से तय एक मेरा कमरा था और एक ज़रूरत आ जाने पर इस्तेमाल करने के लिए।

मेरे भाई के कमरे से अगरबत्ती की सुगन्ध आ रही थी जब मैं भीतर पहुँची। भैया को समय ही नहीं मिला कि वह शराब की बोतल और अपने अधखाली ग्लास को छिपा सके। मैं अपने साथ विमला को लिए हुए भैया के कमरे की ओर बढ़ी थी, पर माँ ने विमला का हाथ थामकर उसे अपने पास बिठा लिया था। माँ के उस रवैये को भैया के कमरे में पहुँचने के बाद ही मैं समझ पायी। याने कि मैं भैया के पास अपनी बेटी के साथ न जाकर अकेली जाऊँ। मैंने एक हाथ से रम की बोलत और दूसरे हाथ से अधखाली ग्लास को थामे भैया से पूछा :

—यह क्या हो रहा है भैया?

बिन आँखें उठाये, बिन मुझे देखे उसने कहा :

—ग़म्ग़लत!

—ज़हर पीकर?

—नहीं, आब-ए-हयात पीकर।

मुझे करीम मामू की याद आ गयी। वह ओ-दे-वी नामक सुनहरे रंग की शराब पीता था। कहता था कि ओ-दे-वी का मतलब है जीवन का पानी याने कि आब-ए-हयात?

मैंने भैया से पूछा :

—यह आदत कब से बनी भैया?

—जब से अपने को हारा हुआ माना।

—अपने को हारा हुआ क्यों मान बैठे हो?

—क्योंकि दाँव में सभी कुछ लगाकर सभी कुछ हार बैठा।

—मुझे अपने पास पाकर भी तुम अपने को हारे हुए मान रहे हो?

—अमित! तुम्हीं बताओ मैं कहाँ किस मुकाम पर कभी जीत पाया?

—तुम्हारी पहली हार की वजह मैं हूँ ना?

—नहीं, छोटी बहना। तुम तो अकेली मेरी जीत की वजह रही हो। हमें छोड़कर जाते समय तुमने मुझसे कहा था कि तपेदिक जैसे दुश्मन से मुझे न तो डॉक्टर बचा सकता है और ना ही दवा-दारू। और वही होकर रहा। मेरा अपना आत्मविश्वास ही मेरी रक्षा कर सकता है। मैं तपेदिक को पराजित कर पाया तो अपनी जूझने की शक्ति के कारण, जो मुझे तुमसे मिली थी।

—नहीं भैया। वह तुम्हारे अपने आत्मविश्वास की जीत थी।

—अभी मेरी जीत हुई ही कहाँ है।

—भैया तुम नहीं बोल रहे हो, तुम्हारी शराब बोल रही है। तुम्हारी इस लत से माँ बहुत दुखी है।

—मैं अपने बन्द कमरे में पीता हूँ। इससे औरों का क्या लेना-देना और फिर मैं तो सिर्फ ग़ाफ़िल होने के लिए थोड़े ही पीता हूँ।

—तो फिर क्यों पीते हो?

—प्रतिशोध के लिए।

—किससे?

—जिसने मेरे हाथों अपनी मौत को चुना है।

—भैया, तुम मेरी ना समझ में आनेवाली बातें कर रहे हो। मैं एक बात पूछूँ?

—एक क्या, बीसों बातें पूछ लो।

—अनिल को तुम्हारी इस लत का पता है। कल अगर वह भी तुम्हारे ही जैसे करना शुरू कर दे तो?

—मैं उसे ऐसा करने नहीं दूँगा, बहना।

—जब अनिल तुम्हें नहीं रोक पाया तो तुम उसे कैसे रोक पाओगे?

—क्योंकि मैं उससे बड़ा हूँ।

—और माँ?

—माँ मुझसे बड़ी है।

—यह जानते हुए भी तुम उसके न तो आदेश का पालन कर पा रहे हो और ना ही उसके अनुरोध का।

8

विमला जो बातें अपनी नानी को अपने भोजपुरी और फ्रेंच के सीमित शब्दज्ञान के कारण नहीं बता या समझा पाती, उसके लिए यह अपने छोटे मामू के पास दौड़ जाती। अनिल दुभाषिया बनकर माँ को विमला की बात बताता। इधर चार-पाँच दिनों से विमला अपने छोटे मामू से यह माँग करती चली आ रही थी कि वह उसे समन्दर में तैरना सिखाए। अनिल इस बात के लिए खुशी-खुशी तैयार हो गया था, पर काम पर लौटने में चूँकि देर हो जाती थी इसलिए वह टालता चला आ रहा था।

उसने चाहा कि उसकी नानी अनिल को हुक्म दे ताकि कल ही शाम से वह तैरना सीखना आरम्भ कर दे। दो दिन से वह अपने बड़े मामा से बहुत कम बातें कर रही थी। बस केवल बड़े भैया के सवालों के एकाध छोटे जवाब देकर वह मौनव्रत धारण कर लेती। उसने अंग्रेज़ी में सुधीर भैया को डाँट लगायी थी।

—यू स्टॉप ड्रिंकिंग रम। इट स्मेल्स बैड।

अपनी नानी का हाथ थामे सुधीर भैया के कमरे में पहुँचकर उसने नानी की मौज़ूदगी में ये बातें कही थीं।

—मामू, तुम शराब पीना छोड़ दो। मुझे उसकी गन्ध बिल्कुल अच्छी नहीं लगती।

भैया उसे अपने पास बिठाकर उससे वायदे कर जाते कि हाँ कल से पीना बन्द। लेकिन जब भैया से अपना वायदा निभाया नहीं गया तो विमला ने पिछले दो दिनों से भैया के कमरे में जाना बन्द कर दिया। तीसरे दिन भैया के कमरे में मैंने रम की जगह एक दूसरी तरह की बोतल देखी। मैंने पूछा था कि यह क्या चीज है तो भैया ने किसी बच्चे की तरह सफाई देते हुए कहा था कि वह शराब न होकर लिकर है और जब मैंने जानना चाहा कि यह लिकर क्या होता है तो बताया गया कि उससे शराब की महक नहीं आती है।

मैंने मेज़ पर से 'नम्बर वन' की वह बोतल उठा ली थी और कहा कि विमला को मना लेने के लिए यह तरीका ठीक है लेकिन मैं इस चीज़ को भी शराब ही मानती हूँ। मैंने उसके पास चारपाई पर बैठकर अस्पताल के कॉलेज में सीखे चिकित्सा ज्ञान की दलीलें रखनी शुरू कर दी थीं :

—जिस बीमारी से जूझकर आज चंगे हो उससे आपका फेफड़ा आज भी नाज़ुक हालत में है। शराब से वह और भी नाज़ुक स्थिति में पहुँचता जाएगा।

आगे बोली थी :

—इसे पीने से शारीरिक और मानसिक परेशानियाँ शुरू हो सकती हैं।

और भी कई ख़राबियाँ बताती रही थी पर शायद ही भैया पर इसका कोई असर पड़ा था।

एक दिन पहले मैंने भैया से पूछ पाने का साहस किया था कि सूर्या ने उस पत्र में क्या लिखा था जो भैया तक मेरे हाथों भिजवाया था। सुधीर भैया ने कोई जवाब देना नहीं चाहा। माँ से बातें करके मुझे यह पता चल पाया था कि इधर दो सप्ताह से भैया पहले से कुछ अधिक ही नशे में डूबे रहते हैं। माँ ने कहा था :

—पहले तो पीकर रात का खाना खा लिया करता था, हमसे बातें कर लेता था। टी.वी. के सामने भी कुछ देर के लिए बैठ जाता था। अब तो बिन खाये सोने लगा है।

इस बीच दो-तीन बार मैं उसकी बोतल छिपाकर उसे ग़ाफ़िल होने से बचा पायी थी और उसे हमारे साथ खाने पर बैठाने में भी सफल हो गयी थी। भैया को इस तरह शराब में डूबे पाकर मेरे भीतर एक और भय पैदा हो आया था। आखिरकार मैं इस बात को उसके सामने रखकर ही रही :

—भैया, शराब की ख़ुमारी लिये अगर सुबह आप नौकरी पर पहुँचेंगे तो आज नहीं तो कल, लोगों को पता चल जाएगा कि आप शराब के गुलाम बनते जा रहे हैं। ऐसी स्थिति में आप को नौकरी से हटाये जाने की नौबत भी आ सकती है।

इसका भी कोई असर भैया पर नहीं हुआ।

मैं तो सूर्या को फ़ोन करने की स्थिति में नहीं थी क्योंकि इन दिनों तो वह लन्दन में न होकर डॉक्टर प्रमोद और अम्बिका के साथ भारत में होगी। लन्दन छोड़ने से एक दिन पहले उसका फ़ोन आया था। चाहे लम्बी बातें न हो सकी थीं फिर भी वह इतना पूछकर रही थी कि उसके भेजे पत्र का भैया पर क्या असर हुआ था। चूँकि पत्र पढ़ने के बाद भैया ने अपने चेहरे या स्वभाव में कोई ऐसी प्रतिक्रिया आने ही नहीं दी थी जिससे कोई जवाब दे पाती। उस खत का मजमून जानने की गहरी इच्छा थी मेरे मन में, पर सुधीर भैया से पूछ पाने की हिम्मत नहीं कर पायी। फिर भी इतना तो समझ पायी थी कि वह पत्र मेरे भाई को झकझोर जाने से चूका नहीं था।

9

मैं अपने दोनों भाइयों को बता रही थी। अस्पताल के अधीन नर्सिंग कॉलेज की अन्तिम परीक्षा के परिणाम के तहत कॉलेज के लेक्चर हॉल में वह आयोजन तय हुआ था। मॉरिशस के उच्चायुक्त की उपस्थिति में प्रमाणपत्रों के वितरण की

जिम्मेदारी मेट्रन सोफिया को सौंपा गया था। वह मॉरिशसीय छात्रों की हमेशा से हितैषी थी। आयोजन भी मॉरिशस के नर्सिंग छात्रों की ओर से कॉलेज की रजामन्दी पर आयोजित हुआ था। इम्तिहान में कामयाब होनेवाले छात्रों की संख्या पैंतीस थी।

वैसे तो हमने अपनी अध्यक्षा सोफिया जी को हमेशा नर्सिंग वर्दी में देखा था। आज भी वह उसी वर्दी में थी। बस एक नयी बात यह थी कि आज उसकी उस श्वेत वर्दी पर मॉरिशस के चौरंगे का एक तगमा भी जुड़ा हुआ था। हमारी मेट्रन उस अवसर पर हमेशा से अधिक खुश दिख रही थी। उसकी बगल में मॉरिशस का स्टूडेंट एडवाइज़र भी उतने ही उत्साह लिए हुए थे। हमारे देश के उच्चायुक्त निर्धारित समय से बीस मिनट बाद पहुँचे जबकि उन्हें मालूम था कि समय के मामले में अंग्रेज़ बड़े गम्भीर हुआ करते हैं।

हम मॉरिशस के छात्रों को भी उनका देर से पहुँचना अच्छा नहीं लगा था। पर वह हमारी अध्यक्षा सोफिया की नेकनीयती थी की उन्होंने उपस्थित जनों को सम्बोधित करते हुए कहा कि हमारी छात्राओं को चूँकि लन्दन के दूर इलाकों से यहाँ पहुँचना था इसलिए कार्य को आधे घंटे देर से शुरू किया जा रहा है।

चार भाषणों के बाद ही प्रमाणपत्रों के वितरण का सिलसिला शुरू हुआ था। सोफिया जी ने सभी को चौंका देनेवाले ऐलान करते हुए कहा था :

—ये सभी छात्र-छात्राएँ मेरे अपने ही बच्चे हैं, इसलिए अपने ही बच्चों को उनकी सफलता के प्रमाणपत्र मैं प्रदान करूँ मुझे सही नहीं लग रहा। यह हक मॉरिशस के उच्चायुक्त तथा छात्रों के सलाहकार को जाता है इसलिए मेरा अनुरोध तो यही रहेगा कि आज की औपचारिकता को निभाते हुए मैं एक प्रमाणपत्र अपने हाथों से ज़रूर दूँगी। इसके बाद बाकी चौंतीस छात्रों को हमारे बीच उपस्थित इन दो महानुभावों के द्वारा उनके प्रमाणपत्र प्रदान किये जाएँगे।

जिस एक छात्र को मैं अपने हाथों प्रमाणपत्र देने जा रही हूँ वह इस अस्पताल की मेरे सबसे प्रिय परिचारिका तो थी ही, सबसे मेधावी छात्रा भी रही है। यही नहीं, मैं उसे अपनी बेटी की तरह, उस बेटी की तरह जिसे लन्दन के गुंडों ने मुझसे छीन लिया, मानती आयी हूँ। मेरी वह प्रिय छात्रा...

चन्द सेकेंड की खामोशी के बाद मेट्रन ने पुकारा :

—अमिता भरत।

तालियों की घड़घड़ाहट के बीच मैं अपनी जगह से उठी थी और मंच की ओर बढ़ गयी थी।

वह घड़ी मेरे अपने लन्दन आवास की सबसे अविस्मरणीय घड़ी थी।

मेट्रन सोफिया की उस नसीहत को भी मैं कभी नहीं भूल पाऊँगी।

...माई डॉटर! तुमने यहाँ सैकड़ों रोगियों की सेवा की। उन्हें नयी ज़िन्दगी दी है। अब जब तुम अपने देश को लौट रही हो तो तुम्हें बस इतना ही कहूँगी। वहाँ अपने देश में भी तुम यहाँ जैसे ही समर्पण भाव के साथ रोगियों की सेवा करना। नर्सिंग इज़ डिवाइन, उसे कभी मत भूलना।

10

सप्ताह भर कोई भी ऐसा दिन नहीं रहा जब मैं माँ से या हुस्ना से जी भरकर बात कर पाती। लोग मुझसे मिलने आते ही रहे, जिनमें प्रायः मेरी सहेलियाँ या स्त्रियाँ होती थीं। इस बात का मुझे दुख नहीं, खुशी थी। यह भी सच था कि माँ और हुस्ना से आज भी मन भर बातें न कर पाने का अफ़सोस ज़रूर था। कभी तो मैं हुस्ना के साथ एकदम आत्मीय बातें करने में लगी होती या फिर माँ से मेरे बाहर रहने के दिनों की महत्त्वपूर्ण घटनाएँ सुनने में तल्लीन होती थी कि कोई आ ही जाता था।

एक दिन तो हुस्ना चिढ़कर बोल ही उठी कि कहाँ-कहाँ से टपक पड़ते हैं। कभी तो हमें जीभर कर बातें कर लेने दें। कल मैं माँ से अपनी आगे की योजना पर बात कर रही थी कि देवन्ती चाची के साथ पंडित जीवनलाल आ धमके। देवन्ती चाची शक्करकन्द की मिठाइयाँ ले आयी थी। वर्षों बाद इस मिठाई को सामने पाकर मुझे अनायास बचपन के वे दिन याद आ गये जब हमारे घर दीवाली के अवसर पर अन्य मिठाइयों के साथ यह विशेष मिठाई पकती थी।

यही एक अवसर होता था जब मेरे पिता रसोई में बैठकर मिठाइयों की तैयारी में हाथ बटाते थे। मेरी माँ उबले शक्करकन्द और मैदा को मिलाकर अच्छी तरह रूँधती। फिर चौकी पर बेलकर उन्हें गोल-गोल टुकड़ों में एक कटोरे की मदद से काटती। मेरे पापा उन पूड़ियों में शक्कर से मिले कसे नारियल को भरकर परात पर रखते जाते थे और मैं वहाँ से उठाकर उन गिलौरियों को गरम तेल में तलती जाती थी।

पड़ोस में मिठाइयाँ बाँटने का काम मेरे बड़े भाई का होता था।

देवन्ती चाची लन्दन के मेरे आवास के बारे में पूछती रही और चाचा मेरी पढ़ाई और आगे के दिनों की मेरी योजना पर बात करते रहे। सुझाव भी देते रहे। चाचा ने पूछा था :

—तुमने वहाँ ब्याह कर लिया, हमें पता तक नहीं चला। ख़ैर! तुम्हारा पति क्यों नहीं आ पाया?

मैं तो चाची की ओर से इस सवाल का डर लिए हुई थी। चाचा के चुप होते ही चाची ने भी पूछ ही लिया :

—तुम्हारी बेटी आयी हुई है। कहाँ है?

मेरी माँ ने आवाज़ देकर दूसरे कमरे से विमला को आने को कहा। वह टेलीविज़न पर कॉमिक्स देख रही थी इसलिए तुरन्त न आकर दो-तीन मिनट बाद ही हमारे बीच आयी। पर उसकी आवाज़ उससे पहले दूसरे कमरे के भीतर से ही हम तक आ गयी थी।

—येस मम्मी! व्हाई यू डोंट लेट मी वॉच डिजनीलैंड?

मेरा इशारा पाते ही विमला ने दोनों व्यक्तियों को प्रणाम किया। चाची ने उसकी बाँह थामकर उसे अपने करीब लाकर कहा :

—तुम तो अपनी माँ से भी ज्यादा सुन्दर हो।

मेरी माँ बोल उठी :

—अपने मामू पर जो गयी है।

—अरे हाँ एकदम सुधीर का मुठान!

विमला ने मेरी ओर देखा। उसकी आँखों का भाव समझकर मैंने उसे कहा कि अब वह अपना डिजनीलैंड देखने जा सकती है। उसके फुदकते हुए चले जाने के बाद जीवनलाल चाचा मुझे अपने साथ लिए बाहर चले आये और बोले :

—तुम्हें मेरे पैसे लौटाने की इतनी जल्दी क्या थी? वैसे भी मुझे तुमसे यह पैसे वापस नहीं लेना चाहिए था।

तुम्हारे हठ पर मैंने कर्ज़ वाली बात मान ली थी। पर मैं तुम्हारी मदद करके अपने को खुद एक बहुत भारी कर्ज़ से मुक्त करना चाहता था। पैसे लौटा कर तुमने मुझे शर्मनाक और गुनाह के बोझ से मुझे हल्का होने नहीं दिया।

—चाचा! आप उस पुरानी बात को भूल जाइए।

—वह बात भुलायी जानेवाली नहीं है। मैंने अपने इज़्ज़तदार परिवार में शैतान को जन्म दिया। काश! तुम जान पाती कि उस चांडाल ने मुझे कहीं का नहीं छोड़ा। अपनी हरकत से बाज न आकर इस समय वह कैद में है। मेरे रिश्तेदारों ने बहुत चाहा कि मैं उसे ज़मानत पर छुड़ा लूँ पर मैंने इंकार कर दिया।

उस कमीने के कैद में होने की बात सुनकर मैं हताश-सी हो गयी। मुझे लगा कि मेरे भीतर प्रतिशोध की जो भावना अभी तक उफनती रही थी, वह मर गयी। मैं चुपचाप चाचा की सारी बातें सुनती रही। इन साढ़े सात वर्षों में वह एकदम ढला हुआ और हारा हुआ व्यक्ति लग रहा था।

एकाएक परसों हुस्ना की कही हुई एक बात याद आ गयी। उसने कहा था—आमी! तुम्हें एक बात सुनकर खुशी होगी। पर मैं उससे वह बात सुन पाती कि तभी हमारे बीच सुरेखा भौजी आ गयी थी।

11

हमारे घर के सामने का समुद्र चट्टान रहित था। यह मनमोहक जगह हमारे घर के पश्चिमी इलाके में थी। कठिनाई से तीन मिनट के पैदल फासले पर था यह तट। मछुवों की छोटी बादवान वाली नावों से लेकर मोटर बोट तथा गोरे रईसों की बड़ी-बड़ी नावें थीं जो किनारे की नावों से दूर लंगर डाले रहती थीं। चट्टानें न होने के कारण इस प्रान्त का समन्दर छोटी लहरों और धीमी तरंगों के कारण प्राय: शान्त रहता था।

मैं विमला के साथ तेरेज़ के यहाँ से लौट रही थी कि विमला ने मेरा हाथ पकड़कर मुझसे कहा था :

—कम ऑन दी बीच।

—रास्ते में समन्दर-ही-समन्दर तो देखती रही हो अब तट पर क्या रखा है देखने को?

—चलो न माँ, तुम्हें एक चीज़ दिखानी है।

मेरा हाथ थामे वह तट की ओर बढ़ गयी। बालू पर पहुँचकर उसने कहा :

—यू सी दैट गर्ल स्वीमिंग ओवर ज़ेर!

—देख रही हूँ। तुम उसे जानती हो?

—हाँ, छोटे मामा ने मुझे उससे मिलाया था। यू डोंट नो हर?

—नहीं, मैं तो उसे नहीं जानती।

—मैं उसी की तरह तैरना चाहती हूँ।

—वह तो बहुत खूबी के साथ तैर रही है। तैरना सीखना होगा तभी तो इस तरह तैर पाओगी।

सचमुच वह छोटी लड़की किसी कुशल तैराक की तरह नावों के बीच से समुद्र के भीतर चली जा रही थी। हम जब घर पहुँचे तो अनिल नौकरी पर से घर पहुँच आया था। मुझसे छूटकर विमला अपने मामा के पास चली गयी और बोली :

—मामू, आज उस लड़की को हमने फिर तैरकर गहरे समन्दर की ओर जाते देखा।

—यू मीन चम्पा?

—येस, शी वॉज स्वीमिंग सो फास्ट।

मैंने अनिल से पूछा :

—कौन है यह लड़की अनिल?

—रघुनाथ चाचा को जानती हो न?

—उसकी बेटी है?

—उसकी पोती।

—क्या उम्र है उसकी?

—नौ-दस की होगी, इससे ज़्यादा नहीं।

—इतनी छोटी लड़की इतने भीतर तक चली जा रही थी?

—इसका बाप खुद बहुत बड़ा तैराक है। वैसे तुम भी कम कुशल तैराक नहीं थी।

—माँ, मैं भी उसी की तरह तैरना चाहती हूँ।

उसके कन्धे पर हाथ रखकर अनिल ने कहा था :

—ठीक है, मैं उसके बाप से बात करूँगा कि तुम्हें उसी की तरह तैरना सिखा दे।

—अभी नहीं। पहले इसे यहाँ के स्कूल में दाखिला मिल जाए फिर तैरने की बात होगी।

—बहना! इस लड़की के बारे में एक और बात बहुत ख़ास है।

—क्या है वह?

—वह तट से पानी में कूदती है तो समन्दर की लहरों के खिलाफ़ तैरती ही चली जाती है। जब तक कि किसी नाव के लोग उसे अपनी नाव में नहीं ले लेते।

—मैं समझी नहीं।

—चम्पा कहती है कि उसे धारा के खिलाफ़ तैरने में आनन्द आता है। उसे धारा के साथ बहकर तट को लौटना पसन्द नहीं।

—यह तो बड़ी विचित्र बात हुई!

—कई बार तो कुछ नाविक डेढ़ किलोमीटर की दूरी पर उसका इन्तज़ार करते रहते हैं। उनके लिए यह एक खेल-सा हो जाता है।

—और अगर कोई नाव बीच समन्दर में नहीं मिली तो?

—अभी तक तो ऐसी नौबत नहीं आयी है।

—लड़की के माँ-बाप उसे इस ख़तरे से रोकते नहीं?

—चम्पा के माँ बाप ने उसे कभी स्कूल नहीं भेजा।

—क्यों?

—क्योंकि उन्हें आपस में लड़ने-झगड़ने से समय नहीं मिला।

—यह क्या बात हुई?

—स्कूल न जाकर भी चम्पा स्कूल जानेवाली अपनी हमउम्र लड़कियों से मेधावी लगती है। घर से बाहर रहकर लम्बे समय तक समन्दर की बेटी बनी रहती है।

12

हुस्ना यह कहकर मुझे अपने घर ले आयी कि मैं अपने एकाकीपन की अकुलाहट से बच पाऊँ। ज़िन्दगी चौंकाने वाली बेशुमार घड़ियाँ लिए रहती है और विडम्बनाएँ भी। जब फ्रेडरिक मुझे उस बड़ी मुसीबत में छोड़ गया था तो मैं टूटते-टूटते बची थी। सूर्या ने कहा था—मीता! तुम बुलन्द हौसले वाली स्त्री हो। मैं तुम्हारी जगह होती तो जीवन के सभी हौसले और उम्मीदें खो बैठती।''

आज हुस्ना ने वही बात अपने ढंग से कही :

—सहने की भी हद होती है पर ख़ुदा ने तुम्हें ख़ास ताकत दी है। जब मुझे दूध की मक्खी की तरह ससुराल से निकाल फेंका गया था तो अपने को सँभाल सकने में कई महीने लग गये थे। तुम तो भलीभाँति जानती हो कि मैं पागल-सी हो गयी थी।

—मेरी भी यही हालत होती हुस्ना, अगर मेरी बगल में मेरे हाड़-मांस का टुकड़ा, मेरी बेटी नहीं होती तो। अगर मैं दो कठोर आघातों से चकनाचूर नहीं हुई थी तो एक और कारण यह भी है कि मैं अपने मुजरिमों के सामने हार मानने को कभी तैयार नहीं थी। लेकिन आज जो हो रहा है...

—आज जो हो रहा है उसे तो अनसुनी कर देना है।

—मुझे उस अफवाह की तनिक भी परवाह नहीं। मैं तो इस बात से दुखी हूँ कि मेरा भैया इस बात को बहुत अधिक महत्त्व दे बैठा है। आज तीसरा दिन है वह मुझसे बात नहीं कर रहा।

—तुम सुधीर को गलत समझ बैठी। वह इसलिए दुखी नहीं है कि वह उस अफ़वाह पर यकीन कर गया है। उसके दुखी होने की वजह बस यह है कि तू उससे ज्यादा दुखी होकर रहेगी। उसने मेरी माँ से तुम्हारे दुख को रोया था। सुधीर ने तुम्हारी कामयाबी और विमला की मुस्कान के अलावा और किस खुशी को जाना है? एक लम्बी और दर्दनाक बीमारी से रिहाई पाकर जब सूर्या की राह देखने लगा तो अचानक मुद्दत का सँजोया वह सपना भी बिखर गया। जानती हो उसने कल मुझसे क्या कहा?

मुझे चुप पाकर उसने कहा :

—पूछो तो सही।

—क्या कहा?

—यह कि उसमें अपने दुख को सह जाने की पूरी ताकत है पर तुम्हारी छोटी अँगुली के दर्द से वह कराह उठता है।

—मुझे मालूम है, हुस्ना।

—तो फिर शाम को सुधीर से यह कह जाने की हिम्मत करो कि तुम्हें इस तरह की अफवाह की कोई परवाह नहीं। तुम उससे बिल्कुल दुखी नहीं हो।

—हुस्ना!

—क्यों?

—मुझे एक बात का दुख आज भी बना हुआ है।

—किस बात का?

—मैं तुम्हें अपनी भाभी नहीं बना पायी।

—मज़ाक कर रही हो या सच कह रही हो?

—मज़ाक नहीं कर रही। एकदम सौ प्रतिशत सच कह रही हूँ।

—काश!

—काश क्या?

—काश, मजहब की दीवारें इतनी ऊँची न होतीं!

—मुहब्बत करनेवाले तो आग का दरिया भी पार कर जाते हैं।

—होश-ओ-हवास में नहीं, जुनून में आकर।

—तो तुम्हें किसने रोका था जुनून में आने से।

—यह हुई न बात!

—क्या मतलब?

—कुछ ही देर पहले तुम मातम मनाती-सी लग रही थी।

—और अब?

—अब तो चेहरे की रौनक वापस आ ही गयी। एक बात कहूँ अमित?

—इतना सारा कुछ कहकर भी थकी नहीं क्या?

—तुम उदास दिखती हो तो अपना रोने को जी करता है।

—अभी तुम्हारा जी क्या करना चाहता है?

—खुशी से झूम उठने को।

बाहर से विमला की आवाज आयी।

—लो, अँग्रेज़ गुड़िया बुला रही है।

13

अपने गाँव के उस घोर परिवर्तन से मैं खुश थी। इन साढ़े सात वर्षों में लगता था कि बीस–पच्चीस वर्ष के विकास का परिणाम था सामने। महत्त्वपूर्ण प्रगति। पूरे देश की इस प्रगति के साथ मेरा अपना गाँव पीछे नहीं छूटा था। लेकिन जैसा कि कहा जाता रहा है कि हर प्रगति की एक ख़ास कीमत चुकानी पड़ती है। वह कीमत साधारण नहीं थी।

हमारे घर से कुछ ही दूरी पर बरगद का वह विशाल वृक्ष, जिस पर सुबह शाम बेशुमार पक्षी कलरव करते रहते थे, अपना नामोनिशान गँवा बैठा था। उस घने छायादार पेड़ की कमी मुझे दुखी कर गयी थी। बच्चे उसकी जटाओं के सहारे एक जटा से दूसरी जटा पर उछलते रहते थे। हम लड़कियाँ दो जटाओं के निचले भागों को जोड़कर झूले बना लेतीं और जमकर झूलती रहती थीं।

कोठीवाले गोरे मालिक का एक बगीचा था जिसमें आम, अमरूद, जामुन तथा और भी कई तरह के फल होते थे। रखवाले से आँखें बचाकर हम लोग उन फलों का लुत्फ़ उठाते। वह बगीचा भी अब नहीं रहा। उसकी जगह कोई फैक्टरी खड़ी है। अलबत्ता वह ऊपर से ढका हुआ कुआँ आज भी मौजूद है। जब पूरे इलाके में पानी नहीं मिलता तो यह कुआँ पूरे गाँव को पानी देता था।

मैंने जब अपने बड़े भाई से कहा कि लगता है, हमारे गाँव की कई मूल्यवान धरोहरें गायब हो गयीं तो उसने कहा था :

—अब तो बैलगाड़ी तक देखने को नहीं मिलती। बस एक कालीमाई का चौतरा आज भी अपनी जगह पर ज्यों का त्यों है। पर काली पूजा और बहरिया पूजा, ये सब अब अतीत की बातें और यादें बन गयीं।

—भैया! वह सुखुवा भगत जो कालीमाई की बगल में रहते थे क्या आज भी आल्हा और बिरहा गाते रहते हैं?

—तुम्हारे मॉरिशस छोड़ने के कुछ ही महीने बाद उसका देहान्त हो गया। अपनी विरासत भी साथ लेता गया।

—और झुमकी दीदी?

—वह भी नहीं रही। वह भी अपने साथ सोहर, कजरी, ललना और हरपरौरी जैसे गीतों को साथ लेती गयी।

—वीरासामी चाचा के कोविल में आज भी आग और तलवारों पर चलने वाले...

—बस, एक वीरासामी चाचा ही हैं जो अपनी उस परम्परा को आज भी रखे हुए हैं।

—कल हुस्ना के साथ मैं सफेद माटीवाले इलाके की ओर गयी थी। उस दलदल की जगह पर तो अब इमारतें बन गयी हैं।

—नये लोगों की नयी बस्ती बस गयी है। समलाल चाचा के लोहारखाने की जगह पर जहाँ पास-पड़ोस के गाँवों से लोग अपनी बैलगाड़ियाँ बनवाने आते थे वहाँ पुलिस स्टेशन बन गया है।

—यह परिवर्तन तो बड़ी तेजी से आया लगता है :

—इसके बावजूद कुछ मामलों में तो हम आज भी वहीं-के-वहीं चिपके हुए हैं। ग्राँ-बे तो सैलानियों का शहर बन गया है, फिर भी अभी तक तो मुट्ठीभर लोग ही कुछ-से-कुछ बन पाये। गंदौरीलाल चाचा आज भी घर-घर मूँगफली और चने बेचता फिरता है।

—रामदेवर ओझा... ?

—उसकी मत पूछो। वह तो सैलानियों का भी सिर मूँड लेता है।

मैं हुस्ना के घर पर थी जब माँ ने आवाज़ दी :

—आमी! टेलीफ़ोन वाले आये हैं।

मैं और हुस्ना, दोनों झपटकर आ गयीं। टेलीफ़ोन विभाग की गाड़ी रास्ते में खड़ी थी और तीन कर्मचारी हमारे आँगन में खड़े थे। उनमें से एक ने कहा :

—हम आपके यहाँ टेलीफ़ोन फिक्स करने आये हैं। काम शुरू कर सकते हैं?

मैंने मन-ही-मन कहा : नेकी और पूछ-पूछ।

तीनों व्यक्ति कामों में जुट गये। दो व्यक्ति बाहर तार जोड़ने में लग गये और तीसरा आदमी मेरे पीछे घर के भीतर पहुँचा। बाहरी कनेक्शन में थोड़ा समय लगा जबकि भीतर का काम तो बहुत कम समय में हो गया।

उस नाटे व्यक्ति ने फ़ोन का चोंगा मुझे थमाते हुए कहा :

—आप नम्बर मिलाकर देखिए।

हुस्ना तुरन्त अपने घर को दौड़ गयी। मैंने उसका नम्बर मिलाया। दूसरे ही मिनट बाद मैंने कागज़ पर दस्तखत किये और उस व्यक्ति ने एक प्रति मुझे सौंपते हुए कहा :

—यह रहा आपका फ़ोन नम्बर।

14

कल भी मुझे मेट्रन सोफिया की याद बार-बार आयी थी और आज भी माँ के साथ बैठी मैं उसी के बारे में सोचे जा रही थी। उसकी कई बातों से मेरे भीतर

का संकल्प और भी प्रबल हुआ था। आज अचानक मुझे उस दिन की बात याद आ गयी जब हमारे अस्पताल में एक डॉक्टर ने एक अफ्रीकी नर्स की बेइज़्ज़ती की थी और उसे सीढ़ियों पर से धकेल दिया था। वह पहला अवसर था जब मैंने मेट्रन को नाराज़ होते देखा था। उसने उस डॉक्टर की जमकर खबर ली थी।

दूसरे दिन सुबह की ब्रीफिंग के दौरान उसने परिचारिकाओं को सम्बोधित करते हुए कहा था :

—हर जगह की तरह अस्पताल में भी अच्छे और बुरे लोग हुआ करते हैं। दुख की बात तो तब होती है जब डॉक्टर अपने फ़र्ज़ को भूल बैठते हैं। मैं हमेशा अपने छात्र-छात्राओं से कहती रहती हूँ कि अच्छों से उनकी अच्छाई सीखें, बुरों से उनकी बुराई नहीं। जिस तरह इन्सान में इन्सानियत की उम्मीद रखी जाती है, ठीक उसी तरह एक डॉक्टर से अपने मरीज़ों और सहयोगियों के साथ सद्भावना की आशा की जाती है। अगर आज इस देश के सभी अस्पतालों में हम विदेशी ज़्यादा संख्या में काम करते हुए नज़र आते हैं तो इसका एक बड़ा कारण यह है कि इस देश के लोग अपने देशवासियों की सेवा करने से झिझकते हैं।

अपनी बातों को मेट्रन सोफिया ने सीधे कल की घटना का संकेत देते हुए कहा था :

—जिन लोगों के पास इज़्ज़त नहीं होती वे औरों की इज़्ज़त उछालने में लगे रहते हैं।

इस वाक्य को मैं अपने मस्तिष्क में प्रतिध्वनित होते पाती रही। इसी बीच भैया मेरे और माँ के बीच आ खड़ा हुआ। मेरी ओर देख, फिर अपने कमरे की ओर बढ़ते हुए मुझसे कहा :

—मुनिया! मेरे कमरे में आओ।

मैंने माँ की ओर देखा, माँ ने मेरी ओर। मेरी ही तरह माँ की आँखों में भी हैरानी थी। मेरे पापा जब कभी बहुत ही अच्छी रौ में होते थे तो मुझे मुनिया कहकर पुकारते थे। मेरा भाई पापा की नकल करते हुए उसी स्वर में मुझे चिढ़ाने के लिए कभी-कभार मुनिया कह जाता था।

माँ कभी ओरियानी के नीचे और कभी आँगन में सिल-लोढ़े वाली जगह पर बैठकर चावल बीनती थी। हमारे आँगन में गौरैया का एक झुंड बरतन माँजवे के पास कुछ-न-कुछ चुगता रहता था। उनके बीच कभी एक बहुत ही सुन्दर लालमुनिया भी आ जाती थी और मेरी माँ चावल से चुनी हुई खुदियाँ चिड़ियों के बीच छितेर देती थी। मुझे वह लालमुनिया बहुत ही अच्छी लगती थी। तब मैं चार-पाँच साल की रही होगी। कई बार उन पक्षियों के बीच दौड़ जाती और उस लालमुनिया को पकड़ने की कोशिश करती रहती थी।

ऐसा करते हुए एक दिन मैं गिर पड़ी थी। मेरे घुटने से खून बह आया था। पापा ने उस घाव पर दवा लगाने के बाद कहा था :

—तुम तो इस लालमुनिया ही की तरह सुन्दर हो।

बस तभी से वह यदा-कदा मुझे मुनिया कहकर पुकार लेते थे। आज भैया के मुँह से पहली बार अपने लिए मुनिया सम्बोधन पर मैं और माँ एक-दूसरे को देखती रहीं। उसने इशारे से मुझे भैया के कमरे में जाने को कहा। भैया के द्वारा मुनिया कहे जाने से मैं भीतर-ही-भीतर खुश थी पर उस खुशी के साथ मेरे भीतर का डर कम नहीं हो पाया था। मैं अपनी माँ से एक-दो बार थप्पड़ खा चुकी थी, पर भैया ने कभी भी मेरे ऊपर हाथ नहीं उठाया था। मेरा छोटा भाई कभी मुझे डाँट देता था पर बड़े भैया ने तो कभी डाँटा भी नहीं था मुझे। इसके बावजूद मैं डर से सहमी हुई थी।

माँ के दूसरी बार के इशारे पर मैं भैया के कमरे की ओर बढ़ी। उसका दरवाजा खुला था।

मेरे भीतर पहुँचते ही उसने कहा :

—मेरे लिए एक गिलास पानी ले आओ।

जान में जान आयी और मैं पानी के लिए रसोई की ओर लपक पड़ी। पानी लिये लौटी। भैया ने मेरे हाथ से गिलास लेकर एक ही बार में पानी को हलक के नीचे उतारकर गिलास को सामने की छोटी गोल मेज़ पर रख दिया। उसके कमरे में हमेशा दो कुर्सियाँ रहती थीं। एक पर खुद बैठकर मुझे दूसरी कुर्सी पर बैठ जाने का इशारा किया। मेरे बैठ जाने पर पूछा :

—विमला कहाँ है?

—हुस्ना के यहाँ झूला झूल रही है।

इतनी शीघ्रता से उत्तर दे जाने पर मैं खुद हैरान रही। हम दोनों के बीच कुछ पल की खामोशी रही जिसे भैया ही ने तोड़ा।

—मीत! इधर तीन दिन तुमने कोई खास बात देखी?

सवाल मेरी समझ में नहीं आया फिर भी मैंने जवाब दिया।

—नहीं तो!

—इधर तीन दिन से मैंने शराबखाने जाना बन्द कर दिया।

बोलने के साथ-साथ उसने अपना बैग खोला और एक पत्र निकालकर मेरे हाथ में थमाते हुए कहा :

—मैं डाकघर से होते हुए आ रहा हूँ।

उसने पत्र मेरे हाथ में थमा दिया। मुझे जानते देर नहीं लगी कि वह मेरे इन्टरव्यू का बुलावा था। मैंने एक अजीब तेज़ी के साथ भैया के गाल को चूम लिया।

15

—आमी! तुम मेरे लिए मेरी अपनी पसन्द के पाउडर लायी हो। मेरी पसन्द की लिपस्टिक, मेरी ही पसन्द की क्रीम। लेकिन जब तुम खुद इन चीज़ों का इस्तेमाल कभी नहीं करती तो मेरे लिए क्यों लायी?

यह तेरेज़ का सवाल था।

—बचकाना सवाल।

—यह बचकाना सवाल नहीं है।

—इसलिए लायी क्योंकि तुम इन सौन्दर्य प्रसाधनों का इस्तेमाल करती हो।

—मेरी पसन्द तुम्हें इतने वर्षों बाद आज भी याद है।

—क्यों नहीं। तुम्हारा चेहरा जब भुलाया नहीं गया तो फिर यह कैसे भूल पाती कि तुम्हारी मनपसन्द कॉस्मेटिक क्या है?

—एक बार पहले भी मैं तुमसे पूछ चुकी हूँ कि तुम इन चीज़ों से नफ़रत क्यों करती हो।

और मैंने कहा था कि मैं इन चीजों से नफ़रत नहीं करती हूँ। बस मुझे पसन्द नहीं हैं।

—पर क्यों? कोई कारण तो होना चाहिए।

—तुम्हें सभी सब्जियाँ पसन्द हैं?

—सभी तो नहीं।

—यह तो बताओ कि कौन-सी सब्ज़ी तुम्हें पसन्द नहीं।

—करेला और कुम्हड़ा।

—बस इसी तरह मुझे भी ये उबटन की चीज़ें पसन्द नहीं।

—कपड़े भी तुम गहरे रंग के नहीं पहनती हो।

—मैं तो उन्हीं रंगों के कपड़े पहनती हूँ जो बहुत अधिक चटकदार नहीं होते।

—पर गहनों से तुम्हें चिढ़ क्यों है?

—गहनों से मुझे चिढ़ नहीं है। बस पहनना पसन्द नहीं। तुम्हें एक बात बताऊँ?

—बताओ।

—तुम्हारे चेहरे पर जो मुस्कान होती है वह तुम्हारे झुमके और गले के सोने के हार से अधिक कीमती और प्यारी लगती है।

—मैंने एक बार हुस्ना से भी पूछा था कि तुम कान्ति बढ़ानेवाली चीज़ों से अपने को दूर क्यों रखती हो तो जानती हो उसने क्या कहा था?

—बताओ तो जानूँ।

—बोली थी, तुम्हें सजने-धजने से कहीं अधिक सादगी पसन्द है।

—शायद यही सही है।

—उसने एक बात और कही थी।

—क्या?

—बात नहीं, उसने मुझसे एक सवाल किया था। उसने पूछा था तेरेज़, क्या तुम अपने आँगन के फूलों पर रंग चढ़ाती हो?

—तुमने क्या उत्तर दिया था?

—कहा था कि ऐसी बेवकूफ़ी मैं क्यों करने लगी।

—कभी-कभार तो तुम बहुत सही बातें कर जाती हो।

—पता नहीं। पर हाँ एक सही बात तुम्हें बता ही दूँ। बताऊँ?

—बता ही डालो।

—तुम बहुत ही खूबसूरत हो, आमी।

—अच्छा! तो फिर यह बात इससे पहले क्यों नहीं कही?

—क्योंकि इससे पहले तुमने मुझे इतने प्यारे तोहफ़े दिये ही कहाँ!

—अच्छा तो यह तोहफ़े की कीमत चुका गयी।

—मुझे यह बताओ कि तुम्हारी आँखें इतनी अधिक सुन्दर क्यों हैं?

—क्योंकि इन आँखों से बहुत सारे आँसू बहकर मेरी आँखों को धोते रहे हैं।

16

मैंने जब भी अतीत को याद किया ऐसा लगा कि मैं वर्तमान से भागना चाहती हूँ और जब भी वर्तमान के शिनाख्त की कोशिश करती हूँ तो ऐसा लगता है कि कहीं भविष्य मेरे अतीत से भी अधिक उदासीनता लिए हुए तो नहीं आएगा? लन्दन में उस दिन हम लोग एक भारतीय शाकाहारी रेस्तरां में बैठे हुए थे। प्रमोद की बहन अम्बिका के फाइनल एक्ज़ाम की सफलता की खुशी में डॉ. प्रमोद ने उस लंच का आयोजन किया था। अम्बिका के चेहरे पर हमेशा एक ऐसी सौम्यता होती है कि मुझे कई बार ऐसा लगा था कि वह आधुनिक लिबास में कोई अप्सरा हो। अपने भाई से एकदम भिन्न हर वक्त अपने चेहरे पर बच्चों की सी मुस्कान लिए हुई थी।

उस दिन पहली बार सूर्या ने मुझे यह सलाह दी थी कि मैं विमला को इंग्लैंड में ही अपनी शिक्षा पूरी कर लेने दूँ। मेज के इर्द-गिर्द हम पाँच ही लोग थे। मैं, सूर्या, अम्बिका, डॉ. प्रमोद और विमला। विमला को छोड़कर सभी को मामूल था कि उसका बाप उसे अपनी बेटी मानने से इंकार कर गया और मेरे तथा मेरी बेटी के जीवन से हमेशा के लिए गायब हो गया।

खाने से पहले जब हम लोग लस्सी पी रहे थे तो वह चर्चा शुरू हुई थी। चर्चा के दौरान कुछ बातें जो हम नहीं चाहते थे कि विमला की समझ में आ जाएँ, उन्हें हम हिन्दी में कर रहे थे।

चेहरे पर अपनी सौम्यता को बनाए हुए अम्बिका ने हिन्दी में कहा था :

—अमिता! मैं भी बस एक ही बात से डरती हूँ कि जब बार-बार लोग तुम्हारी बेटी के बाप के बारे में सवाल करेंगे तो कब तक उन्हें गलत उत्तर देती रहोगी? बच्ची का अभी तुम्हारे साथ बिन अपने बाप के मॉरिशस जाने का मतलब होगा सवालों की बौछार।

अम्बिका के चुप होते ही डॉ. प्रमोद ने कहा था :

—मैंने तो तुम लोगों से मॉरिशस के बारे में जितना सुना है, जाना है उससे साफ़ ज़ाहिर है कि भारतीय और मॉरिशसीय समाज में कोई खास फ़र्क नहीं और अगर सचमुच ऐसा ही है तो लोग पूछेंगे—तुम्हारा पति क्यों नहीं आया? बच्ची का बाप कहाँ? कौन है तुम्हारी बेटी का बाप? इस तरह के बेशुमार सवाल हर नया व्यक्ति पूछता रहेगा। कब तक सच्चाई को टालती रहोगी?

खाना शुरू होने पर बातों का विषय बदल गया था मगर खाने के बाद डेसर्ट के समय सूर्या की बारी थी मेरे हित में अपने सुझाव देने की। उसने कहना शुरू किया था :

—हम लोग जो कुछ भी कह रहे हैं वे तुम्हारे हित में कम तुम्हारी बच्ची के हित में अधिक है। इसमें कोई शक नहीं कि तुम अपनी बच्ची को माँ और बाप, दोनों का प्यार देकर उसे पालोगी लेकिन यह सोचने की कोशिश करो कि एक पितृहीन बच्ची की क्या पीड़ा होगी। सवालों की बौछार होगी। तुम्हारे बाप का क्या नाम है, वह तुम्हारे साथ क्यों नहीं रहता—इस तरह के प्रश्न उसकी कक्षा का अध्यापक और उसके सहपाठी सभी पूछेंगे। क्या उत्तर देगी वह? अपने पहले ही से दुखी जीवन को और अधिक दुखी मत बनने दो। बच्ची के भविष्य के बारे में सोचो। तुम अगर शहर में रहनेवाली होती तो यह सवाल पैदा ही नहीं होता, पर गाँव के लोगों की आत्मीयता कभी हद को पार करके समस्या पैदा कर जाती है।

रात में माँ ने भी मुझसे यही सवाल किया था :

—बेटी, हम लोग कब तक इस बात को छिपाये रख सकते हैं?

—माँ, उस व्यक्ति ने अपनी औलाद को गोद लेने की बात तो बहुत दूर रही, उसने उसे स्पर्श तक नहीं किया। हम दोनों को मँझधार में छोड़कर चला गया। ऐसे आदमी को मैं अपनी बेटी का बाप नहीं मान सकती। अगर आज वह हमारे साथ होता तो मैं फ़ख़्र के साथ उसे अपनी बेटी का बाप कहती। पर वह मेरी बेटी का क्या, किसी भी बच्चे का बाप होने के योग्य नहीं। एक फ्रांसीसी से शादी करने की शर्म मुझे नहीं है पर एक नस्लवादी से मुझे नफ़रत है।

—जीवन-भर अपनी बच्ची को बिन बाप की बनाये रखोगी?

—बहुत सारे ऐसे बच्चे हैं इस धरती पर माँ, जिन्होंने अपने बाप को नहीं जाना। कितने बच्चे तो अपने पिता की मौत के बाद पैदा होते रहे हैं। मेरी बेटी भी कल यह मानकर चलेगी कि उसका बाप उसके जन्म से पहले ही मर गया था।

—और अगर कल वह अपनी भूल का एहसास कर तुम्हारे सामने आ जाय तो?

—मरा हुआ आदमी लौटकर नहीं आता है, माँ।

—ज़िन्दा आदमी को मरा हुआ मान रही हो?

—जीते जी वह मरा हुआ इन्सान है। यह ऊपरवाले का ही काम है माँ, कि मेरी बेटी अपने बायोलॉजिक बाप पर कतई न जाकर अपने मामा पर गयी है।

—यह बायोलॉ...क्या कहा?

—माँ, भगवान कृष्ण की दो माएँ थीं एक जन्म देने वाली और एक परवरिश करने वाली। जन्म देना तो एक शारीरिक, सामाजिक विकास है माँ, पर परवरिश करना दैवत्व है। यह बात मुझे मेरी नर्सिंग कोर्स के दौरान जानने को मिली है।

—एक बात पूछूँ बेटी? कल अगर कोई तुमसे शादी करना चाहे तो...

—माँ, कल की बात को कल के लिए ही रहने दो।

—तुम्हारे और बच्ची दोनों का हित इसी में होगा कि...

—माँ! कल मैं इन्टरव्यू के लिए जा रही हूँ। नौकरी मिल जाने पर देखा जाएगा। वैसे भी मैं तुम्हें और फरीदा चाची को बता चुकी हूँ कि अपनी बेटी के लिए माँ और बाप, दोनों मैं ही हूँ।

17

इन्टरव्यू देकर आने के बाद मेरा विश्वास और भी दृढ़ हो आया था कि नर्स के लिए मेरा चयन होकर रहेगा। प्रश्नों के उत्तर मैंने अच्छी तरह दिये थे। वह एक महिला थी जिसने आख़िरी सवाल के रूप में मुझसे पूछा था :

—ब्रिटेन में नर्सों की तनख्वाह बहुत अच्छी होती है तो फिर आप मॉरिशस क्यों लौटीं?

मेरा उत्तर था—ब्रिटेन में मैं सीखने गयी थी। सीखती रही और काम भी करती रही। लौट आयी ताकि अपने देश के लोगों की सेवा, उनके उपचार कर सकूँ।

उस महिला की मुस्कान से ही मेरा विश्वास दृढ़ हो गया था। स्थानीय उम्मीदवार ज़्यादा थे। इंग्लैंड के कोई सात-आठ लोग थे जिनमें लड़कियाँ केवल दो थीं। वह व्यक्ति स्वास्थ्य मन्त्रालय की ओर से था जिसने मुझसे पूछा था कि लन्दन में मेरा कितने साल का अनुभव है। मैंने जब कहा कि सात साल से अधिक का, तो परीक्षकों ने एक-दूसरे को देखा था। दो-तीन मिनट तक तीनों व्यक्ति मेरे प्रमाणपत्र तथा दूसरे कागज़ातों को देखते रहे थे।

तभी से उम्मीद भरोसे में बदल गयी थी फिर भी मन में अगर-मगर का भाव खत्म नहीं हुआ था। सुन रखा था कि अंग्रेजी राज वाला अनुशासन अब कम ही देखने को मिलता है। उसकी जगह भाई-भतीजावाद और अपनी बिरादरी वाला दस्तूर चल पड़ा है। मेरी अपनी मान्यता तो यह थी कि आज़ाद देश में उपनिवेश के ज़माने से अधिक मान्यता योग्यता और क्षमता को मिलनी चाहिए।

मेरा छोटा भाई इस मामले में अपना अलग तेवर रखे हुए था। उसकी नज़र में यहाँ तो आज भी वही प्रथा चली आ रही है कि नौकरी चाहिए तो खरीदिए, राजनेताओं के रिश्तेदार बनिए। धर्म परिवर्तन कीजिए, वह प्रथा जो यहाँ दासता, गिरमिटिया मज़दूरी और अधीनता के जमाने में थी।

फिर भी मेरा अपना विश्वास सर्वोपरि था।

मैं बरामदे में थी जब रामजी चाची को सामने से आते हुए देखा। जब से लौटी हूँ कई बार माँ से कह उठी थी कि सभी लोगों से मैं मिलती रही केवल रामजी चाची से अभी तक नहीं मिल पायी। वह भी मुझसे मिलने नहीं आयी। उसे हमारे आँगन में दाखिल होते देख मैं बरामदे से बाहर आ गयी। वैसे भी रामजी चाची, रामजी चाचा की मृत्यु के बाद बीमार रहने लगी थी। वह हमारे घर जब भी आती थी अकेली नहीं आती थी। आज भी उसके पीछे उसका वह काला कुत्ता भी चला आ रहा था। करीब आने पर पता चला कि वह वही मोती नहीं था। मोती काले रंग का ज़रूर था पर उसके दोनों कानों के आसपास सफेदी थी। इस नयी कुतिया के पीछे-पीछे दो भूरे रंग के पिल्ले भी थे।

मैंने झपटकर चाची के चरण स्पर्श किये। उसने मुझे गले लगा लिया। चाची और मेरे पापा के बीच भाई-बहन का सम्बन्ध था और चाची पापा को राखी बाँधती थी। मुझे तो चाची न कहकर उन्हें मामी कहना चाहिए था पर गाँव में पहले

से चले आ रहे रिश्ते बड़े महत्त्व के होते हैं। बदले नहीं जा पाते। दोनों पिल्लों को देखकर विमला भी घर से बाहर आ गयी।

—चाची, तुम्हारा यह कुत्ता काटता तो नहीं?

—नहीं काटेगा। तुम्हारी बेटी है?

—हाँ चाची।

—अरी ओ गुड़िया, आ नानी को चुम्मा तो दे।

चाची के बाल मेरी माँ के बालों से कम सफेद हुए थे। उसके चेहरे पर झुर्रियाँ भी कम आयी थीं। विमला लन्दन में भी मेरी लैंड लेडी के कुत्ते से काफी जुड़ी हुई थी। उसने झट दोनों बच्चों में से एक को गोद में उठा ही लिया।

—विमला! कुत्तों से बाद में खेलना, पहले नानी से आकर तो मिलो।

वह पिल्ले को गोद में लिये ही रही। चाची खुद उसकी ओर बढ़ी और उसके दोनों गालों को चूमकर पूछा :

—तुम्हें यह बच्चा पसन्द है?

विमला ने मेरी ओर देखकर पूछा :

—ये क्या कह रही है माँ?

—अरे अमिता, तुम्हारी बिटिया तो कमाल की अंग्रेज़ी बोलती है।

घंटे भर चाची के साथ बातें होती रहीं। जाने से पहले उसने मेरे माध्यम से विमला से पूछा—तुम्हें इन दोनों में से कौन पसन्द है?

विमला को तो गोया कि सुलेमान का ख़जाना मिल गया था।

तीसरा भाग

1

रोज़गार दफ्तर में पंजीकरण और स्वास्थ्य मन्त्रालय में अपने प्रमाणपत्र तथा अन्य काग़ज़ातों को छोड़े पाँचवाँ दिन था। मेट्रन सोफिया और अस्पताल के अध्यक्ष की सिफारिशी चिट्ठियाँ भी साथ में संलग्न थीं। इधर पूरे सप्ताह मैं डाकिये की राह देखती रही थी। सूर्या के उस रिश्तेदार से भी मिल आयी थी जिससे सूर्या पहले ही फ़ोन पर मेरे बारे में बता चुकी थी। दिन लम्बे होने लगे थे। मुझे उस तरह से बेसब्र पाकर भैया हर शाम यह कहकर मुझे धैर्य दिला जाता कि सरकारी तन्त्र में तो अफसरों को किसी तरह की जल्दी होती ही नहीं। आज सुबह-सुबह वह यह कहकर नौकरी के लिए घर से निकले थे कि आज और कल में मुझे स्वास्थ्य मन्त्रालय से पत्र मिलकर रहेगा।

शाम चार बजे तक मैं डाकिये की राह तकती रही। हमारे इलाके में उसकी साइकिल की घंटी की आवाज़ भी सुनाई नहीं पड़ी। सूरज को ढलता हुआ देखती रही। इतना सुन्दर सूर्यास्त लन्दन में देखने को कभी मिला ही नहीं। हुस्ना मेरी बगल में थी। वह पूछ भी उठी कि क्या इतना शानदार सूरज लन्दन में भी देखने को मिलता है।

—मैं तो साढ़े सात साल में कभी भी नहीं देख पायी।

पश्चिमी क्षितिज पर बादलों के टुकड़े सिन्दूरी रंग में लिपटे दिख रहे थे। परात जैसा लाल सूरज अलसाई चाल से नीचे को उतरता गया। क्षितिज से तट के पानी में लाल चादर फैलाये और समुद्र की तरंगों को स्वर्णिम करके एकाएक अपनी पूरी गोलाई के साथ सागर में डुबकी ले ही बैठा। तट से कुछ ही दूरी पर की सफेद नौकाएँ जाफ़रानी रंग की दिखने लगी थीं। हम दोनों जहाँ खड़े थे वहाँ से हटने को जी नहीं कर रहा था। सूरज के ओझल होते ही पक्षियों के झुंड एक लम्बी पंक्ति में क्षितिज पर अपने घोंसलों को लौटते दिखाई पड़े। सामने के खूबसूरत मंज़र की सुन्दरता और भी बढ़ आयी थी।

हुस्ना के साथ मैं उस वक्त तक किनारे पर खड़ी अपने पैरों में रेत की ठंडक और लहरों की गुदगुदी का आनन्द लेती रही। उस वक्त तक हम दोनों

कपासी बालू पर खड़े रहे जब तक कि क्षितिज की लालिमा बदलकर सुरमयी न हो गयी। तट को छोड़ हम आम रास्ते पर पहुँचे ही थे कि बायीं ओर से जीवनलाल चाचा हमारे एकदम सामने आ गये। बोले :

—मैं तो तुम्हीं से मिलने तुम्हारे घर जा रहा हूँ।

—चलो अच्छा हुआ हम रास्ते ही में मिल गये। चाची कैसी हैं?

—वह तो एकदम ठीक-ठाक हैं बस मैं...

—क्यों आप को क्या हुआ चाचा?

—इधर तीन दिन से सर्दी-जुकाम से पीड़ित तो था ही। कल रात से अपना पुराना गठिया का रोग भी सताने लगा है। रात-भर दर्द से कराहता रहा।

—तो फिर आप इस इतनी ज़ोरदार हवा में बाहर क्यों...?

—डॉक्टर ने इन्जेक्शन दिया है। बस सुई लगवाने तुम्हारे पास पहुँच रहा हूँ।

—यह तो कमाल हो गया, चाचा। आज दिन भर मैं यह सोचती रही थी कि मुझे पहला उपचार किसका करना होगा।

समुद्र किनारे मैं हुस्ना से भी यही बात कह रही थी कि नर्स अपने बगल में मरीज और डॉक्टर के बिना कितनी अधूरी होती है। अस्पताल से दूर अच्छा नहीं लग रहा। मैं तो बचपन में दवा और इंजेक्शन से जितनी अधिक घबराती थी आज उनसे कितना गहरा रिश्ता बन गया!

मैंने चाचा से कहा :

—मेरे लिए तो यह बहुत खुशी की बात है चाचा, कि अपने पेशे की शुरुआत मैं आपसे करने जा रही हूँ।

—मैं तो सोच रहा था कि अब तक कई रोगी तुम तक आ गये होंगे।

—मेरे भाग्य में आपका आशीर्वाद मिलना था इस सेवा कार्य के लिए।

—कहाँ काम शुरू करने को सोचा है?

—जहाँ भी मिल जाए, चाचा। अस्पताल न मिले तो किसी डिस्पेंसरी में भी...।

—विलायत से पढ़कर आयी हो, अस्पताल में नौकरी क्यों नहीं मिलेगी?

—कोशिश तो कर रही हूँ कि शिवसागर रामगुलाम नेशनल अस्पताल में नौकरी मिल जाये तो मेरे लिए और भी अच्छा रहता। न मिली तो शहर के सिविल अस्पताल के लिए कोशिश करूँगी।

—तुम कहो तो मैं स्वास्थ्य मन्त्री से बात करूँ?

—नहीं चाचा। मैं राजनेताओं की सिफारिश नहीं चाहती। वैसे भी लन्दन से मेरे पास दो रेकमेंडेशन पत्र हैं।

2

मॉरिशस लौटने के दस दिन बाद मैं अपने दोनों भाइयों के साथ अपने गाँव में हुए घोर परिवर्तन को देख सकी। गाँव के इस छोर तक रास्ते के इस पार और उस पार घर बँगले और दुकानें अपनी-अपनी भव्यता की एक-दूसरे से होड़ लगाये प्रतीत हो रहे थे। समन्दर भी पीछे नहीं था। कहाँ मैं दस-बारह नावों को पानी के भीतर और तट से बँधे पाती रही थी और कहाँ अब चन्द ही छोटी नावों के बीच वृहद नावों का हुजूम देख रही हूँ। जहाँ जंगल और चट्टानें थीं ,वहाँ भी इमारतें और शानदार बँगले दिखाई पड़ रहे हैं।

रास्ते में जाने-पहचाने लोगों से मिलते हुए उस ठौर से भी गुज़रना पड़ा जहाँ मैं एक अमानुष की हवस का शिकार हुई थी। मेरा छोटा भाई विमला का हाथ थामे आगे-आगे चल रहा था। मैं सुधीर भैया की बगल में चल रही थी। मैंने अपने चेहरे पर कोई भी ऐसा भाव आने नहीं दिया जिससे मेरे भीतर के प्रतिशोध की भावना झलक आती। मैं मन-ही-मन यह प्रार्थना कर रही थी कि वह वहशी मुझे दिखाई न पड़ जाए।

आहिस्ता चलते हुए कोई आधे घंटे बाद हम चारों व्यक्ति ग्राँ-बे पार करके उस तट पर जा पहुँचे जहाँ से समन्दर के भीतर का वह पहाड़नुमा जज़ीरा एकदम करीब लग रहा था। तेरेज़ के पिता की नाव में मैं दो बार उसका चक्कर काट आयी थी। एक बार तो अचानक आयी तेज़ हवा में पालवाली हमारी नाव डगमगा उठी थी। मुझे सहमे हुए पाकर मेरी सहेली ने मुझे अपनी बाँह में जकड़ लिया था। तेरेज़ के पिता मेरे पापा के अत्यन्त ही घनिष्ठ मित्र थे। उसकी माँ हमारे घर जब भी आती तो मछलियाँ लिये आती थी। मुझसे कहती :

—माँस नहीं खाती हो तो ठीक है पर मछलियाँ तो खा सकती हो।

मैं मुस्कराकर रह जाती।

हम अपने साथ घर से खाने की चीजें और पीने के लिए पानी के साथ कोकाकोला भी लाये थे। बालू से होकर हम उस चौड़ी चट्टान पर जा बैठे। हमसे कुछ ही दूर पर समुद्री लहरें चट्टानों से टकराकर श्वेत फेनिल छींटों के साथ पसरती रही थीं। तट से टकराती लहरों की सरसराहट बड़ी प्यारी लग रही थी।

विमला के साथ मैं उस ठौर पर जा पहुँची जहाँ लहरों का झाग हमारे पाँवों को पखार जाता था। तट से कुछ नावें बँधी हुई थीं। भीतर से एक नाव किनारे की ओर बढ़ रही थी। तट पर हमसे कुछ ही दूरी पर नावों से उतरी ताज़ा मछलियों की बिक्री और खरीदारी हो रही थी। मुझे लग रहा था कि मुद्दत बाद अपने देश के समुद्र के आनन्द का एहसास पा रही हूँ।

जब हवाई जहाज़ से नीचे समन्दर को देखा था तो लगा था कि अरे, इस लम्बे अन्तराल के बावजूद हमारा समन्दर आज भी वही भव्यता लिए हुए है! वही नीले रंग की विविधता, हरे रंग के अलग-अलग रंगत। लहरों की वही थपकियाँ, ज्वार भाटों के वे ही प्रलयंकर उफान। प्रवाल रेखा तथा किनारे पर फैलती वही दूधिया चादर, वही फेनिल कालीन।

समन्दर में कोई परिवर्तन नहीं आया था।

परिवर्तन तो गाँवों और शहरों में इस कदर हुआ था कि पहला ख्याल तो ज़ेहन में यह उत्पन्न हो आया था कि कहीं मैं भगवान कृष्ण के यहाँ से लौटे हुए सुदामा की छाया तो नहीं थी। लन्दन को मैंने जिस रूप में साढ़े सात साल पहले देखा था, उसे छोड़ते हुए भी उसी रूप में पाया था। मेरी इस हैरानी पर भैया ने कहा :

—यह सही है कि इधर इन पाँच वर्षों में बड़ी तेजी का परिवर्तन आया है इस देश में। पर इसके कई कारणों में एक कारण तो यह भी है कि तूफानों की तबाही ने हमें यह अवसर दिया कि हम अपनी पुरानी झोंपड़ियों और इमारतों को नये रंग रूप के साथ मजबूत भी बनाएँ।

मैं भैया की बातों को ध्यान से सुन रही थी कि किसी ने पीछे से मेरी आँखों को ढाँप लिया। मैंने झट अपनी हथेलियों को उन हाथों पर रखकर जानने की कोशिश की कि वे हाथ किसके हैं। अँगुलियों पर हाथ फेरने के बाद जब पता चला कि दायें हाथ की छोटी अँगुली का नाखून वाला भाग नदारद है। पहचानते देर नहीं लगी और मैंने उन दोनों हाथों को अपने हाथों में लिये अपनी आँखों से अलग करके कहा :

—तेरेज़।

फिर तो हम दोनों एक-दूसरे से लिपट गयीं।

हम दोनों हमउम्र थीं। जब पाँच-छह साल की थी तो एक दिन समुद्र किनारे बिलों से केकड़े पकड़ते समय एक तगड़े केकड़े ने तेरेज़ की अँगुली को दबोच लिया था।

3

इधर सप्ताह भर से विमला अपनी नानी के साथ सोने लगी थी। दोपहर में नानी के साथ हिन्दुस्तानी फिल्में और सीरियल देखती थी। सुबह माँ उसके साथ बैठकर कार्टून देखती। विमला जब माँ के साथ सोने चली गयी तो मैं अनिल के साथ

उसके कमरे में बैठकर पहले तो सुधीर भाई के बारे में बातें करती रही। मैं यह माने बैठी थी कि भैया सूर्या के पत्र पढ़ने के बाद से कुछ अधिक खोया-खोया-सा रहने लगा था।

उसके पत्र सौंपने के सप्ताह भर बाद मैंने उससे पत्र के बारे में पूछने की हिम्मत की थी। उसने मुझे चिट्ठी का मजमून न बताकर चिट्ठी ही मेरे हाथ में थमा दी थी। पूरी चिट्ठी एक गुनहगार की क्षमा याचना का भाव लिए हुई थी। मेरा अपना अन्दाज़ा सही था। लेकिन पत्र का अन्तिम अनुच्छेद मुझे तिलमिला गया था।

''...डॉक्टर बनने की पक्रिया के दौरान मैं तुमसे दूर रहकर भी हर समय भगवान से यही प्रार्थना करती रही थी कि वह तुम्हें उस खतरनाक जानलेवा रोग से बचा ले। मेरी ओर से तुम्हारी चिकित्सा और दवा से पहले भगवान ने तुम्हें बचा लिया। यह मेरे जीवन की सबसे बड़ी कामयाबी, सबसे बड़ी खुशी है। तुमने मुझे प्यार किया था और मैं भी तुम्हारे प्यार को आत्मसात करके तुम्हारी बावली बन गयी थी। आज भी हूँ। प्रमोद को मैं उतना प्यार कभी नहीं कर पाऊँगी फिर भी उसके साथ ब्याह करने को मैं राज़ी हूँ। तुम मुझे जितना प्यार करते थे मैं उससे दुगुना अधिक प्यार तुम्हें करती रही। करती रहूँगी। सुधीर! मुझे तुम्हारी पत्नी न बन पाने का दुख नहीं। दुख तो इस बात का है कि तुम्हारी होकर भी मैं तुम्हारी नहीं रही। बावजूद इसके मैं तुम्हारी न होकर भी तुम्हारी ही रहना चाहती हूँ।''

अनिल ने मुझसे कुछ पूछा था, मैं जवाब नहीं दे पायी। उससे कहा :

—क्या पूछा था तुमने?

—कहीं ऐसा तो नहीं कि सूर्या के मॉरिशस न लौटने की बात से भैया इतना अधिक गमगीन हैं, हो सकता है कि उसी हताशा के कारण वह इतना अधिक पीने लगे हों।

—हो सकता है...लेकिन...।

—लेकिन क्या?

—भैया के इस तरह पीने की कोई और भी वजह हो सकती है।

—क्या वजह हो सकती है?

—यही तो हमें जानना है।

—पर दीदी, जब तक भैया घर के भीतर पीते थे तो ऐसी स्थिति कभी नहीं आयी थी।

—शराबखाने में पीने की लत कब से हुई?

—वैसे तो एकाध बार मित्रों के संग ऐसी नौबत आ जाती थी पर होशो-

हवास खोने की नौबत कभी नहीं आयी। दीदी, वह पत्र जो तुमने भैया को दिया था वह तो सूर्या का लिखा हुआ था न! कहीं ऐसा तो नहीं कि...

—ऐसा होता तो उसी दिन से भैया अपने को शराब में डूबो देना शुरू कर देता।

—तुम्हें मालूम है उस चिट्ठी में क्या था?

—सूर्या ने एक भारतीय डॉक्टर से अपनी शादी की बात लिखी है।

—तुम्हें नहीं लगता कि इसी का असर...

—चिट्ठी पढ़े तो दस दिन से अधिक हो गये। अगर उसका असर होता तो तत्काल देखने को मिल जाता। कोई और वजह है।

अनिल के अपने कमरे में चले जाने के बाद भी मेरी अस्थिरता बनी रही।

बिन जवाबों के कई सवाल ज़ेहन में उभरते रहे, कौंधते रहे।

कहीं ऐसा तो नहीं...?

एक ही बार कई ख्यालों की टकराहट दिमाग के भीतर झनझनाती रही। आखिर नींद आने से चन्द मिनट पहले मैंने अपने मस्तिष्क की अटकलबाजी को झकझोरकर अपने आपसे कहा :

—नाहक बात का बतंगड़ बनाने लग गये।

4

हुस्ना अपने दूसरे निकाह के लिए राज़ी हो गयी थी। इस बात से मैं हमीद चाचा और फरीदा चाची से अधिक खुश थी। जिससे शादी होने जा रही थी उसकी एक बच्ची विमला की ही उम्र की थी। उसका यह भावी खाविन्द सरकारी स्कूल में उर्दू पढ़ाने का काम करता था।

हम उसी चट्टान पर बैठे थे जहाँ बचपन से बैठते आ रहे थे। वक्त के साथ समन्दर की विद्रोही लहरें चट्टान की छाती को भेदकर जहाँ-तहाँ गड्ढे बना चुकी थीं जिनमें पानी जमा हो आया था। इनमें से कुछ कुंडों में रंग-बिरंगी नन्हीं मछलियाँ तैरती नज़र आ जाती थीं। हम जब छोटी थीं तो मछलियों को पानी के भीतर से अँजुलियों में छानकर उनसे गोया बातें करते रहती थीं। फिर हम उन्हें कुंड में छोड़ देते थे।

अब पहले जैसी नन्हीं मछलियाँ तो नहीं थीं फिर भी हर कुंड में दो-चार तो दिखाई पड़ ही जाती थीं। मैंने हुस्ना से कहा :

—अगर लोग मछलियाँ नहीं खाते तो ये सारे समन्दर की आबादी कितनी निराली होती!

—तुम सही कह रही हो मिता। हम लोग जब छोटे थे तो आईने की तरह साफ़ पानी में रंग-बिरंगी मछलियाँ आँख-मिचौली खेलती नजर आती थीं।

धीरे-धीरे हवा तेज़ हो आयी थी कि उसके साथ लहरें भी गति पकड़ गयी थीं। हम दोनों जहाँ बैठी हुई थीं वहाँ तक लहरें पहुँचने लगी थीं। हमारे ठीक आगे कुछ ऊँची एक चट्टान थी जिससे टकराकर लहरें दूधिया झाग की बेशुमार बूँदों में छितरकर हमारे ऊपर आ गयीं। हुस्ना तो झट उठकर पीछे किनारे की ओर उचक गयी, पर मैं आँखें मूँदे उन स्पर्शों की शीतलता का एहसास लेती रही। लेकिन थोड़ी ही देर बाद जब लहरें ज्वार का रूप धारण कर गयीं तो मुझे भी उठना ही पड़ा।

हम दोनों आटे जैसी श्वेत बालू पर जा बैठे।

कुछ ही दूरी पर दो बच्चे घरौंदा बनाने में लगे हुए थे। मुझे अनायास ही अपने बचपन की कई यादें ताज़ा हो आयीं। हम दोनों सहेलियाँ भी एकदम इसी तरह, इसी ठौर पर घरौंदे बनाती रहती थीं। कभी चन्द मदमाती लहरें आकर हमारे घरौंदों को तोड़ जातीं तो कभी कुछ उछलते-फाँदते हम दोनों से बड़ी उम्र के लड़के उन्हें रौंद जाते थे।

—हुस्ना!

—क्या बात है मिता? एकाएक इतनी गम्भीर क्यों हो गयी?

—सोच रही हूँ।

—क्या सोच रही हो?

—बचपन में लोग हमारे घरौंदे तोड़ जाते थे और बड़े हो जाने पर हमारे अरमान भी इसी तरह टूटकर बिखर जाते हैं।

—बिखर नहीं जाते, तोड़ दिये जाते हैं।

—आदमी अपनी औक़ात का बन्दी होता है।

—क्या मतलब?

—मैंने मन-ही-मन हमेशा यह चाहा था कि एक दिन डॉक्टर बनूँगी और अपने भैया के साथ-साथ सभी रोगियों को चंगा करूँगी। सपना डॉक्टर बनने का देखती रही थी और नर्स बनकर रह गयी। सूर्या की औक़ात थी वह तो डॉक्टर बन गयी लेकिन...

—चुप क्यों हो गयी?

—मुझे नहीं लगता कि वह अपने इस देश को वापस लौटेगी। वह या तो इंग्लैंड में बस जाएगी या भारत चली जाएगी। खैर! मुझे अपने देश के ज़रूरतमन्दों की सेवा करने का अवसर भी मिला। हो सकता था कि मैं भी प्यार के बावलेपन में अपने घर, अपने गाँव और अपने देश को भूलकर फ्रांस चली जाती। फ्रेडरिक

की जिस बेवफ़ाई से मैं व्याकुल हो उठी थी, आज मैं उसे शुक्रिया अदा करना चाह रही हूँ। मुझे भारी ठेस पहुँचाकर अनजाने में उसने मुझे यह सुनहरा अवसर तो दे ही डाला कि मैं अपने देश और देशवासियों की सेवा में लग जाऊँ।

—पर कब तक नौकरी का इन्तज़ार करती रहोगी?

—अरे तुम तो वहीं थी जब मैं यही रोना फरीदा चाची के सामने रोयी थी और उसने मेरे कन्धे पर हाथ रखकर बड़े ही प्यार से कहा था :

—सबूरी का फल मीठा होता है, बेटी।

—यह हुई न बात। तो फिर तुम्हें मेरे लम्बे इन्तज़ार की चिन्ता क्यों?

—मेरा इन्तज़ार भी तो लम्बा होता जा रहा है।

—निकाह का?

—अरे नहीं! तुम्हें नर्स के रूप में देखने को बेताब हूँ मैं। ख़ुदा करे तुम्हारी नौकरी शिवसागर रामगुलाम अस्तपाल में ही लग जाए।

5

लन्दन से मैंने तेरेज़ को जो चिट्ठियाँ लिखी थीं उनमें से केवल दो के उत्तर उसने दिये थे। दूसरे पत्र से यह साफ़ ज़ाहिर हो गया था कि तेरेज़ अपनी भावनाएँ किसी दूसरे व्यक्ति से व्यक्त करवाने के पक्ष में नहीं थी। वह कभी स्कूल नहीं गयी थी। उसे अक्षर-ज्ञान बिल्कुल नहीं था। उसका बाप जितना कुशल मछुवारा था, उतना ही कुशल नाविक भी था। लेकिन शराबी भी अव्वल दर्जे का था। अपनी कमाई का दो-तिहाई भाग अँगूरी शराब में गँवा देता था। घर में सिर्फ एक तिहाई ही देता था।

ग्राँ-बे में तेरेज़ के परिवार की कोई ज़मीन नहीं थी इसलिए उसका बाप ओरास समुद्र तट की सरकारी ज़मीन पर अपना घर बनाकर परिवार के साथ रहता था। ग्राँगोब से वे ग्राँ-बे आये थे। तब न मेरा जन्म हुआ था और न ही तेरेज़ का। मैं अपने पापा से तेरेज़ के बाप की कहानी सुनती आयी थी। तेरेज के जन्म के दो साल बाद ओरास को सरकारी ज़मीन छोड़नी पड़ी थी।

मेरे पापा ने हमारी ज़मीन में तेरेज़ के बाप को एक झोंपड़ी बनाने की इजाज़त दी थी। कोई चार साल हमारे करीब रहकर वह परिवार हमसे दूर गाँव के दूसरे छोर पर जा बसा था। सरकार की ओर से गृहहीन लोगों के लिए जो क्वार्टर बने थे, उसी में तेरेज़ के परिवार को भी एक घर नसीब हो गया था। एक-दूसरे से दूर होकर भी हम दोनों सहेलियों का मिलना-जुलना होता ही रहता था, चाहे सप्ताह या दो सप्ताह बाद ही क्यों न सही।

इतने दिनों बाद तेरेज़ से मिलकर मैं बचपन की यादों को अपने सामने साकार होते पाने लगी। तेरेज़ मुझे हमेशा 'ला बेल' कहकर पुकारा करती थी। मैं समझ नहीं पा रही थी कि उसके 'सुन्दरी' सम्बोधन में व्यंग्य था, खुशामद थी या सचमुच मेरी तारीफ़। हमारे घर की पुरानी आलमारी के धुँधले आईने के सामने खड़ी होकर मैं कई बार यह तय करना चाहती रही कि क्या साँवलेपन के बावजूद मैं सचमुच सुन्दर थी? और एक दिन तो मैं अपनी माँ से पूछ ही बैठी थी :

—माँ! क्या साँवली लड़कियाँ भी सुन्दर होती हैं?

माँ तो पहले मुझे चुपचाप देखती रही थी। मुस्करायी थी और खुद सवाल कर बैठी थी :

—ऐसा क्यों पूछ रही हो?

—क्योंकि जब भी मैंने तुम्हें और फरीदा चाची को लड़कियों के बारे में बातें करते सुना है तो बस यही कि...हाँ, लड़की तो देखने में अच्छी है पर कुछ साँवली है।

मेरे पापा भी उस समय रसोई में बैठे थे। माँ मेरे इस तर्क पर कुछ कह पाती कि इससे पहले पापा बोल उठे :

—भगवान कृष्ण को गोपियाँ इतना क्यों चाहती थीं?

अपने प्रश्न का उत्तर उन्होंने खुद दिया।

—क्योंकि वह गोकुल के सबसे सुन्दर व्यक्ति थे। जानती हो क्यों?

अपने इस प्रश्न का भी जवाब पापा ने ही दिया :

—क्योंकि कृष्ण जी साँवले थे।

तेरेज़ तो मुझसे भी अधिक साँवली थी पर गोरी लड़कियों से अधिक आकर्षण लिए हुए बेहद प्यारी लगती थी। जब मुझे उसने बताया कि वह आज अविवाहित है तो मुझे आश्चर्य हुआ क्योंकि मेरे देश छोड़ने से पहले उसका ग्राँगोब के एक लड़के से इश्क का मामला चल रहा था। मैंने पूछा :

—पर तुम्हारी और पास्कल की तो मँगनी होने...?

—होनेवाली थी पर नहीं हो पायी।

—क्यों?

—खैर! छोड़ो इसे। नू पा कोज़ ले पासे।

—क्यों हम बीते दिनों की बात न करें?

—जानना ही चाहती हो? तो सुनो! मैं पास्कल को बेहद प्यार करती थी।

यह कहकर वह चुप हो गयी। मैंने उसे चुप पाकर कहा :

—आगे की बात बताओ।

—आगे की बात यह है लाबेल कि वह मुझसे धन्धा करवाना चाहता था।

एक दिन ग्राँगोब में एक गोरे के बँगले में मुझे...। खैर! मैं खिड़की फाँदकर वहाँ से भाग पायी थी।

मैंने आँखें मूँद लीं सोच उठी। काश मैं भी खिड़की फाँद पाती!

6

सूर्या से फ़ोन पर बातें करने के बाद मैंने पाया कि मेरी बेसब्री और भी बढ़ आयी। हुस्ना के यहाँ से घर आने पर अपने छोटे भाई को परेशान पाया। वह बरामदे में तनाव लिये आवाजाही कर रहा था। मुझे देखते ही मेरे सामने चेहरे पर बेचैनी का भाव लिये खड़ा हो गया। मुझे पूछना ही पड़ा :

—क्या बात है अनिल?

—भैया आज फिर पीकर आ गया।

—शराबखाने से?

—हाँ, और एकदम नशे में चूर।

—मना करने के बावजूद वह शराबखाने जाकर ही रहा।

रसोई में माँ और विमला की अँग्रेजी और भोजपुरी मिश्रित बातें चल रही थीं। कोई पन्द्रह मिनट पहले मैं भी दोनों के साथ थी। माँ को पराँठे तैयार करने में हाथ बटा रही थी कि इसी बीच हुस्ना ने अपनी खिड़की से आवाज़ देकर मुझे बताया था कि मेरे लिए भारत से फ़ोन था। मैं झपटकर पहुँची थी। डॉ. प्रमोद शर्मा के घर से सूर्या ने फ़ोन किया था।

मॉरिशस में रात के साढ़े सात बज रहे थे और भारत में नौ बज रहे होंगे। सूर्या ने पहले यह बताया कि वह लम्बी बातें नहीं कर पाएगी क्योंकि दस बजे उसे आगरे की ट्रेन पकड़नी थी। उसने बस इतना बताया कि उसकी बात उसके रिश्तेदार से हो गयी थी। मेरे प्रमाणपत्र और लन्दन के अस्पताल की अनुशंसा से मन्त्रालय काफी प्रभावित था। उसे यह आश्वासन भी दिया गया कि दो-तीन दिन के भीतर मुझे इन्टरव्यू के लिए बुलाया जाएगा।

मैं इसी बात की कुछ खुशी और कुछ बेताबी को लिये माँ का हाथ बटाने के लिए रसोई की ओर बढ़ रही थी कि अनिल मिल गया। भैया के बारे में सुनकर मैं रसोई की ओर न जाकर भैया के कमरे की ओर मुड़ गयी। उसका दरवाज़ा अधखुला था। कमरा अँधेरे में डूबा था। मैंने बत्ती जलायी और भैया को चारपाई पर बेसुध-सा देखा।

मैंने उसके कन्धे को हिलाकर कहा :

—भैया!

बिना कुछ कहे उसने अपने सिर को दायें से बायें कर लिया। मैंने दोबारा उसे झकझोरा और बिना आँखें खोले उसने उनींदी आवाज़ में पूछा :

—क्या है?

—आप खाना खाये बिना सो रहे हैं। उठिए, आपसे बात करनी है।

वह चुप रहा। इस बार मैंने उसके दोनों कन्धों को थामकर उसे झकझोरा।

—हूँ, हूँम...

—उठो। लो, तकिये के सहारे बैठो। मुझे तुमसे बातें करनी है भैया, उठो।

—हो गयी?

—क्या?

—सुबह हो गयी?

—हाँ, सुबह हो गयी, उठो।

उसने करवट बदलकर अपने चेहरे को दीवार की ओर कर लिया। अनिल भीतर आ गया और बोला :

—दीदी! इसे जगाना या बातें करना बेकार है। इसे तो यह भी मालूम नहीं कि वह कहाँ है। सुबह बात करेंगे। चलो, माँ तुम्हें रसोई में बुला रही है।

मैंने भैया के पाँवों के पास से चादर उठायी। उसे खोला और भैया के बेसुध शरीर पर फैल जाने दिया।

उसने अपने एक पाँव से चादर को पीछे सरकाते हुए कहा :

—वि...विम...

विमला का नाम पूरा किये बिना उसने दोबारा करवट बदली। मैंने दोबारा उसे चादर ओढ़ायी और अनिल के साथ कमरे से बाहर निकल आयी। अनिल ने मुझसे कहा :

—दीदी, मुझे लगता है कोई-न-कोई ऐसी बात जरूर हुई होगी जिसके कारण भैया इतना ज्यादा पीकर आया है।

—ऐसा क्या हो सकता है?

—यह तो उसके होश में आने पर ही पता चल सकता है...पर वह बताये तब तो। तुम तो भैया की खामोशी को जानती ही हो।

हम जब रसोई में पहुँचे तो हमने विमला को चौकी पर रोटी बेलते हुए पाया। गोया कि मॉरिशस का नक्शा था चौकी पर। माँ उसका लुत्फ़ ले रही थी।

7

अपने बचपन के दिनों में मैं एकदम लापरवाह थी। रसोईघर की कोई चीज आँगन में रख आती और आँगन की कोई वस्तु रसोई में रख आती। अपने तो बहुत सारे खिलौने थे ही नहीं, बस कपड़ों की बनी एक गुड़िया थी और भैया का दिया हुआ प्लास्टिक का एक बन्दर। आँगन में आम के पेड़ के नीचे उनसे खेलते और उनकी शादी रचाते मैं उन्हें पेड़ के नीचे छोड़ आती। उन्हें वापस घर में लाते हुए माँ मुझे कोस बैठती थी। स्कूल के दिनों में भी पुस्तकों को कभी रसोई में तो कभी पपीते के पेड़ के नीचे सील के पास छोड़ आती थी। कुछ बड़ी हुई तो लापरवाही कुछ कम हुई पर उसकी जगह अधिक बातूनी हो चली थी। माँ कहती कि मैं तो घर में रेडियो की कमी को पूरा करती हूँ। स्कूल की सारी बातों को मैं बाँचती रह जाती थी। यह आदत छूटी तो मेरे पापा के शब्दों में मैं राजा हरिश्चन्द्र की तरह दानी बन बैठी थी। माँ के अनजाने में तेरेज़ के घर तेल या चीनी दे आती तो हुस्ना के यहाँ भैया का फ्रेंच अखबार और पापा का हिन्दी अखबार चाचा के लिए छोड़ आती थी। ऐसा करके मुझे अद्‌भुत सुख प्राप्त होता था। मेरी इन हरकतों पर मेरे पापा तो हँस पड़ते थे पर माँ कह उठती थी कि मैं घर का आटा गीला कर रही हूँ।

लन्दन से लौटकर जब मैं आसपास के सभी साथियों के लिए छोटे-मोटे तोहफ़े लायी तो माँ ने आखिर मेरे प्रति एक अच्छी बात तो कह ही डाली थी :

—जितना बाँटोगी, उतना ही पाओगी, बेटी।

यह मेरी माँ का आशीर्वाद था।

तेरेज़ से मिलने पर मैंने उससे कहा था कि शनिवार की शाम मैं उसके घर पहुँचूँगी। मैं जब विमला के साथ घर से निकलने लगी तो माँ ने मेरे हाथ के प्लास्टिक बैग को देखते हुए कहा :

—इतनी सारी चीजें तेरेज़ के लिए ले जा रही हो?

—माँ! तुमने यही बात हुस्ना के लिए भी कही थी। यहाँ भी तीन व्यक्ति थे, वहाँ भी तीन व्यक्ति हैं और फिर तेरेज़ की माँ तुम्हारी सहेली रही हैं और उसके पिता पापा के मित्र हैं।

अनिल जो कि बगल में खड़ा था, बोला :

—दीदी, तुम्हें तो वकील बनना चाहिए था : नर्स क्यों बनी?

इस बात की जानकारी मुझे तेरेज ही से मिली थी कि शनिवार को उसके पिता घर ही पर रहते हैं। शुक्रवार की रात को वह नाव लेकर मछलियों के लिए निकलते हैं और शनिवार की सुबह लौट आते हैं। मैंने अपनी घड़ी देखी। सुबह

के आठ बज रहे थे। यही समय मैंने तेरेज़ को दिया था और यह भी कहा था कि देर भी हुई तो मैं साढ़े आठ बजे से पहले ही उसके यहाँ पहुँच जाऊँगी। उसका घर हमारे घर से दस मिनट के रास्ते पर था। यह तय था कि रास्ते में कई लोग मिलेंगे और उनसे बातें करने में दस-पन्द्रह मिनट तो लग ही जाएँगे।

वैसा ही हुआ। फिर भी आठ बीस पर मैं तेरेज़ के घर पहुँच ही गयी। तेरेज़ के पिता क्रिओली के साथ-ही-साथ भोजपुरी भी बहुत अच्छी बोल लेते थे। मुझे देखते ही बोले :

—आजा बिटिया। हम त तोहरे राह देखत रहलीं।

तेरेज़ के साथ उसकी माँ भी बाहर आ गयी। तेरेज़ ने विमला का हाथ थाम लिया और हम लोग घर के भीतर पहुँचे। तेरेज़ का घर भी वह नहीं था जो मैं छोड़कर गयी थी। घर के चारों ओर फूलों के गमले थे। जिस कमरे में हम बैठे, उसकी दीवार पर ईसा-मसीह और वर्जिन मेरी की तस्वीरें थीं। दूसरी ओर दो मशहूर फ्रेंच गायकों टिनोरोसी और जॉर्ज गेतारी की तस्वीरें थीं। तेरेज़ के पिता टिनोरोसी के गानों को अपनी गिटार की धुन के साथ बड़ी खूबी के साथ गा लेते थे। उनकी वह गिटार भी उनकी जवानी की याद दिलाती हुई दीवार से टँगी हुई थी। अपना फ्रेंच गाना सुनाने के बाद वह मुझसे हिन्दी गाने सुनकर ही अपनी जगह से उठते थे।

विमला अपनी टूटी-फूटी क्रिओली में उनके सवालों के जवाब बारी-बारी से देती रही और हम सभी हँसते रहे। मैंने पहला तोहफा तेरेज़ की माँ के हाथों में थमाया, फिर उसके पिता को और अन्त में तेरेज़ को। तेरेज़ की माँ ने मेरे गालों को चूमकर कहा :

—अमिता! इतनी दूर जाकर इतने सालों बाद भी तुम हमें याद किये रही?

—क्यों, ताँचीन क्या आप हमें भूल गयी थीं?

उत्तर तेरेज के पिता ने दिया :

—मैं तो आज भी तुम्हारे उस गाने की धुन को अपनी गिटार पर बजाता रहता हूँ।

और मेरे कहते देर नहीं लगी कि दीवार से गिटार उतारकर वह उस धुन को बजा उठे :

—घर आया मेरा परदेशी...।

मैं लौटने को हुई तो तेरेज़ ने मेरे हाथों में एक टोकरी थमा दी और बोली :

—तुम्हारे लिए नहीं, क्योंकि तुम तो मछली खाती ही नहीं। घर के बाकी लोगों के लिए।

8

मॉरिशस छोड़ने से पहले सूर्या ने एक दिन मुझसे कहा था कि प्यार में जब आमने-सामने होते हैं तो घंटा मिनट की तरह बीत जाता है। लेकिन जब एक-दूसरे से दूर होते हैं तो मिनट घंटे की तरह लम्बा प्रतीत होता है।

आज वह मेरे सामने होती तो मैं उससे कहती कि जब आदमी काम में मशगूल रहता है तो समय मिनट में बीत जाता है। लेकिन आदमी जब नौकरी के अभाव में काम करने की बेचैनी लिये होता है तो मिनट घंटे की तरह लम्बा हो जाता है।

हमारे घर टेलीविज़न तो मेरे लौटने से बहुत पहले आ गया होगा पर टेलीफ़ोन अभी तक नहीं था। भैया से पता चला था कि साल भर से अधिक होने को था जबसे आवेदन भेजा गया है। इस बीच उसने दो चिट्ठियाँ भी लिखीं और पोर्टलुई के टेलीकॉम विभाग भी पहुँचा था। हर बार उससे यही कहा जाता रहा था कि इस समय नयी लाइन नहीं है, होते ही हमारे घर फ़ोन लग जाएगा।

इस सूचना के बाद भैया बोल पड़ा था :

—ये टेलीफ़ोन वाले तो, लगता है, नेताओं से कम नहीं।

—भैया, अब तो हमारा देश आजाद है।

—तुम कहना चाहती हो कि आजाद होकर हमारी ब्यूरोक्रेसी बेहतर हो गयी होगी? अरे नाहीं। अब तो अँग्रेजी हुकूमत से भी अधिक लालफीतेबाज़ी चल रही है। ये चार वर्ष ज्यादातर वायदों के वर्ष रहे हैं।

—नहीं भैया। मैं तो यहाँ के परिवर्तन देखकर हैरान रह गयी।

—नये घर, नयी इमारतें अपनी जगह होती हैं और खुशहाली दूसरी चीज़ होती है बहना। मैं यह नहीं कह रहा कि विकास नहीं हुआ है। लेकिन यह विकास ज़्यादातर वर्ग विशेष में ही हुआ है। हमारा अपना एक अच्छा घर हो गया है पर उसके साथ माथे पर कर्ज का बोझ भी तो आ गया। हमारे पिता तो बार-बार कहते थे कि खुशी और शान्तिपूर्वक रहना है तो सर पर कभी भी कर्ज़ का बोझ मत लेना। नकद का साग कर्ज़ की खिचड़ी से बेहतर होता है।

—इस घर पर अभी कितना कर्ज़ बाक़ी है?

—बहना! मैं इस घर की बात नहीं कर रहा। मैं इस देश तथा यहाँ के तमाम गरीबों की बात कर रहा हूँ।

—जो कर्ज़ बाकी है उसे हम तत्काल भर सकते हैं भैया।

—मुझे तुमसे यह जानकर बेहद खुशी हुई थी। यह खुशी पूरे भरत परिवार को भी हुई कि तुम्हारी अपनी लन्दन की कमाई के पाँच हज़ार पाउंड स्टर्लिंग

वहाँ से अन्तरित होकर यहाँ के बार्कलेज़ बैंक में जमा हैं। पिताजी की एक बात को मत भूलो। वे कहते थे कि यह जमीन, यह घर उनके नहीं, उनके बच्चों के हैं। तुम्हारी कमाई भी तुम्हारी न होकर तुम्हारी बिटिया की है और फिर कर्ज़ मैंने लिया है मुझे ही भरना है। अनिल भी कई बार कहता रहा कि कर्ज़ का एक हिस्सा वह भी भरना चाहता है। उससे भी मैंने यही कहा कि पापा की अनुपस्थिति में इस घर का मुखिया मैं हूँ और तुम सभी मेरे बच्चे हो।

मैं समझ नहीं पायी कि आगे क्या कहूँ। मैं कुछ कहती कि इससे पहले भैया ने कहा :

—इतना भी जान लो अमित कि जिस दिन मैं किसी आर्थिक संकट में पड़ गया तो मैं फिर अपनी छोटी बहन की ओर देखूँगा। पर भगवान करे वैसी स्थिति पैदा ही न हो। वैसे भी हमारा यह भरत परिवार एक छोटा परिवार है पर सुखी परिवार है। पछतावा अगर किसी बात का है तो वह यह है कि हमारे पिता हमारी इस खुशी को नहीं देख पाये। तुम्हारे बारे में तो वह यही कहते रहे कि तुम उसके घर की लक्ष्मी हो। आज हम दोनों भाई कमा रहे हैं लेकिन इस घर की लक्ष्मी तो आज भी तुम ही हो।

मैं अपनी आँखों की खुशी के आँसू को थाम नहीं पायी। मैंने देखा कि माँ की आँखों से भी खुशी के आँसू बह रहे थे।

अनिल जो कि अब तक चुप सिर्फ सुन रहा था, बोला :

—दीदी! मैं और भैया कई बार तुम्हारे बारे में बातें करके अपने को बड़े ही बेबस पाते रहे थे। हम दोनों एक बहुत बड़ी सन्तुष्टि, एक बहुत बड़ी खुशी से वंचित रह गये। हम तुम्हें...अपनी बहन को, अपने सामर्थ्य से लन्दन नहीं भेज पाये। जिन दो भाइयों की एकमात्र बहन हो और जिसकी पढ़ाई में हमारा कोई योगदान नहीं हो सका यह हमारे लिए कितना दर्दनाक था।

—नहीं अनिल। हालात ही वैसे थे। मैंने तो खुदगर्ज़ी में आकर भैया को बीमार हालत में भी छोड़ जाने की निष्ठुरता दिखायी।

भैया अपनी जगह से उठा। मुझ तक पहुँचा और अपने अंक में लेकर मेरे माथे को चूम लिया। हज़ारों शब्दों की तसल्ली थी वह।

9

बेकारी मुझे एक बीमारी की तरह सताती चली आ रही थी। बीस दिन से मैं बेकार नौकरी हासिल करने की चिन्ता में डूबी-सी पा रही हूँ अपने को। नौकरी

न होना, काम में व्यस्त न होना मुझे दुनिया का सबसे कठिन काम लगने लगा था। वर्षों कार्यरत रहकर अचानक बेकार रहना बड़ी ही कठिन प्रक्रिया लग रही थी। कामों में व्यस्त न रहकर एकाकीपन में अनचाहे ख्याल मन में न जाने क्यों उमड़ने लगते हैं।

लगने लगा था कि दुनिया के सारे गलत काम, सारे अनर्थ बेकारी में ही होते रहे होंगे। बचपन के दिनों में हमारे घर-आँगन में काम ही काम होते थे। अब तो न घर लीपने की जरूरत थी, न ही सरकारी नल से पानी लाने की। न गाय-बकरियों की देख-रेख करनी थी, न ही चूल्हे के लिए लकड़ियों की व्यवस्था करनी थी। घर-आँगन के जो भी काम थे, घंटे भर से कम समय में पूरे हो जाते थे।

कुछ काम ऐसे भी थे जो माँ मुझे करने नहीं देती थी। वह तो व्यस्त रहती। मैं काम की चाहत लिए ऊब जाती थी। माँ कभी कह उठती—तुमसे अचार नहीं तैयार हो सकता। तुमसे पत्थर पर कपड़े नहीं धुल सकते। वह मुझे चावल तक बीनने नहीं देती। अभी कल ही आटा गूँधने बैठी तो माँ कह उठी थी—यह तुम्हारे बस का नहीं।''

मैं मन-ही-मन सोच उठी थी कि ठीक है कुछ दिनों में मशीनें ले आऊँगी तो मेरी बारी आ जाएगी यह कहने की, कि माँ ये सब काम तुम्हारे बस का नहीं। मैं यह तो नहीं जानती कि कितने घरों में कितनी लड़कियों को मायके में माँ-बाप और भाई-बहनों का इतना प्यार मिलता होगा, इतना अगाध जितना कि मुझे मिलता रहा है। बचपन में मेरे पापा मुझे घर के सभी सदस्यों से अधिक प्यार करते थे। अपनी थाली से पहला कौर मुझे खिलाये बिना वह अन्न को अपने मुँह नहीं पहुँचाते थे।

पापा छोड़ गये तो मेरे बड़े भाई ने मेरे प्रति पिता और भाई, दोनों की भूमिकाएँ निभायीं। अगर मेरा छोटा भाई मुझे कभी डाँट उठता तो मेरी माँ उस पर बरस पड़ती और जब मेरी माँ मुझ पर नाराज़ हो जाती तो अनिल माँ से खिसिया उठता।

इधर विदेश से लौटने पर एकाध बार मुझे एक एहसास हुआ कि मेरा बड़ा भाई पहले से कुछ अधिक गम्भीर दिखाई पड़ने लगा था। कभी तो ऐसा भी महसूस होता कि अब भैया मुझे पहले जैसा प्यार नहीं करता। हाँ, अलबत्ता विमला को वह इतना ज्यादा प्यार करता नज़र आता कि मैं अपने आप से कह उठती :

––चलो, मेरे हिस्से के प्यार का कुछ हिस्सा मेरी गुड़िया को तो नसीब होकर रहा।

लेकिन कल जब मेरा भैया खाने के बाद माँ की किसी बात पर यह कह गया कि अपने घर की कुछ बातों का पता अपने घरवालों से पहले बाहर के लोगों

को लग जाता है, तो इस बात पर उस समय तो खास ध्यान नहीं दे पायी पर रात में सोते समय मैं उस बात को सोचकर विचलित हो उठी।

मेरे भीतर कई सवाल पैदा हो आये। पहला तो यह कि उस बात से भैया का मतलब क्या था? फिर जो दूसरा प्रश्न मेरे ज़ेहन में कौंधा, वह था :

...कहीं उस बात को भैया ने हमारे घर के सम्बन्ध में तो नहीं कहा था?

...भैया को बाहर की बातें करने की आदत नहीं थी तो फिर उस वाक्य का तात्पर्य क्या था? इस तरह के कई प्रश्न मेरे भीतर उछलते-कूदते रहे और इसके साथ ही मैंने अपने भीतर एक भय का सा भाव पैदा होते पाया।

एक भय वह था जो मॉरिशस लौटने की तैयारी के दिनों लन्दन में मेरे भीतर अंकुरित हुआ था। लेकिन अपने देश में पहुँचकर जिस सहजता के साथ वह भय काफूर हो गया था उससे मुझे सुखद आश्चर्य हुआ था। वैसा होने में सूर्या की भूमिका सबसे अहम थी। हुस्ना के परिवार ने भी मेरे परिवार को स्थिति समझाने में कोई कसर नहीं छोड़ी थी और फिर विमला भी अपनी मासूमियत से अपनी नानी और दोनों मामुओं के दिल को जीत गयी थी।

लेकिन भैया की उस रात की वह बात और अपने को शराब में डुबोने की वजह समझ में न आने के कारण मैं इस नये उपजे डर से चिन्तित थी। अपने कमरे को लौटने से पहले अनिल ने कहा था :

—लगता है कि अपने शराबी दोस्तों से भैया ने कोई ऊटपटाँग बात सुन ली है।

मैं पूछे बिना नहीं रह सकी।

—जैसे कि?

—हो सकता है कि किसी ने...। खैर छोड़ो। मैं सोने जा रहा हूँ। सुबह कुछ पहले जगा देना।

—अनिल!

—वह रुक गया। मेरी ओर देखा।

—अपनी अधूरी बात को पूरा तो कर जाओ।

—हो सकता है कि किसी ने सूर्या के बारे में कुछ पूछ लिया या बोल गया हो।

मेरा आन्तरिक भय बना रहा।

10

टेलीविजन पर हिन्दी फिल्म चल रही थी। माँ दो बार मुझे बुलाने आयी। बोली, बहुत अच्छी फिल्म आ रही है पर मैंने कह दिया कि मेरे सिर में ज़ोरों का दर्द है। यह न तो झूठ था और न ही सच। वास्तव में मेरे दिमाग़ के भीतर भारी द्वन्द्व का कारण माँ को मालूम था इसीलिए वह चाह रही थी कि मैं टेलीविजन से थोड़ा मन बहला लूँ।

सुबह मुझसे मिले बिना, बिना बात किये भैया नौकरी के लिए निकल गया था। दोपहर में समय से पहले वह घर लौट आया था। माँ से घर के पिछवाड़े में कोई आधे घंटे तक बातें करके वह घर से बाहर हो गया था। मेरे भीतर की आशंका और भी बढ़ आयी थी। मेरा मन और भी ठनक उठा। मेरा भय मुझे दबोचता गया जब माँ ने आँगन से हुस्ना को पुकारा और उससे कहा कि वह विमला को अपने साथ समन्दर ले जाए और उसके लिए सीपियाँ बटोर लाए।

दोनों के चले जाने के बाद माँ ने फरीदा चाची को बुलाया। उसे लिये मेरे कमरे में आ गयी। बैठ जाने के बाद भी दोनों कुछ क्षण मौन रहीं। वह ख़ामोशी मुझे और भी दहला गयी। मुझे पूछना ही पड़ा :

—बात क्या है माँ?

माँ कुछ नहीं बोली। मैंने दोबारा जानना चाहा कि आखिर बात क्या थी। मैं चारपाई पर बैठी थी। चाची अपनी कुर्सी से उठी और मेरी बगल में चारपाई पर ही बैठ गयी। मैंने उसकी ओर देखा, उसने मेरी ओर। मुझे लगा कि बड़ी कठिनाई से उसके मुँह से बोली निकल पायी :

—अमित बेटी, कुछ लोग तुम्हारे बारे में ग़लत बातें कर रहे हैं।

—क्या कह रहे हैं?

मेरे प्रश्न को सुनकर उसने सिर झुका लिया। मैंने अपने प्रश्न को दोहराया तो वह बोली :

—झूठी अफवाह फैला रहे हैं।

—क्या है वह अफवाह?

—क्या बोलूँ...कैसे बोलूँ?

मेरी माँ ने उसकी हौसलाअफजाई करते हुए कहा :

—बताना ही होगा बहन।

चाची ने मेरे दोनों हाथों को अपने हाथों में ले लिया। हिम्मत बटोरी और बोली :

—एक-दो ही लोग हैं बस...।

—पर चाची, ये एक दो ही सही। यह बोल क्या रहे हैं?

उससे बोला नहीं गया। उसने माँ की ओर देखा। मेरी माँ ने मेरी ओर देखा और एक अत्यन्त ही रुखे स्वर में कहा :

—यह अफवाह फैलाई जा रही है कि...

बात पूरी किये बिना वह भी ठीक चाची की तरह चुप हो गयी। इस बार मैंने चाची के दोनों हाथों को अपने हाथों में जकड़कर पूछा :

—क्या है वह अफवाह चाची...?

—चाची, मैं पूछ रही हूँ कि क्या है वह अफवाह?

—यह कहा जा रहा है कि विमला का बाप जीवनलाल भैया का बेटा है।

—क्या?

मैं अपनी जगह से उठ खड़ी हुई। माँ तक पहुँचकर मैंने उससे पूछा :

—इतने बड़े झूठ को आप लोग मान गये?

—लोगों ने सुधीर से कहा है। कल रात जब वह दुकान में उनके साथ शराब पी रहा था।

—और भैया उन शराबियों की बात पर यकीन कर गया?

चाची चारपाई से उठकर मेरे पास आ गयी।

—हम इतने बड़े झूठ पर यकीन कैसे कर सकते हैं? क्या हम नहीं जानते कि विमला का जन्म तुम्हारे मॉरिशस छोड़ने के लगभग दो साल बाद हुआ है? लेकिन अफवाह एक मुँह से निकलकर दूसरे तक जाती है फिर तीसरे तक और झूठ सच में बदल जाता है।

—ऐसी बेबुनियाद बात को लेकर मेरा भैया मुझसे इतना नाराज़ है?

—नाराज़ नहीं है बेटी। दुखी है।

—झूठी बात से दुखी?

—नहीं! तुम्हारे ऊपर के खोखले लांछन के कारण।

मैं आगे कुछ बोल पाती कि चाची ने मेरे मुँह पर हाथ रख दिया। बाहर से हमीद चाचा के पुकारने की आवाज़ आ रही थी।

11

हमारे घर के पिछवाड़े में द्वीप का पूरा उत्तर प्रान्त पूर्वी इलाके को छूता हुआ हरियाली-ही-हरियाली लिए हुए था। हमारे घर से कुछ ही दूरी पर जो शक्कर कोठी थी उसमें ठौर-ठौर पर पत्थरों के ऊँचे मेड़ खड़े थे। इतिहास की गवाही देते हुए ये भारतीय गिरमिटिया मज़दूरों द्वारा खड़े किये गये पिरामिडनुमा स्मारक-

से लग रहे थे। यह संकेत भी दे रहे थे कि पहले के वे मज़दूर कितने मेहनती थे। चट्टानी भूमि को उपजाऊ बनाने के लिए एक-एक चट्टान को ज़मीन की छाती को चीरकर बाहर निकाला गया था।

हमारे घर के आगे विविध रंगत लिये समन्दर था। दायीं ओर शहर तक मुड़िया पहाड़ तथा अन्य पहाड़ियाँ द्वीप की सुन्दरता को एक नया आयाम देते से लगते थे। मैं और हुस्ना कई बार पत्थरों की उन मेड़ों में से उस मेड़ पर चढ़ जातीं जिस पर चढ़ना अधिक कठिन नहीं था। ऊपर से हम दोनों दूर तक फैली प्रकृति की सुन्दरता को निरखते रहते थे।

प्रकृति की गोद में रहकर मैंने हमेशा एक सुकून पाया है। कठिन परिस्थितियों में भी मन और मस्तिष्क, दोनों को ठंडक मिली है। खासकर परेशानियों और एकाकीपन के दौरान। गन्ने के खेतों और उसके फूलों को झूमते पाकर मैं भी झूमती रही हूँ। उसी तरह समन्दर के किनारे बैठकर या उसके भीतर डुबकियाँ लेकर, तथा उसकी लहरों के खिलाफ़ तैरकर मैंने जीवन जीने की प्रेरणा पायी है। लहरों से उन्हीं की तरह खिलखिलाती, इठलाती रहकर मैंने भी अपनी गति में कभी भी अवरोध नहीं आने दिया।

जब भी अपने को उदास पाया, दौड़ गयी समन्दर को। उसकी लहरों के संगीत को आत्मसात करके आँखें मूँद लेती। उसके झागों को अपने में समेट लेती थी। लहरों की फेनिल बौछारों की ठंडक तन और मन दोनों, को शीतलता प्रदान कर जाती थी। इठलाती अल्हड़ तरंगों और विद्रोही ज्वारभाटे, इन दोनों को मैं अपने में समेट लिया करती थी। लहरों की निरन्तरता, उनके संकल्प और चट्टानों से हार न मानने के उनके संकल्प से मैं स्कूल और बैठका की पढ़ाई से कहीं अधिक सीख पायी थी।

जब मैं लहरों को दूधिया तट पर फेनिल चादर की तरह देखती तो मैं भी अपने भीतर से सारे तनाव को बह जाने देती। कितनी विविधता थी समन्दर में! समन्दर से दूर होना मेरी बेबसी था। लन्दन में मुझे जितनी यादें अपने हित-मित्रों की आतीं, उतनी ही छटपटाहट समन्दर भी दे जाता था।

आज मैं समन्दर किनारे अकेली बैठी थी।

अकेली होकर भी मैं अकेली नहीं थी। समन्दर मेरे साथ था। मैं समन्दर से बातें कर रही थी कि तभी सरकारी सड़क के उस पार से हुस्ना ने आवाज़ दी :

—आमी! डाकिया! तुम्हें हस्ताक्षर करके चिट्ठी लेनी है।

हमारे लोग गंगा के अभाव में समन्दर को ही गंगा मानते हैं। पूरे देशभर के समुद्र-तटों पर गंगास्नान और गंगापूजा होती है। इधर दो-तीन दिनों से मैं समन्दर को कोस उठी थी :

—कब मिलाओगे मेरी नौकरी का उत्तर?

गंगा माँ ने मेरी आवाज सुन ली थी।

मैं दौड़ उठी। सड़क पार करते हुए दो कारों के बीच आते-आते बची। एक ड्राइवर तो कुछ नहीं बोला पर दूसरा क्रिओल में अनाप-शनाप चिल्लाता रहा।

हुस्ना का हाथ थामे मैं झपट पड़ी।

डाकिया एक हाथ से साइकिल थामे, दूसरे हाथ में चिट्ठी और कलम लिये मेरा इन्तज़ार कर रहा था। मैंने झट उसके हाथ से कागज़-कलम लेकर दस्तख़त किये और उसने पत्र मेरे हाथ में थमा दिया। माँ और विमला भी आँगन में खड़ी थी। दूसरी ओर हमीद चाचा और फरीदा चाची भी खड़ी थी।

मेरा हाथ पत्र के साथ काँप रहा था। किसी-न-किसी तरह मैं लिफ़ाफ़े को खोलने में सफल हुई। एक ओर मैं बेहद खुश थी तो दूसरी ओर शंका भी बनी हुई थी :

—कहीं...?

मेरे इर्द-गिर्द सभी लोग अपने में उत्सुकता की सनसनी लिए हुए थे।

मैंने पत्र पढ़ा। मेरे सबसे करीब हुस्ना थी। मैंने उसे अपने अंक में बाँध लिया। हुस्ना से छुटकर मैं सीधे माँ तक गयी। उसने मुझे गले लगा लिया। इस बीच चाचा और चाची भी पास आ चुके थे। भर्राई हुई आवाज़ में मैंने चाचा से कहा :

—परसों से मेरी नौकरी शुरू हो रही है।

—बधाई हो बेटी। ऊपरवाले के यहाँ देर है अँधेर नहीं।

मैंने विमला को गोद में उठा लिया।

12

मॉरिशस छोड़ने से तीन दिन पहले माँ मुझे अपने साथ लिये त्रिओले के महेश्वरनाथ मन्दिर पहुँची थी। पूजा के बाद माँ के अनुरोध पर शंकरनाथ पंडित ने मेरा हाथ देखा था फिर पोथी के पन्ने पलटे थे। अपने सिर को नीचे-ऊपर हिलाते रहे थे। बात समझ में न आने पर माँ पूछ बैठी थी :

—बाबाजी, कुछ अचड़नें आ रही हैं क्या?

—कोई अड़चन नहीं। आपकी बेटी की यात्रा बहुत शुभ होगी। विदेश में भी किसी तरह की परेशानी नहीं होगी फिर भी एक बात अच्छी तरह जँच नहीं रही है।

कुछ पल चुप रहकर पुजारीजी ने आगे कहा :

—पढ़ाई-लिखाई तो बहुत अच्छी तरह से चलेगी। लेकिन...

—लेकिन क्या?

—आपकी बेटी के वापस आने की उम्मीद नहीं दिख रही है। विदेश में ही बस जाने की सम्भावनाएँ अधिक नज़र आ रही हैं।

माँ से कुछ बोला नहीं गया और मुझसे चुप नहीं रहा गया था।

—पंडितजी! मैं लन्दन पढ़ने और नौकरी के लिए जा रही हूँ। पढ़ाई खत्म होते ही मैं अपने देश को लौट आऊँगी।

अपनी पोथी को झटके से बन्द करके पुजारी ने कहा था :

—मैं तो पोथी की बातें कर रहा हूँ। तुम्हारी हथेली की लकीरों की सच्चाई बतायी है मैंने।

इस बात से माँ बहुत चिन्तित हो गयी थी। माँ को आश्वस्त करते हुए मैंने कहा था :

—माँ! मुझे अपने हाथ की लकीरों से कहीं अधिक विश्वास अपने आप में है। वैसे भी वहाँ पढ़ने और नौकरी करने जा रही हूँ, बसने नहीं।

दो दिन बाद जब हम घर से पोर्ट-लुई के बन्दरगाह के लिए निकलने लगे थे तो माँ आँखों में आँसू लिये बोली थी :

—बेटी, हम तुम्हारे लौटने की राह तकते रहेंगे।

माँ से गले मिलकर मैंने उसे आश्वासन दिया था।

—मेरे लौटने में देर हो सकती है लेकिन मेरा लौटना निर्धारित है, माँ।

हमीद चाचा तो यहाँ तक बोल गया था :

—अगर निर्धारित समय पर तुम्हारा लौटना नहीं हुआ तो मैं खुद तुम्हें लेने लन्दन पहुँच जाऊँगा।

अपनी गोद में कुत्ते के बच्चे को लिए हुए विमला मेरे पास आ गयी :

—मैंने इस पप्पी का नाम बिगबेन रखा है।

मुझे मज़ाक सूझा।

—और अगर यह बिगबेन की तरह घनघनाटा रहा तो? क्यों बिगबेन?

—मम्मी! तुम्हें नाम पसन्द आ गया?

—एकदम।

—इसके लिए तुम्हें गले का एक स्ट्रैप खरीदना होगा।

—ठीक है, खरीद देंगे।

—इसके नहाने के लिए शैम्पू भी।

—भैया यह तो पूजा से भारी दंडवत हो गया।

—क्या कहा?

—ठीक है, शैम्पू भी खरीद लेंगे। पर इसको इस तरह गोद में लिये फिरते रहोगे तो यह बढ़ नहीं पाएगा।

—मैं इसे बढ़ने नहीं दूँगी।

—अरे, क्या बात करने लगी?

—पप्पी बड़े होकर बिगड़ जाते हैं।

—तुम जैसा चाहोगे, वैसा ही बनेगा तुम्हारा यह बिगबेन! इसे नीचे उतारो।

—क्यों?

—इसे नीचे उतारो फिर इसके साथ खेलो।

—यह मेरा दोस्त है।

—अभी यह तुम्हारा दोस्त नहीं है। तुम्हारा पैट है, खिलौना। तुम्हें इसे अपना दोस्त बनाना होगा।

—कैसे?

—गोदी से उतारकर इसके साथ दौड़कर, लुका-छुपी खेलकर।

—मैं इसे समन्दर में नहलाने ले जाऊँ?

—अभी समन्दर में नहाने के लिए बहुत छोटा है। थोड़ा और बड़ा होने दो।

—पर माँ, मैं तो चाहती हूँ कि यह हमेशा ऐसा ही रहे।

13

स्वास्थ्य मन्त्रालय पहुँचकर ही पता चला कि मेरी नियुक्ति डॉ. शिवसागर अस्पताल में हुई है। यह तो मेरे लिए मुँहमाँगी मुराद थी। तीन दिन पहले प्राप्त मन्त्रालय के पत्र से केवल इतनी ही जानकारी मिली थी कि मेरी नियुक्ति हो गयी थी और मुझे मन्त्रालय पहुँचकर स्वीकृतिपत्र पर हस्ताक्षर करने थे।

मैंने मन्त्रालय की औपचारिकताओं को पूरा करके सीधे अस्पताल न जाकर रास्ते में एक पब्लिक फ़ोन से घर पर फ़ोन किया। माँ को यह जानकर बेहद खुशी हुई कि मुझे उत्तर प्रान्त के नेशनल अस्पताल में ही नौकरी मिली थी। हमारे घर से बस द्वारा बीस-पच्चीस मिनट का रास्ता। मेरे साथ नियुक्त बाकी आठ लोगों में तीन लड़कियाँ थीं और पाँच लड़के। कुछ शहरी इलाकों के थे और कुछ पूर्वी भाग के।

हमारा अस्पताल देश का सबसे बड़ा अस्पताल था। काफी साफ़-सुथरा भी था। अस्पताल के सुपरिंटेंडेंट ने हम सभी का खैरमक़दम किया। मेट्रन ने ब्रीफिंग के दौरान हमें कुछ डॉक्टरों और नर्सों से मिलाया। संयोग से एक डॉक्टर से मेरा दो साल पहले का परिचय था। लन्दन के हमारे ही अस्पताल में उसने अपनी प्रैक्टिस की थी। डॉक्टर जगमोहन मेरे मामा के गाँव का था।

पिछले सप्ताह जब हम लोग मामा के घर गये थे तो डॉ. जगमोहन से भी मिल लेने का अवसर प्राप्त हुआ था। एक तरह से जगमोहन मेरे मामा के घनिष्ठ मित्र का बेटा था। मेट्रन से मेरे बारे में बताते हुए उसने कहा :

—वेरी हाईली क्वालिफाइड नर्स।

—ओह नो! पहले ही दिन से मुझे लज्जित मत करो।

—सच्चाई बतायी मैंने।

मेट्रन जोज़लिन महादेव ने हम नयी परिचारिकाओं को अपने साथ लिये अस्पताल के सभी वाड्र्स में हमें सारे कामगारों से मिलाया। स्कूल के दिनों के दो-तीन सहपाठियों से भी मिलने का अवसर मिला। जिस वार्ड में मुझे काम सँभालना था, वह पहली ही मंजिल पर था। वार्ड की प्रमुख नर्स भी संयोग से मेरी जान-पहचान की ही निकली। गोमती चाची की भतीजी थी वह। शीला खेदन।

—तुम्हें अपने बीच पाकर खुशी हो रही है, अमिता।

यह तो बाद में पता चला कि जिस व्यक्ति से उसकी शादी हुई थी वह मेरी मामी के रिश्तेदार थे जो मामा के घर से कुछ ही दूरी पर रहते थे।

शीला मुझे अनायास ही अम्बिका की याद दिला गयी। उसका चेहरा अम्बिका से मिलता-जुलता चेहरा तो नहीं था पर उसकी आवाज़ हू-ब-हू अम्बिका की आवाज़ जैसी थी। मैंने उससे कहा था :

—शीला! तुम्हारी आवाज़ मुझे लन्दन की एक सहेली की याद दिला गयी। एकदम वही आवाज़।

यह शुरुआत लन्दन की शुरुआत से एकदम भिन्न थी। लन्दन में तो पूरा महीना लग गया था अपने को उस वातावरण से आदी कराने में और लोगों का स्नेह जीतने में। बस मन-ही-मन सोच उठी :

—आगाज़ तो अच्छा है, अंजाम खुदा जाने।

यह वाक्य पहली बार मैंने अपने भाई से सुना था। अपने और सूर्या के बीच के उस नये-नये प्यार के बारे में उसने ऐसा कहा था।

सभी वाड्र्स देख चुकने के बाद मुझे वार्ड नं. एक सबसे साफ-सुथरा लगा। पाँच वार्ड में कुल अट्ठाईस पलंग थे, जिनमें एक ही पलंग खाली था। मुझे बताया

गया कि उस पलंग की मरीज कल रात दम तोड़ गयी। मेरे वार्ड की एक ख़ासियत यह भी थी कि उसमें प्रायः सभी मरीज़ और परिचारिकाएँ गाँवों की थीं और सभी भोजपुरी भाषी थीं, मेट्रन जोसलिन महादेव को छोड़कर। इससे एक विशेष आत्मीयता का एहसास हुआ।

मरीजों में दो लड़कियाँ थीं। पहली बातचीत इन्हीं दोनों से मैंने शुरू की। एक को फेफड़े की शिकायत थी और दूसरे को खाँसी और ज़ोरों का बुख़ार था जिसके कारण उससे अधिक बातें मैं नहीं कर पायी। मैंने उससे केवल इतना कहा।

—तुम बहुत जल्द ठीक होकर घर लौटोगी, राधा।

चाँदनी राधा से तीन-चार साल बड़ी थी। फेफड़े की शिकायत के बावजूद बोलती बहुत ज़्यादा थी। पर उसकी बातें बहुत ही प्रिय थीं। उसकी मुस्कान विमला की मुस्कान से एकदम मिलती-जुलती थी।

—मेरी बेटी भी लगभग तुम्हारी ही उम्र की है।

—क्या नाम है उसका?

—विमला।

—मेरी बड़ी दीदी का नाम भी विमला है।

—क्या करती है तुम्हारी विमला दीदी?

—कॉलेज जाती है। आपकी बेटी स्कूल जाती है?

—अगले सप्ताह से जाएगी।

—मेरी टीचर मुझे देखने आयी थी। पता नहीं मैं कब स्कूल जा सकूँगी।

—बहुत जल्द तुम अच्छी होकर फिर से स्कूल जाने लगोगी।

—तुम्हारे मुँह में घी शक्कर!

—क्या?

—मैं जब भी अच्छी बातें कहती हूँ न, मेरे पापा कहते हैं—तेरे मुँह में घी शक्कर!

14

माँ ने कहा—लो, महाभारत फिर शुरू हो गयी।

पाँच सप्ताह के भीतर यह झगड़ा सातवीं बार हो रहा था। सुरेखा भौजी और मोती भैया एक दूसरे से होड़ लगाये हुए थे। दोनों पंचम स्वर में एक-दूसरे को कोसते चले जा रहे थे। हर बार लड़ाई एक नया मुद्दा लिए होती थी। इस तू-तू, मैं-मैं से आसपास के लोग इस तरह से आदी हो गये थे कि सुनी को अनसुनी करके वे अपने-अपने घर की रेडियो या टेलीविज़न की आवाज़ को ऊँचा कर लेते थे।

हमारी परेशानी तो यह थी कि सुरेखा भौजी की खिड़की एकदम हमारी खिड़की के सामने थी। हम अपनी खिड़की बन्द करके भी पति-पत्नी के उस झगड़े को सुनते रहने की विवशता लिए हुए थे। मेरी माँ कई बार भौजी को डाँट-डपट आती और भैया मोती भाई को समझाने-बुझाने की चेष्टा करके थक जाता था। दोनों में से कोई अपनी ग़लती मानने को तैयार हो तब तो। मोती भैया चिल्ला उठता :

—हम काहे के अपन हार मानीं?

और भौजी कहती—औरत बानी त एकर मतलब ई थोड़े हो जाला कि जिन्दगी भर माफी ही माँगते रह जायीं।

—चुप! नै त अभी निमने से लतिया देवब।

मर्दानगी देखाई के बा त जाके मर्दन से काहे नै झगड़न बानी।

इससे आगे झगड़ा गाली-गलौज तक पहुँच जाता। हाथ में झाड़ू लिये भौजी गरज उठती :

झड़ूपिटा कहीं के! अबरी हाथ उठा के देख त सही। निमने में झड़वा देवब।

मोती भैया को बेलना या फूँकनी से कहीं अधिक झाड़ू का डर था। उसे दुम दबाते पाकर भौजी और भी चिंघाड़ उठती :

—बहुत चर्बियाल हवे त झाड़ू से तोर सारी चरबी उतार देवब।

विमला तो इस झगड़े से सहमकर भैया के कमरे में चली जाती थी और भैया की बगल में दुबकी रहती थी।

पति-पत्नी के इन झगड़ों पर कभी हँसी आती, कभी नाराज़गी भी।

आज की लड़ाई का मुद्दा भी अजीब था।

भौजी कहे जा रही थी कि सप्ताह भर की कमाई का न तो एक पैसा घर में आया और ना ही रसोई का कोई सामान।

मोती भैया अपनी धुन में बोले जा रहा था :

—तुम्हारी बहन के ब्याह में जो कर्ज़ा लिया था उसे भरना नहीं है क्या?

—मेरी बहन की शादी में पाँच सौ रुपये क्या ख़र्च कर गये ख़जाना लुटा दिया? सोनितवा की बहन के पीछे जो लुटाते रहते हो उसकी गिनती कभी रखा है?

उन आरोपों-प्रत्यारोपों को सुनती हुई मैं पहले हुस्ना के घर गयी। मिठाइयों की डिब्बा उसे थमाते हुए बोली।

—पहले दिन की नौकरी की पहली मिठाई।

—इसमें जलेबी है या नहीं?

—जलेबी भी हैं, चाचा के लिए लड्डू और चाची के लिए गुलाब जामुन।

—आज विमला बिल्कुल मेरे पास नहीं आयी।

—मोती भैया और सुरेखा भौजी की तनातनी से डरी हुई वह तो भैया के कमरे में दुबकी हुई है।

—मैंने आँगन में खड़े होकर भौजी से कहा कि वे दोनों कुछ धीमी आवाज़ में झगड़ें...।

—और यह सुनते ही दोनों की आवाजें और भी बुलन्द हो गयी होंगी।

—इस गरमागरमी में तुम उनके घर मिठाई छोड़ने जा रही हो क्या?

—ज़रा हम भी करीब से उस झगड़े का लुत्फ़ ले लें।

—तुम्हें देखकर तो वे और भी उबल पड़ेंगे।

—मज़ा आ जाएगा।

मैं जब भौजी के आँगन में पहुँची तो उसी की नज़र मुझ पर पहले पड़ी। बरस उठी :

—सही वक्त पर पहुँची है। आ देख ले तेरे भाई की मर्दानगी। रसोई के बर्तनों पर बहादुरी दिखा रहा है।

—अपनी चुनिन्दा गालियाँ क्यों रोक ली। अमिता को भी तो सुन लेने दे।

—तुम दोनों चुप रहो। आज मेरी नौकरी का पहला दिन है। इस ख़ुशी में तुम लोगों के लिए मिठाई लायी हूँ।

मोती भैया तो मुझे देखकर चुप हो गया।

लेकिन भौजी की जुबान तो कैंची की तरह चलती रही। मुझे सामने पाकर तो लगा कि वह कुछ ज़्यादा बल पा गयी। दहाड़ती गयी।

मैंने उसे मिठाई थमाकर कहा :

—अपनी उमर का तो लिहाज़ किया करो। झगड़ने का इतना ही शौक है तो घर के भीतर क्यों झगड़ते रहते हो। सड़क पर जाकर लड़ो। वहाँ ज़्यादा दर्शक मिलेंगे। ज़्यादा वाहवाही मिलेगी।

मोती भैया को करीब पाकर मैंने कहा :

—सन्ध्या का समय है। घर की बरक़त को खदेड़ने में लगे हुए हो तुम दोनों।

15

मुझे नौकरी मिलने की खुशी में तेरेज़ ने समुद्र किनारे विहार का एक कार्यक्रम रखा था। उसके चाचा की नयी नौका फ्लीक आँ फ्लाक से बनकर आयी थी। नौका दौड़ की प्रतियोगिता में उसके चाचा की नाव की जीत हुई थी। उसी पुरस्कार की रकम से उसने नयी नाव बनवाई थी जो कि उसकी पुरानी नाव 'लेसपेरांस' से दोगुनी बड़ी तो थी ही, साथ-ही-साथ उसमें दो मोटरें भी थीं।

रविवार को सुबह छह बजे हम लोग उस नयी नाव में सवार हुए। इसका नाम तेरेज़ के चाचा ने 'लेसपेरांस' ही रखा था जिसका अर्थ था 'उम्मीद'। पर 'लेसपेरांस' के साथ उसने 2 जोड़ दिया था। 'लेसपेरांस 2' गोरे धनपतियों की मोटरबोटों की तरह आधुनिक उपकरणों से सुसज्जित तो नहीं थी पर विस्तृत और सुन्दर थी। बारह से पन्द्रह व्यक्तियों के बैठने की व्यवस्था थी। धूप और पानी से बचने के लिए प्लास्टिक का एक छाजन भी था।

मौसम सुहाना था।

समन्दर शान्त आईने की तरह झिलमिला रहा था।

तेरेज़ की ओर से उसका चचेरा भाई और चचेरी बहन साथ थे। मेरी ओर से माँ और भैया नहीं आ पाये थे। हुस्ना और विमला साथ थी। विमला के साथ उसका पप्पी भी था। बार-बार मना करने पर भी विमला उसे साथ लिए ही रही। समन्दर की तरंगों पर सूरज की नवकिरणें थपकियाँ लेती बड़ी प्यारी लग रही थीं। पेरेबेर ग्राँगोब से होते हुए हमें लील-दाँब्र पहुँचना था। यह छोटा-सा द्वीप उत्तर प्रान्त के अन्तिम छोर पर था। इस पिकनिक स्थल पर पहले भी तेरेज़ के साथ ही मैं दो बार जा चुकी हूँ। पन्द्रह वर्ष पहले। एक अवसर पर तो मेरा मामा भी साथ था।

'क्वें-दे-मीर' के पास पहुँचकर तेरेज़ ने नाव की मोटर बन्द कर दी। पहाड़ीनुमा उस टापू पर के समुद्री पक्षियों का एक झुंड हमारी नाव का चक्कर काटने लगा। हमने रोटी के टुकड़े पानी में फेंके और वे उन पर चोंच मारते रहे। उनकी काँव-काँव की आवाज़ से विमला सहमी हुई मुझसे चिपकी रही। इन पक्षियों में पाय-आँ-के सबसे बड़े डीलडौल थे और उन्हीं की आवाज़ सबसे ज़ोरदार थी।

आठ बजे के करीब हम लोग लील-दाँब्र पहुँचे। ठंड के मौसम की शुरुआत थी इसलिए धूप प्यारी लग रही थी। तेरेज़ और उसके चचेरे भाई ने नाव से कूदकर उसे घुटने तक के पानी में खींचा। फिर हम लोग बारी-बारी से किनारे पर उतरे। पन्द्रह साल बाद सामने का टापू वही नहीं था जिसे पहले-पहल मैंने जाना था। पेड़ का जो घनापन था, वह था ही नहीं। हमसे पहले कुछ लोग तम्बू ताने टापू पर उपस्थित थे। हमने नाव से चटाइयाँ और टोकरियाँ उतारीं। सारे सामान को बालू पर रखकर तेरेज़ ने नाव को एक खूँटी से बाँधा। सामान उठाये और पेड़ों के झुरमुटों से होते हुए हम एक अत्यन्त ही शान्त स्थल पर पहुँचे।

झावे और जंगली बादाम के पेड़ों के नीचे हमने डेरा डाला।

सूरज की झीनी-झीनी रोशनी पत्तों से छनकर आती हुई बहुत मनभावन लग रही थी। भीनी-भीनी हवा भी बेहद प्यारी थी। न अधिक ठंड, न ही अधिक

गर्मी लिए हुए। यह मौसम लन्दन में बार-बार याद आकर मन में टीस पैदा कर जाता था। आज मैं यह मान बैठी हूँ कि अपने देश का सौन्दर्य, उसकी विशेषताएँ, उसकी आत्मीयता—ये सब कुछ अपने वतन से दूर जाकर ही महसूसा और जाना जा सकता है। मेरे पापा हमेशा कहा करते थे कि अपना घर कुटिया होते हुए भी महल होता है बशर्ते कि वहाँ हमेशा शान्ति हो। इसी बात से मैं आज यह मानने लगी हूँ कि अपना देश विश्व से बड़ा, विश्व से सुन्दर, विश्व से अधिक सुखदायक होता है।

मुद्दतों बाद मैं अपने को इतनी निर्मलता लिए हुए स्थान पर पा रही थी। भीड़-भाड़ के कोलाहल से अलग, प्रदूषण से अलग। लहरों की कलकल ध्वनि, पक्षियों के कलरव शान्ति का आलम। समझना चाहा कि आखिर इससे बेहतर क्या तलाशता हुआ मारा-मारा फिरता रहता है इन्सान! समझ न पायी।

एक ऊँची चट्टान पर खड़ी होकर मैं अपने चारों ओर देखती रही। एक ओर तो समन्दर-ही-समन्दर था और दूसरी ओर दूर तक मेरे द्वीप की हरियाली-ही-हरियाली थी। समुद्री सफ़र के बाद पेट के भीतर भूख का ज़ोरों से ऊधम मचाना बड़ा स्वाभाविक होता है। इसलिए इस बात की जानकारी रखते हुए ठीक बारह बजे हम खाने पर बैठे। कुछ तो घर से पकाकर लाये थे, कुछ को पकाना पड़ा। वैसे भी पकाये बिना पिकनिक का सही आनन्द आता ही कहाँ है।

हुस्ना अपने घर से सब्जियों की बिरयानी ले आयी थी। माँ ने कुछ दालपूरियाँ और फूलगोभी की तरकारी तथा धनिया की चटनी तैयार की थी। तत्काल पकाए गरमा-गरम पकवानों को साथ मिलाकर हम लोगों ने जमकर खाया। गोया कि इधर चार-पाँच दिनों के भूखे थे।

अत्यन्त ही सुखद समय बिताने के बाद शाम पाँच बजे हम लोग नाव पर सवार हुए। शरीर और मन, दोनों शिथिलता और शीतलता लिए रहे। बहुत दिनों बाद उपलब्ध एक विश्रान्ति का एहसास था वह।

16

घर लौटते हुए नाव में हमारी बातचीत का प्रमुख विषय रहा मेरी नौकरी। इन पाँच दिनों में शिवसागर रामगुलाम नेशनल अस्पताल में मेरे अपने सहकर्मियों तथा मरीजों के बीच की प्रतिक्रियाएँ। पहला सवाल तेरेज़ ने किया था। उसने यह जानना चाहा था कि लन्दन और मॉरिशस के दोनों अस्पतालों में मैंने क्या अन्तर पाया।

यह सवाल यहाँ पर मेरी मेट्रन भी पूछ बैठी थी। उसके प्रश्न का उत्तर तो मैंने बड़े औपचारिक तरीके से देते हुए कहा था :

—कोई बहुत बड़ा अन्तर तो नहीं पा रही हूँ। वहाँ मैंने दो अलग अस्पतालों में काम किया है। दोनों के बीच काफी फ़र्क था पर यहाँ उस तरह का कोई बड़ा फ़र्क नहीं पाया।

जबकि तेरेज़ का उत्तर मैंने दूसरे ढंग से दिया था :

—देखो, मरीज जहाँ भी होते हैं वे अपने रोग और उसकी पीड़ा से दुखी लोग होते हैं। लन्दन हो या मॉरिशस। हाँ, यह ज़रूर होता है कि कुछ रोगियों में सहनशक्ति होती है। कुछ लोग ऐसे भी होते हैं जो हताश लगते हैं। उनमें हमें धीरज पैदा करना पड़ता है। अच्छे होने का विश्वास उनके भीतर लाना पड़ता है। जहाँ तक उपचार की बात है, वह वहाँ भी अच्छा था। यहाँ भी चिकित्सा के तरीके में काफी विकास हुआ है। जब मेरा भाई तपेदिक के रोग से ग्रस्त था उन दिनों उपचार के तौर-तरीके आज की तरह विकसित नहीं हुए थे। दवाइयों का भी अभाव था। आज हर रोग के विशेषज्ञ आ गये हैं। बस एक बात थोड़ी खटकती है। यहाँ पर चिकित्सा को सेवा कम, नौकरी या पेशा ज़्यादा समझा जाता है।

हुस्ना झट पूछ उठी थी :

—आखिर ऐसा क्यों? प्रशिक्षण अच्छा नहीं मिला या कि...।

—प्रशिक्षण तो अच्छा ही मिला होगा लेकिन इससे बड़ी बात है सेवा का भाव और समर्पण। पाँच ही दिन के भीतर मैंने परिचारकाओं को हड़ताल की बात करते सुना। मुझे यहाँ के डॉक्टरों और नर्सों की स्थितियों की सही जानकारी भी तो नहीं है। मुझे स्वास्थ्य विभाग के लोग कुंठित नज़र आये। उनकी कुंठा की वजह मुझे नहीं मालूम। यह नहीं होना चाहिए। रोगी लोग हम डॉक्टर और नर्सों पर विश्वास किये होते हैं। हमें चाहिए कि हम उनके इस विश्वास को अपनी दफ्तरी समस्याओं से अधिक महत्त्व दें। ...अरे मैं तो तुम लोगों के सामने लेक्चर देने लग गयी।

हमारे बीच जब ये बातें हो रही थीं, विमला अपने 'बिगबेन' को अंग्रेजी सिखाने में लगी हुई थी। बीच-बीच में पानी के थपेड़े भी दिये जा रही थी।

पश्चिमी क्षितिज पर सूरज की गोलाई बढ़ती जा रही थी। गुलाबी रंग अधिक गहरा होकर लाल रंग में बदलने लगा था। बादलों के टुकड़े भी गुलाल में लिपट चुके थे। अभी समन्दर की सतह से सूरज कुछ दूरी पर था। जैसे-जैसे वह समन्दर के आगोश के लिये लपकता रहा, वैसे-वैसे क्षितिज की लालिमा बढ़ती और निखरती गयी। उसकी गोलाई भी विस्तार पाती गयी।

सूरज से लेकर तट तक एक लाल पथ कालीन की तरह पसरता गया। समन्दर की लहरें कहीं आईने के टुकड़ों की तरह तो कहीं सोने की तरंगों की तरह इठलाती रहीं। आकाश लाल होता ही गया। पक्षियों के झुंड लम्बी कतारों में घोंसलों को लौटने लगे थे।

हमारी नाव की चाल को तेरेज़ ने कुछ धीमी कर दी। हम लोग धीमी चाल के साथ समन्दर में पसरे स्वर्ण कालीन के करीब पहुँचने लगे थे। मैंने तेरेज से कहा :

—हम सूरज की लाल रेखा को पार करने जा रहे हैं। क्या तुम उस लालिमा के बीचोंबीच नाव को कुछ घड़ी के लिए रोक नहीं पाओगी?

—ज़रूर रोक पाऊँगी।

और वैसा ही हुआ। सूरज की वह चौड़ी परछाईं की लालिमा के बीच हमारी नाव ठिठक गयी। हम सभी उस रश्मि से स्वर्णिम हो चले थे। अद्‌भुत दृश्य था वह।

सूरज की उस स्वर्णिम कालीन पर हम लोग ठिठके रहे। क्षितिज की लालिमा और भी गहराई पाती गयी। हमारी नाव की अगल-बगल से कुछ उल्लसित मछलियाँ उछल पड़ीं। बिगबेन भौंक उठा। मैंने समन्दर के पानी को अंजुलि में लिया। मेरी अंजुलि पर तरल सोना जगमगाता रहा।

सोने का सूरज उतरता गया नीचे।

मैंने अपने घर के आँगन से बेशुमार सूर्यास्त देखे थे। लेकिन समन्दर के बीच सूरज की बिछाई कालीन पर से मैं जिस सूर्यास्त को देख रही था वह अप्रतिम था।

अभिभूत कर देनेवाली विदाई थी वह। देखते-ही-देखते सूरज सागर में प्रवेश पाता गया। हौले-हौले पूरा सूरज आकाश पर लालिमा बिखेरकर पानी में ओझल हो गया।

मैंने आत्मशान्ति की लम्बी साँस ली। आँखें मूँदकर उस भव्यता को अपने अन्तरमन में आत्मसात कर लिया। अपने जीवन का सबसे सुन्दर सबसे शानदार सूर्यास्त देखा मैंने।

17

मुझे अपनी नौकरी प्राप्ति की खुशी तो थी ही पर इससे बड़ी खुशी मुझे इस बात की थी कि मेरे मामा की बात मानकर भैया हमारे साथ लड़की देखने जाने को तैयार हो गया था। इस ख़ुशी के साथ एक और ख़ुशी जुड़ी हुई थी। इन दिनों

रात की नौकरी न होने पर मैं हर शाम दो घंटे भैया के साथ बैठकर उससे उसकी नयी पढ़ी हिन्दी पुस्तक पर बातें करती रही थी।

पिछले हफ्ते मैं खुद शहर के नालन्दा पुस्तकालय से भैया के लिए दो पुस्तकें खरीद लायी थी। बाद में पता चला कि उनमें से एक पुस्तक भैया की पढ़ी हुई थी। वह थी भगवतीचरण वर्मा का उपन्यास 'चित्रलेखा'। दूसरा भी उपन्यास ही था जो भैया को बेहद पसन्द आया था। उसने पुस्तक हाथ में लेते ही कहा था :

—शरतबाबू की यही तो एक पुस्तक है जो मेरे पास नहीं।

आज सप्ताह बाद पुस्तक पढ़ चुकने पर भैया ने कहा :

—'श्रीकान्त' अद्‌भुत किताब है। इसके हर अध्याय में शरतबाबू दिखाई पड़ते हैं।

कुछ देर तक हम दोनों उस पुस्तक के बारे में ही बातें करते रहे। फिर भैया ने उस विषय से हटकर मुझसे पूछा :

—कैसी चल रही है तुम्हारी नौकरी?

—बहुत अच्छी।

—एक बात मेरी समझ में नहीं आती है। तुम जब छोटी थी तो बीमार लोगों के पास जाने से झिझकती थी। किसी की चोट से खून बहते हुए देख नहीं पाती थी। आज अस्पताल के उन तमाम मरीज़ों का ख़्याल तुम कैसे कर पा रही हो?

—भैया! साढ़े सात लम्बे वर्ष लन्दन में रोगियों के साथ जुड़ी रही। यह पेशा तो वहीं से मेरा संसार बन गया था। यहाँ तो अपने देश के लोगों की सेवा करने का सुनहरा अवसर मिला है। शायद ही कोई दूसरी नौकरी मुझे इस नौकरी से अधिक भाती।

—जब तुम बच्ची थी तो पापा से यही कहती रही थी कि तुम बड़ी होकर अध्यापन कार्य करोगी।

—मेरा यह काम तो अध्यापन से भी जुड़ा हुआ है। लन्दन में पिछले चार सालों से मैं नयी भर्ती हुई नर्सों को पढ़ाती भी तो रही। यहाँ भी मुझे छात्र–छात्राओं को प्रशिक्षण देने के अवसर मिलेंगे। फिर भी मरीजों के उपचार करने में जो आनन्द मुझे प्राप्त होता है वह छात्रों को पढ़ाकर नहीं आता।

—तुम्हारी बातों से मुझे बहुत पहले देखी एक फिल्म याद आ गयी 'डॉक्टर कोटनिस की अमर कहानी'। भारत से बाहर जाकर महामारी में डॉ. कोटनिस का सेवा भाव अद्‌भुत था। डॉक्टर कोटनिस की भूमिका वी. शान्ताराम ने बड़ा खूबी के साथ निभाई थी। चीन की उस महामारी के दौरान रोगियों की सेवा में लगकर डॉ. कोटनिस को खुद अपने सेहत का ख़्याल नहीं रहा और उस जानलेवा रोग का वह खुद शिकार हो जाता है।

—भैया, तुमने कभी एडिथ कावेल के बारे में सुना है?

—नहीं तो।

—एडिथ कावेल एक नर्स थी जो विश्वयुद्ध के दौरान घायल सिपाहियों की सेवा में जुटी रही पूरी तरह समर्पित होकर। वह अंग्रेज़ थी पर देश की सीमाओं को पार करके वह युद्ध में घायल सिपाहियों का उपचार करती रही। वह कहती कि पाट्रियोटिज़्म इज़ नॉट इनफ। देशभक्ति से भी ऊपर उसने मानव सेवा को रखा था। जर्मनों को यह गवारा नहीं हुआ और 1915 में जर्मनों ने उसे गोली मार दी। नर्सिंग प्रोफेशन को आज भी एडिथ कावेल पर गर्व है।

कुछ देर तक आगे भी बातें होती रहीं और इस बीच अनिल भी विमला के साथ भीतर आ गया। फिर तो भैया मुझे भूलकर विमला से बातें करने लगा। कुछ देर बाद दीवार की घड़ी की ओर देखकर भैया ने मेरी ओर देखा।

मैंने अनिल की ओर। अनिल विमला को माँ के पास रसोई तक छोड़कर भैया की बोतल और गिलास लिए आ गया।

मैं और अनिल वहीं बैठे रहे और हमारी निगरानी में भैया ने केवल दो गुड़की ली और अनिल बोतल उसकी जगह पर छोड़ आया। मैंने भैया से पूछा :

—हम लोग परसों जिस लड़की को देखने जा रहे हैं अगर उन्हें...

—मैं समझ गया।

—क्या समझ गये?

—अगर उन्होंने शर्त रखी कि शराब से तौबा तो?

—तो आपको मानना पड़ेगा।

—अँग्रेज़ी में कहावत है कि पुल पर पहुँचकर उसको पार करने की बात सोची जाएगी।

18

मैंने कई बार सूर्या को डॉक्टर प्रमोद के घर पर फ़ोन किया पर हर बार यही उत्तर मिला कि वह डॉक्टर और अम्बिका के साथ बाहर गयी हुई हैं। मैंने उसके घर पर अपना फ़ोन नम्बर भी लिखवा दिया था। मैं उन्हीं लोगों के बारे में सोच रही थी। सामने की घड़ी की ओर देखा। सुबह के साढ़े सात बजनेवाले थे। मुझे पौने आठ बजे पम्प्लेमूसज के लिए बस पकड़नी थी ताकि ठीक समय पर अस्पताल पहुँच पाऊँ। वैसे भी रात में काम करनेवाली एक सहेली को मैंने बता दिया था कि मैं कुछ देर से पहुँचूँगी। माँ को हनुमान जी को रोट चढ़ानी थी। उससे पहले घर से बाहर नहीं होना चाहती थी। यह बात माँ को भी अच्छी नहीं लगती।

उसने रात ही में मुझसे कह दिया था कि पूजा के बाद ही मैं नौकरी के लिए निकलूँ।

पूजा के बाद मैं घर से निकलने ही वाली थी कि फ़ोन बज उठा। मेरा पहला ख्याल यही रहा कि वह फ़ोन भारत से था। मेरी अपनी घड़ी में पौने आठ बजने को थे। अनुमान लगाया इस समय भारत में सवा नौ बज रहा होगा। मैंने झपटकर फ़ोन उठाया। मेरा अनुमान एकदम सही था। सूर्या का ही फ़ोन था।

—बधाई है घर पर फ़ोन लग जाने के लिए।

उसे शुक्रिया अदा किये बिना मैं पूछ बैठी :

—तुम इतने दिन थी कहाँ?

—प्रमोद पूरे भारत को नपवा रहा था।

यह कहकर जोरों से हँस पड़ी। मैं कुछ कहती कि वह खुद बोल गयी :

—तुम्हें नौकरी मिल पायी या नहीं?

—दो सप्ताह हो गये।

—मिठाई नहीं भेजी?

—भारत के किस कोने में भेजती। वैसे भी भारत की मिठाइयों के सामने हमारी मिठाई किस गिनती में होगी। तुम ऐसा करो कि मेरी ओर से कुछ मिठाइयाँ खरीदकर बाँट डालो। खैर, यह बताओ तुम कैसी हो और अम्बिका तथा डॉ. प्रमोद कैसे हैं?

—हम सब रात में थके-माँदे लौटे हैं फिर भी सभी लोग मज़े में हैं।

—तुम्हें एक बात बताना चाहती हूँ। पर...पर नहीं अभी नहीं। खैर...बाद में बताऊँगी।

—बताओ तो सही क्या बताना है।

विमला को पता चल गया कि मैं सूर्या से बात कर रही थी। वह मुझ तक पहुँचकर बोली :

—माँ, लेट मी टॉक टू मौसी!

—सूर्या..

—मैंने सुन लिया। विमला मुझसे बात करना चाह रही है। फ़ोन दो उसे। ...हेलो डार्लिंग, कैसी हो?

—आय एम फाईन मौसी। तुम कैसी हो?

—अरे मैं भी एकदम ठीक-ठाक हूँ। मॉरिशस कैसा लगा तुम्हें?

—वंडरफुल। मैं हर शाम समन्दर में तैरती हूँ।

—तुम्हें तैरना आता है?

—सीख रही हूँ। मौसी! मैं यहाँ स्कूल भी जाने लगी हूँ।

—वेरी गुड। तुम ज़रा माँ को फ़ोन दो।
—माँ..
—हेलो सूर्या!
—अमित! तुम मुझे सस्पेंस में मत रखो। क्या बताना चाहती थी?
—अगली बार फ़ोन करो तो बताऊँगी।
—देखो अभी सप्ताह भर के लिए मैं इसी फ़ोन नम्बर पर रहूँगी। वक़्त मिलते ही फ़ोन करना...पर ऐसी क्या बात है कि तुम कहकर भी बता नहीं पा रही।
—कहते हैं, सबूरी का फल मीठा होता है। मुझे नौकरी के लिए निकलना है। कल शाम को तुम्हें फ़ोन करूँगी।

19

आज रामनवमी है साथ-ही-साथ पूरे देश-भर में दुर्गापूजा भी हो रही थी। सम्भवत: हमारे घर टेलीविजन के आने के बाद से ही माँ त्योहारों के प्रति पहले से अधिक आस्था लिए हुई थी। रात में भोजन के बाद उसने मुझसे कहा कि सुबह मैं भी उसके साथ त्रिओले के महेश्वरनाथ शिवालय में पूजा के लिए चलूँ। मैंने माँ से कहा कि मुझे नौकरी पर जाना बहुत ही ज़रूरी है क्योंकि मेरे वार्ड से एक लड़की और दो स्त्रियों के ऑपरेशन होने को हैं।

बड़े प्यार से मैंने माँ से कहा कि रामनवमी की प्रार्थना मैं अस्पताल में ही कर लूँगी। जहाँ तक दुर्गापूजा की बात थी, मैंने कहा कि हमारे गाँव की ओर से दुर्गापूजा हो रही हैं उसमें आज रात से मैं अवश्य भाग लूँगी। माँ को ख़ुश कर जाने के लिए यह पर्याप्त था। विमला खुशी-खुशी अपनी नानी के साथ पूजा में जाने को तैयार हो गयी थी। लन्दन में जब पहली बार जन्माष्टमी में जाने के लिए मैंने गुलाबी साड़ी पहनी थी तो सूर्या को पूजा के उस रंग का लिबास मेरे ऊपर बहुत भाया था। तब विमला का जन्म नहीं हुआ था।

उस दिन से जब भी सूर्या के साथ मन्दिर या किसी भारतीय या मॉरिशसीय मित्र के घर किसी त्योहार के अवसर पर जाने की बात हुई तो सूर्या के अनुरोध को टाला नहीं जा सका। फिर तो हर पूजा और त्योहार में मेरे लिए गुलाबी साड़ी या सलवार-कमीज पहनना अनिवार्य-सा हो गया।

बहुत बाद में जब विमला का जन्म हुआ और जब वह मेरे साथ पूजा आदि में निकलने लगी तो उस पहले दिन से उसने चाहा कि वह मेरी गुलाबी साड़ी की तरह गुलाबी झगला पहनकर पूजा में चलेगी। उसकी वह आदत आज भी

बरक़रार है। मेरे घर से निकलने से पहले उसने कहा कि मैं उसके लिए गुलाबी रंग का लहँगा और चोली अलमारी से बाहर निकाल दूँ।

माँ और विमला के घर से निकलने से पहले ही मैं घर से निकल पड़ी। विमला के बार-बार कहने पर मुझे गुलाबी सलवार-कमीज पहननी ही पड़ी। उसने मुझे माँ से यह कहते जो सुन लिया था कि मैं अस्पताल ही में रामनवमी की पूजा कर लूँगी।

20

मेरे लिए यह बात एकदम नयी थी कि हर धर्म के व्यक्ति को अपने विशेष पूजा या त्योहार के अवसर पर उसे घंटे भर की खास छुट्टी मिलती है। अस्पताल के आसपास कोई मन्दिर न होने के कारण अस्पताल के कर्मचारियों द्वारा रामनवमी की प्रार्थना की व्यवस्था अस्पताल के ही एक शान्त स्थल पर पहले ही से की जा चुकी थी। मुझे इस बात का भी सुखद आश्चर्य हुआ कि एक बड़ी संख्या में लोगों ने उस पूजा और कीर्तन में भाग लिया।

लेकिन उस कीर्तन से लौटने पर कोई घंटे भर बाद जब मैंने पूजा में भाग लेने वाले एक डॉक्टर को बड़े रुखेपन के साथ एक मरीज़ पर अपनी खीझ उतारते पाया तो दुखी हो उठी। सुबह उस मरीज का ऑपरेशन तय था लेकिन उसकी बढ़ आयी खाँसी के कारण उसे ऑपरेशन थियेटर में नहीं ले जाया गया। उस स्त्री का कसूर बस इतना ही था कि उसने डॉक्टर से यह पूछ जाने की गुस्ताखी कर दी थी कि आखिर उसके ऑपरेशन को टाल क्यों दिया था। डॉक्टर ने डाँटते हुए जवाब दिया कि वह यहाँ मरीज़ों के सवालों का जवाब देने के लिए नहीं आता है। कई मरीज़ों के साथ वह इसी तरह के रूखेपन के साथ पेश आता रहा है।

सप्ताह पहले ही मुझे अपनी एक सहकर्मी से यह पता चला था कि यह डॉक्टर एक मन्त्री के साथ अपनी पत्नी के नाजायज़ रिश्ते का क्रोध घर पर न निकाल कर यहाँ रोगियों पर निकालता रहता है। मैं उस दुखी मरीज़ के पलंग के पास उससे बात कर रही थी कि डॉ. बलराज ने अचानक सामने आकर अँग्रेजी में मुझसे यह जानना चाहा कि क्या इसके साथ मैं हमदर्दी जाहिर कर रही थी।

मैं तत्काल बोल उठी :

—डॉक्टर, आप मुझसे अपने सवाल के जवाब की उम्मीद रख रहे हैं क्या?

—आपको तनख़्वाह ये लोग नहीं देते, सरकार देती है।

मैं डॉक्टर बलराज की ओर देखकर बोली :

—यह सही है कि मेरी तनख़्वाह मुझे सरकार देती है। अभी दी नहीं, देगी। पर इसका यह मतलब नहीं हो जाता कि हम अपने ऊपर निर्भर रोगियों को अपने जीविका का साधन न मानने की भूल कर बैठें। रोगी के बिना डॉक्टर का औचित्य ही क्या रह जाता है? हम यह क्यों भूल जाते हैं कि जिसकी हम सेवा करते हैं उनके द्वारा दिये जानेवाले टैक्स की बदौलत सरकारी कामगारों की तनख़्वाह की व्यवस्था होती है?

उसने मुझे बीच में रोककर कुछ बोलना चाहा पर मैं रुकी नहीं :

—सरकार के साथ की फ़र्माबरदारी के साथ-साथ अपने रोगियों के भी फ़र्माबरदार होना है। मुझे तो यही सिखाया गया है कि रोगी अपने चिकित्सक को अपना देवता मानता है। हमें अपने रक्षक मानने वालों के साथ हमें देवता न सही, कम-से-कम इन्सानियत से पेश आना चाहिए।

वार्ड का पूरा स्टाफ मेरे इर्द-गिर्द आकर खड़ा हो गया। डॉ. बलराज तेज़ी के साथ वार्ड से बाहर हो गया।

21

मुझे तो उसी समय भारी अचरज हुआ था जब भैया मेरे मामा की बात मानकर लड़की देखने जाने को तैयार हो गया था। तैयार होने की बात तो आश्चर्यजनक थी ही पर उससे अधिक अचम्भा तो इससे पहले हुआ था जब भैया ने मामा से कहा था कि जब लड़की हम लोगों को पसन्द थी तो उसे देखने की क्या ज़रूरत थी। लेकिन जब मामा ने उससे कहा कि उसका लड़की देखना अत्यन्त आवश्यक है तो उससे मेरे मामू की बात टाली नहीं जा सकी थी।

लड़की जिला परिषद के दफ्तर में काम करती थी। लड़की देखकर जब हम मामा के साथ लौट रहे थे तो मामा ने कहा कि उसका परिवार बहुत अच्छा और इज़्ज़तदार है। लड़की मुझे बोलने-देखने में अच्छी लगी। पर समझ में कोई बात अगर नहीं आयी तो वह यह थी कि भैया इतनी आसानी से शादी के लिए तैयार कैसे हो गया। कैसे आँखें मूँद उसने लड़की को पसन्द कर लिया।

घर पहुँचकर अकेले में मैंने भैया से जानना चाहा कि अब तक शादी से कन्नी काटते रहनेवाला अचानक अपनी रजामन्दी कैसे दे गया। पहले तो वह हँसा फिर बोला कि इससे पहले कि वह शादी की उम्र को पार कर जाए, शादी कर ही ले तो अच्छा रहेगा और जब लड़की के बारे में पूछा तो कहा कि जब घर के सभी लोगों को वह पसन्द थी तो उसे क्यों न हो।

भैया के सारे कमज़ोर जवाबों को मैं सुनती रही।

मुझे चुप और गहरी सोच में पाकर उसने पूछा :

—आमी! अब तुम बताओ, तुम्हें वह लड़की पसन्द है न?

—तुम्हारी पसन्द मुझे भी पसन्द है।

—और भाभी?

—भैया को जब भाभी पसन्द आ गयी तो मुझे क्यों पसन्द नहीं आएगी।

मन में कई बार आया कि पूछकर रहूँ— भैया, सचमुच तुमने अपनी खुशी के लिए यह मंजूरी दी है या कि...

इससे आगे बोल जाने की हिम्मत मुझसे नहीं हो पायी थी। भैया के सामने कुछ न बोल पाकर मैं अपने कमरे में अपने आप से बोलती रही :

—भैया, तुम यह शादी न तो अपनी खुशी के लिए कर रहे हो और ना ही हम सभी को खुश करने के लिए। यह शादी तुम इसलिए करने को तत्पर हो गये क्योंकि तुम सूर्या को यह एहसास देना नहीं चाहते कि वह तुमसे बेवफ़ाई कर बैठी। तुम उसे आज भी उस पहले दिन की तरह प्यार करते हो और अपने इस प्यार की इतनी बड़ी कुर्बानी देने पर अमादा हो गये हो।

रात में जब सभी लोग टेलीविजन के सामने बैठे थे तो मैंने नयी दिल्ली फ़ोन मिलाया। उधर से फ़ोन उठाये जाने की खुशी एकदम क्षणिक रही जब फ़ोन उठानेवाले ने कहा कि डॉ. प्रमोद शर्मा और सूर्या घर पर नहीं हैं। कब लौटेंगे, यह भी पता नहीं।

मैंने सन्देश छोड़ दिया कि कल सुबह मैं फिर से फ़ोन करूँगी। भारतीय समय ठीक आठ बजे। टेलीफ़ोन की आवाज़ से बचने के लिए मैंने अपने कमरे का दरवाज़ा बन्द कर लिया। टी.वी. पर हिन्दी धारावाहिक 'हमलोग' चल रहा था। भैया को यह धारावाहिक बेहद पसन्द था फिर भी आज वह टी.वी. के सामने नहीं था। मैं अपने कमरे में बारी-बारी से भैया और सूर्या के बारे में सोचे जा रही थी। सूर्या मेरी ऐसी सहेली थी जो मुझे अपने भैया के माध्यम से मिली थी। उसी से प्रेरित होकर मैं लन्दन पहुँच पायी थी। लन्दन में भी उसका भरपूर सहयोग पाती रही थी। अगर सूर्या नहीं होती तो मैं फ्रेडरिक के दिये हुए दर्द को सह पाने की शक्ति अपने में पैदा न कर पाती।

मैं अपने भाई और अपनी सहेली के बीच खड़ी दोनों के पक्षों को तौलती-सी प्रतीत होने लगी। सूर्या मेरे भाई को उसकी भयंकर बीमारी के क्षणों में भी उसे प्यार करती रही। आज उसके सामने जो स्थिति आ खड़ी हुई है, या जो निर्णय वह ले बैठी है उसके लिए मैं उसे दोषी कैसे मान सकती हूँ। बहुत जल्द वह एक विशेषज्ञ बन बैठेगी और मेरा भाई एक साधारण सेल्समैन। सूर्या को याद

करके एक बात का मुझे बार-बार फ़ख़्र हुआ है कि वह मेरे भाई को उस समय तक प्यार करती रही जब तक वह बीमार रहा। जीवन और मृत्यु से जब तक लड़ता रहा सूर्या दूर रहकर भी उससे जुड़ी रही। उसका नाम हर वक़्त अपने होठों पर लिये रही। जब भी अति भावुक होकर मैंने उसे बेवफ़ा माना उसके लिएं पछताती हुई अपने को कोसती रही।

तो फिर दोषी मेरा भैया था? अपनी ख़तरनाक बीमारी के कारण अपने प्यार को अपने से दूर रखकर क्या उसने अपने निश्छल प्यार का ही सबूत नहीं दिया था?

आज भैया शादी के लिए तैयार है। क्या अपनी खुशी के लिए कर रहा है या कि अपने उस निर्मल प्यार के हित में? मुझे लगा कि मेरे भैया की आवाज़ कहीं बहुत दूर से प्रतिध्वनित कर मुझ तक पहुँच रही थी।

—सूर्या, तुम मुझसे दूर नहीं हुई। दूर तो मैं तुमसे हो रहा हूँ। शादी के बन्धन में बँध जानेवाले प्रेमी की बेवफ़ाई को कैसे क़ुबूल कर पाओगी। तुम जहाँ भी रहो खुश रहो; बस मेरे प्यार की इससे बड़ी सफलता और क्या हो सकती है?

22

अभी तक मैं अपने पूरे गाँव को नहीं देख पायी थी। विशेष कर उन भीतरी इलाकों को, जहाँ कुछ तो सब्ज़ियों के खेत थे और कुछ गन्नों के। जहाँ गाँव के लड़के फुटबाल खेलते थे उसके आगे एक हरा-भरा जंगल था। इन इलाकों में कभी-कभार मैं माँ के साथ गाय-बकरियों के लिए घास या अगौरे की पूलियों के लिए जाया करती थी। सूखा पड़ने पर जब घास का अभाव हो जाता तो हम लोग मवेशियों के लिए हड़जोड़वे काटकर ले आते थे। इस नागफनी के तीन तरफी भागों से काँटों को अलग करने के बाद ही हम उन्हें मवेशियों को खिलाते थे। कुछ गोपालकों का यह दावा था कि नागफनी खाने से गायों का दूध बढ़ आता है। एक बार हड़जोड़वा खाने के बाद जब सोनितवा की माँ की एक गाय मर गयी तो काफी दिनों तक लोगों ने अपनी गायों को नागफनी खिलाना बन्द कर दिया था। पर जब देश में, खास करके उत्तरी प्रान्त में भारी सूखे का सामना करना पड़ा तो नागफनी खिलाने का सिलसिला फिर शुरू होकर ही रहा।

नागफनी वाले भाग में ही हमीद चाचा का सब्ज़ियों का खेत था। उससे कुछ ही दूरी पर पेरेबेर की शुरुआत में ही सफेद माटीवाली वह कच्ची जगह थी जहाँ से हम लोग दलदल में घुटनों तक, कभी तो कमर तक, जाकर सफेद माटी निकाल लाते थे। इस ठोस माटी में पानी मिलाकर उससे घर की दीवारें

रँगी जाती थीं। एकाएक जब मेरी इच्छा हो आयी उन जगहों को देखने की तो हुस्ना को साथ लिया और चल पड़े।

उस ठौर पर रंगबिरंगी चिड़ियों का डेरा था। वहीं पर पहली बार मैंने हरे और लाल रंग के दो तरह के तोते देखे थे। वहाँ के पेड़ों पर एक अलग ढंग की पिड़की होती थी जिसकी आवाज़ सुनकर लगता था कि कोई आदमी सीटी बजा रहा हो। इस जगह को जानेवाले रास्ते में सामलाल लोहार का कारखाना था। पापा की बैलगाड़ी की मरम्मत यहीं होती थी। मैं जब पापा के साथ वहाँ पहुँचती तो मैं भी धौंकनी चलाकर अंगारों का आनन्द लेती थी। उसी लोहे के कारखाने की बगल में सरकारी नल था जहाँ पानी भरनेवाली स्त्रियों का हरदम हुजूम बना रहता और घर-घर की कहानियाँ सुनने को मिल जाती थीं। ठीक उसके सामने जो मुद्दत पुराना कुआँ था, एक लड़की के कूदकर खुदकुशी करने के बाद पत्थरों से भर दिया गया था।

अतीत के वे सारे स्थान, सारी चीज़ें ओझल हो गयी थीं। इस छोर से उस छोर तक बँगले, इमारतें तथा दुकानें-ही-दुकानें उनकी जगह पर फैली हुई थीं।

जब से अपने देश को लौटी हूँ, हर स्थान पर परिवर्तन-ही-परिवर्तन देखने को मिल रहे हैं। अपना गाँव तो एकदम शहर बनता-सा लग रहा था। जहाँ मेरे मन में इस विकास पर खुशी थी, वहीं एक निराशा का भाव भी था। समय की स्मृति के खो जाने की उदासी। गोया कि एक बच्ची बहुत दिनों बाद अपने घर लौट कर किसी बावली की तरह अपनी गुड़िया को ढूँढ़ रही हो। मैंने अपने आपको आश्वस्त करने के लिए हुस्ना से कहा :

—कहते हैं कि हर प्रगति के लिए एक कीमत चुकानी पड़ती है।

हड्डियों तक प्रवेश कर जानेवाली लन्दन की ठंड से मुक्त होकर जब अपने देश को लौटी थी तो यहाँ की गरमी बहुत अच्छी लगी थी। लेकिन अब तो यह गरमी सताने लगी थी। जो राहत शुरू में मिली थी अब वही गरमी झुलसाती-सी लग रही थी। लोग तो यह कह रहे थे कि गरमी अपनी अवधि भूलकर चिपक गयी है। महाशिवरात्रि और होली के दौरान की बारिश के बाद ठंड का एहसास होना शुरू हो जाता है। अप्रैल के खत्म होने के बाद बरसात और तूफान की सम्भावनाएँ जाती रहती हैं पर इस बार तो मई पार होने को थी और गरमी अब भी अकड़ी हुई थी।

बस से उतरी तो लगा कि पूरा बदन चिपचिपा था। रूमाल से बस अपने [illegible] पर के पसीने को पोंछ सकी। पहली बार इतनी अकुलाहट हुई थी मुझे।

बस में बातें करते हुए लोग कह रहे थे कि लगता है इस बार ठंड का मौसम आएगा ही नहीं।

मैं ठिठक गयी क्योंकि बस के पीछे की सीट पर जो दो सहेलियाँ थीं वे अभी बस से उतर नहीं पायी थीं। दोनों ही एक ही वार्ड में मेरी सहकर्मी थीं। दोनों त्रिओले की थीं। पिछले दिनों की रात की ड्यूटी के बाद दोनों आज से दिन की ड्यूटी पर थीं। उनके पास आ जाने पर मैंने घड़ी देखी। शिफ्ट समय से दस मिनट पहले ही हम पहुँच आये थे।

मेरी अपनी पहली नाइट शिफ्ट अगले सप्ताह शुरू होने को है।

हमें अपने वार्ड तक पहुँचने में तीन मिनट लगे। हमारे वार्ड की प्रमुख नर्स हमेशा हमसे पाँच-दस मिनट पहले ही पहुँच जाती है। आज भी वैसा ही हुआ था। रजिस्टर में हाजिरी दर्ज करके मैं जैसे ही प्रमुख नर्स के सामने हुई कि वह बोली :

—अमिता! सुपरिंटेंडेंट का फ़ोन आया था। उन्होंने कहा कि तुम आते ही उनके दफ्तर पहुँचो।

23

मैं गलियारे में थी जब दायीं ओर की सीढ़ियों से उतरते हुए उस व्यक्ति ने मुस्कराते हुए मुझे सम्बोधित किया :

—हेलो!

मेरे एकदम पास आ जाने पर उसने कहा :

—अमिता भरत?

मुझे चेहरा एकदम अनजान तो नहीं लगा पर साथ-ही-साथ उसे पहचान पाने में दिमाग़ पर ज़ोर देना पड़ा। मुझे उस स्थिति में पाकर उसने कहा :

—मुझे नहीं पहचान रही? याद है लन्दन में डॉ. प्रमोद शर्मा और...

—अच्छा तो आप डॉक्टर नन्दूचन्द हैं? दाढ़ी...?

—गनीमत है पहचान तो पायी! वैसे मैं यहाँ नहीं, पोर्टलुई के सिविल अस्पताल में हूँ। सप्ताह में एक दिन यहाँ आता हूँ। यह तो बताओ कि तुम लौटी कब और कब सर्विस ज्वाइन की!

—दूसरा महीना है...।

—अरे, फिर तो हमें बहुत पहले मिल जाना चाहिए था। किस वार्ड में हो तुम?

मेरे बताने पर डॉक्टर नन्दूचन्द ने कहा :

—उस वार्ड में तो हर बुधवार को मैं...अरे हाँ, इधर तीन सप्ताह के लिए मैं रोड्रिग द्वीप में रहा। कल ही लौटा हूँ। अच्छा यह तो बताओ कि डॉ. प्रमोद और उसकी बहन...क्या नाम था उस लड़की का...?

—अम्बिका।

—हाँ अम्बिका और तुम्हारी वह सहेली...

—सूर्या!

—अरे हाँ, दो महीने लन्दन के उस विशेष प्रशिक्षण के बाद जब मैं यहाँ लौटा तो पता चला कि सूर्या तो मेरे चचेरे भाई की साली ठहरी। वह तो आजकल अपने स्पेसिलाइजेशन में लगी होगी।

—हाँ, बात कुछ ऐसी ही है।

—तुम्हारी वह गुड़िया...? विमला...परी! देखा! उसके दोनों नाम मुझे याद हैं।

—यहाँ आकर तो और भी बातूनी हो गयी है। वैसे उसका एक ही नाम है। परी तो कभी मैं प्यार से कह जाती हूँ।

—बहुत ही प्यारी लड़की है। एकदम परी जैसी।

—उतनी ही नटखट भी। आपने परी देखी है क्या?

—इस तरह हड़बड़ाई-सी तुम कहाँ जा रही थी?

—अस्पताल के सुपरिंटेंडेंट से मिलने।

—कोई समस्या...?

—उन्होंने बुलाया है।

—अगर कोई प्रॉब्लम हुई तो मुझे बताना। मैं उसका सीनियर हूँ पर उसकी तरह राजनेताओं के साथ मेरा कोई खास लगाव नहीं। अगर होता तो आज उसकी जगह पर मैं होता।

मैंने अपनी घड़ी देखी। वह बोल उठा :

—सुपरिंटेंडेंट ने अगर तुम्हें नौ बजे बुलाया है तो वह तुमसे दस बजे से पहले मिलेगा ही नहीं।

इंग्लैंड में दस साल बिताकर भी वह समय का पाबन्द नहीं हो सका। चलो, कैंटीन में चाय पी लेते हैं फिर...

—नहीं डॉक्टर। मैं नयी-नयी नौकरी पर हूँ। पूरी फर्माबरदारी जतानी ही होगी।

—इसका मतलब हुआ अब अगर हमारा मिलना हुआ तो बस वही अगले बुधवार को ही...

—अगले बुधवार को ज़रूर मिलेंगे।

—और कैंटीन में चाय भी पिएँगे।

—अवश्य!

—तो फिर ठीक है...पर हाँ अगर कोई प्रॉब्लम हुई तो...।

उसने अपनी जेब से कार्ड निकालकर मुझे थमा दिया।

—इसमें मेरे घर और सिविल अस्पताल, दोनों के फ़ोन नम्बर हैं। फ़ोन ज़रूर करना।

—अगर कोई समस्या हुई तो...।

समस्या हुई या न हुई तुम फ़ोन ज़रूर करना।

—मैं फ़ोन ज़रूर करूँगी, डॉक्टर।

24

सुपरिंटेंडेंट दफ़्तर के सामनेवाले वेटिंगरूम में मैं अपने बुलाये जाने की ताक में बैठी रही। पच्चीस मिनट पहले डायरेक्टर की सेक्रेटरी बोल गयी थी कि पाँच मिनट में मुझे बुलाया जाएगा। अस्पताल के प्रमुख डॉक्टर को कोई सुपरिंटेंडेंट कहता तो कोई डायरेक्टर। डॉक्टर नन्दूचन्द का यह कहना एकदम सही रहा कि नौ बजे बुलाया गया है तो मिलना दस से पहले नहीं होगा।

डॉक्टर विक्रम नन्दूचन्द लन्दन की हमारी उस पहली मुलाकात के बाद महीने भर वहाँ ठहरा था। नेत्र विशेषज्ञों की एक कार्यशाला में आया हुआ था। इस महीने प्रायः रोज ही हमारी मुलाकात होती रही थी क्योंकि उसकी कार्यशाला हमारे ही अस्पताल में चल रही थी। मेरे घर उसका पहली बार आना सूर्या के साथ ही हुआ था। विमला के साथ उस पहले ही दिन से उसकी दोस्ती हो गयी थी।

विमला से बातें करने के बहाने फ़ोन करता था और आधे घंटे तक उसकी वे सारी बातें मेरे साथ होती रहती थीं। दूसरी बार इतने ही लम्बे समय तक बात करने के बाद उसने पूछा था कि कहीं वह मुझे बोर तो नहीं कर रहा था। मन में तो आया था कि कह दूँ कि नाक में दम कर रहे हो पर झूठा शिष्टाचार निभा गयी थी।

उस दिन लन्दन बर्फ से ढँका हुआ था जब वह मेरे यहाँ आ धमका था। हैरानी तो हुई थी पर साथ-ही-साथ ऐसे खराब मौसम में अपने होटल से यहाँ तक पहुँच आने के उस साहस की तो दाद देनी पड़ी थी। उस दिन गरम कॉफी पीते हुए उसने विमला को एक कहानी सुनाई थी। बाद में उसने मुझे भी एक कहानी सुना ही डाली थी। वह एक राजकुमार की कहानी थी। कहानी सुनाने

का उसका ढंग बड़ा निराला था। लगा था कि कोई अभिनेता कहानी के उन क्षणों को सचमुच ही जी रहा था। कहानी कुछ इस तरह की थी :

...राजकुमार के न चाहने पर भी उसके माँ-बाप ने उसकी शादी एक अनजान राजकुमारी से कर डाली। राजकुमारी सुन्दर थी पर इतनी अधिक गम्भीर रहती थी कि उसकी आँखों में एक ख़ुमारी-सी छायी रहती थी। उसके होंठ कभी हिलते नज़र नहीं आते। चेहरे पर एक सन्नाटा होता था।

एक दिन अचानक उसकी आँखों की ख़ुमारी मिट गयी और पुतलियों के भीतर से अंगारे धधक उठे। उसके होठ हिले और वह जोरों से चिल्ला उठी :

...मैं यहाँ एक पल भी नहीं टिक सकती। मैं लौट रही हूँ, वहाँ जहाँ मेरा आशिक मेरी राह देख रहा है। मैं किसी अनजान के साथ ज़िन्दगी बसर नहीं कर सकती। मुझे अपने प्यार की दुनिया में जाने से कोई नहीं रोक सकता। मैं जा रही हूँ...मैं जा रही हूँ...मैं जा रही हूँ।

राजकुमार का महल इस गर्जन से डगमगा उठा।

तूफान थमा तो वह राजकुमार महल छोड़ परदेश चला गया। परदेश में एक दिन उसकी मुलाकात एक लड़की से हुई जो अनजान थी पर मुद्दतों की जानी-पहचानी-सी लगी। उसकी एक गुड़िया थी, बेहद प्यारी।

राजकुमार ने एक दिन उस गुड़िया से पूछा :

—तुम चलोगी मेरे साथ परियों के देश में?

—मेरी माँ तो मुझे ही परी कहती है।

—परी तो तुम हो ही। परी होकर परियों के देश से दूर क्यों रहती हो?

गुड़िया बोली।

—क्या मेरी माँ भी साथ चलेगी?

—तुम्हारे बिना तुम्हारी माँ अकेले यहाँ थोड़े ही रह पाएगी!

—पूछकर देखो।

—मैं पूछूँगा। जरूर पूछूँगा।

और एक दिन राजकुमार ने गुड़िया की माँ से पूछा :

—कैसी लगी तुम्हें यह कहानी?

गुड़िया की माँ चुप रही।

राजकुमार ने उससे कहा :

—मैं अपने प्रश्न के उत्तर की प्रतीक्षा करूँगा।

डायरेक्टर की सेक्रेटरी की आवाज़ थी वह, जो मैं सुन पायी।

—आप भीतर जा सकती हैं।

मैंने घड़ी देखी। डॉक्टर नन्दूचन्द की बात एकदम सही थी।

25

वह काफ़ी बड़ा दफ़्तर था। एक ओर सोफे थे दूसरी ओर एक छोटी मेज़ के इर्द-गिर्द चार कुर्सियाँ थीं जो एक ही झलक में मैं देख गयी। पीछे की दीवार से थोड़े ही फासले पर एक लम्बी मेज़ थी जो एक ओर मुड़ी हुई थी। मेज़ के सामने पहुँचकर मैं ठिठकी रही क्योंकि डायरेक्टर फ़ोन पर किसी से बातें कर रहा था। बैठे हुए भी कद से वह मुझे एक लम्बा व्यक्ति लगा।

उसने मुझे देखा फिर भी ऐसा जैसे कि देखा ही नहीं। मैं खड़ी-की-खड़ी रही। उसके पीछे सिर से ऊपर दीवार पर देश के प्रधानमन्त्री की तस्वीर थी। वह बात कर ही रहा था कि मेज़ पर का दूसरा फ़ोन घनघना उठा। अपनी फ़ोन पर चल रही बातों को जारी रखते हुए उसने दूसरे फ़ोन को बजते रहने दिया। कोई मिनट भर बाद ही उसने अपने हाथ के चोंगे को उसकी जगह पर रखकर बज रहे फ़ोन को उठाया। उधर की आवाज़ सुनकर उसने रूखेपन के साथ कहा :

—आप मेरी सेक्रेटरी से बात कीजिए।

और झटके के साथ फ़ोन को क्रेडिल पर रख दिया। मेरी ओर देखा।

—येस!

—आपने मुझे बुलाया है।

—मैंने?

—हाँ डॉक्टर।

—क्या काम है?

—आपने मुझे बुलाया है। मेरा नाम अमिता भरत है।

—अच्छा तो तुम हो वह नर्स...! बैठो।

मेरे बैठने से पहले ही वह पूछ बैठा :

—कब से काम कर रही हो इस अस्पताल में?

—दूसरा महीना है सर।

—अभी दो महीने भी नहीं हुए और तुमने बदतमीज़ी शुरू कर दी!

—कैसी बदतमीज़ी?

—डॉ. बलराज यहाँ के वरिष्ठ हैं और तुमने मरीज़ों के सामने उनका अपमान किया।

—मैंने उनका अपमान नहीं किया।

—उसे पागल कुत्ते ने काटा है जो नाहक तुम्हारी शिकायत मुझसे करे?

—मैं फिर कह रही हूँ सर, मैंने उनके साथ कोई बदतमीज़ी नहीं की है।

उसने अपने सामने की फाइल के पन्ने उलटे। ग़ौर से देखने के बाद मेरी ओर देखा और सवाल किया :

—तुमने लन्दन में नर्सिंग की है?

—जी हाँ। वहाँ के तीन अस्पतालों में साढ़े सात वर्ष काम भी किया है।

—इसका यह मतलब नहीं कि तुम अपने सुपीरियर के साथ बहस करके रोगियों और नर्सों के सामने उसकी बेइज़्ज़ती करो।

—ऐसा कुछ भी नहीं हुआ।

—वह मुझसे झूठ बोल गया?

—वार्ड के सभी लोग गवाह हैं...।

—तुम इस दफ़्तर को अदालत समझ बैठी हो क्या?

—मुझे अपनी सफाई पेश करने का मौका तो मिले।

—देखो, लन्दन में साढ़े सात साल काम करके इतना तो तुम जान ही गयी होगी कि अस्पताल में डॉक्टर डॉक्टर होता है और एक नर्स नर्स होती है।

—आप इसे अन्यथा न लें अगर मैं कहूँ कि अस्पताल में रोगी भी होते हैं जिनके बिना न तो डॉक्टर की कोई हैसियत बनती है और न ही नर्स की।

फ़ोन की घंटी बज उठी। डायरेक्टर ने चोंगे को उठाया फिर तुरन्त रख दिया। मेरी ओर देखता रहा।

—लन्दन में नर्सों को प्रशिक्षण भी देती रही हो?

—जी हाँ।

—तुम्हारी फाइल देखने के बाद यह जानने को मिला कि तुम एक बहुत अच्छी नर्स हो। और चूँकि तुम्हारे खिलाफ़ यह पहली शिकायत है इसलिए मैं इस मामले को आगे बढ़ाना नहीं चाहूँगा। आइन्दा अपने सुपीरियर को सभी के सामने लज्जित मत करना। मैं अपमानित न कहकर लज्जित कह रहा हूँ। उम्मीद है कि तुम मेरी बात को अच्छी तरह समझ गयी होगी। आय विश यू ऑल द बेस्ट। अब तुम जा सकती हो।

मैं जब कुर्सी छोड़कर उठी तो उसने कहा :

—अगर एक अस्पताल को अच्छा डॉक्टर चाहिए तो साथ-ही-साथ अच्छी नर्स भी।

26

बड़े भैया के विवाह का दिन तय करने के लिए दोनों परिवारों के सदस्य हमारे ही घर पर मिले। पुरोहित ने अपनी पोथी के पन्नों को बार-बार उलटने-पलटने के बाद बताया कि इस महीने दो अच्छे लगन हैं। उन दोनों में उन्होंने चौथे सप्ताह

वाली तिथि को अधिक मंगलमय बताया जिसे दोनों परिवार के लोगों ने सहर्ष स्वीकार कर लिया। सबसे अधिक इर्षित तो मैं थी। मेरी तो जैसे मुद्दत की मुराद पूरी हो रही थी।

मन तो करता है कि इसी सुखद क्षण के साथ मैं अपनी यह कहानी समाप्त कर जाऊँ। जायज़ तो यही था क्योंकि मेरे अपने जीवन की इससे अधिक सुनहरी घड़ी और हो ही क्या सकती है। मैं तो घर से बाहर जाकर समुद्र-किनारे लहरों की थिरकन के साथ झूम उठना चाहती थी। लगा कि जिस घर-आँगन को मेरी शादी से महरूम रहना पड़ा, उसकी पूर्ति हो रही है।

मेरी इस कहानी के समाप्त होने का इससे अधिक मंगलमय क्षण और हो ही क्या सकता है? दुविधा में पड़ी अपने आपसे पूछती रही। अब क्या कहना बाकी है? मेरी अपनी जिन्दगी की सबसे महत्त्वपूर्ण और सबसे बड़ी खुशी तो हासिल हो गयी। अब इससे बड़े दिन की कामना तो मेरे भीतर पैदा हो ही नहीं सकती। पर नहीं...।

मेरे भाई की शादी के चन्द सप्ताह ही बाकी हैं। इस अफ़साने में तो मैं ज्यादातर अपने दुख-दर्दों का ही बखान-बयान करती रही। अब जब कि एक अवसर ऐसा मिला है जिसमें अपने भीतर की उमंगों को मैं व्यक्त कर सकूँ तो इससे क्यों चूकूँ? मैं तो अपने दुख-दर्दों को बाँटती रही। अब कम-से-कम अपनी खुशियों को भी तो बाँट सकूँ।

पुरोहित ने मेरी माँ को सम्बोधित करते हुए कहा :

—देखिए बहन, आप लोग चाहें तो लेन-देन की बात कर सकते हैं।

तभी भैया ने अब तक अपनी लम्बी ख़ामोशी को तोड़ा :

—पंडित जी, आप किस लेन-देन की बात कर रहे हैं?

—बेटे, वही जो शादी-ब्याह के अवसर पर की जाती है।

—आप कहीं...

—मैं तुम्हारा संकेत समझ गया बेटा। टेलीविजन पर आनेवाली कल रात की हिन्दी फिल्म मैंने भी देखी थी। तुम उसी दहेज़ के तकाज़े की बात सोच बैठे क्या?

बीच में मेरे भाई के ससुर बोल उठे :

हमारे देश में दहेज की प्रथा चाहे न हो, पर हम बेटीवाले तिलक के लिए तो आएँगे ही। हम बेटीवाले हैं अपनी जिम्मेवारी...

मामू को बोलना ही पड़ा :

—देखिए भाई साहब, हमारी जिम्मेदारियाँ अपनी सन्तानों की शादी करके उन्हें अपने नये जीवन की शुरुआत करने का अवसर देना होता है। हमारे लिए

यह बड़े सौभाग्य की बात है कि हमारे बीच जानलेवा दहेज का सवाल उठता ही नहीं।

मेरे मामा के चुप होते ही मेरे भाई की सास ने अपने अत्यन्त ही धीमे स्वर में कहा :

—पंडित जी ने जो बात कही, वह एकदम सही है। उन्होंने दहेज की बात नहीं की, पर हम जानते हैं कि शादी के अवसर पर लेन-देन की बात तो होती है। इसलिए हमारा यह बताना ग़लत नहीं होगा कि हम अपनी लड़की को सभी दुल्हनों की तरह कपड़े-लत्ते और गहने आदि...

माँ बीच ही में बोल उठी।

—देखिए समधन, मेरी अपनी शादी के अवसर पर मेरे ससुर ने मेरे माँ-बाप से जो माँग की थी वह माँग मैं भी आप लोगों से करना चाहूँगी।

हम सभी ने चकित से होकर माँ की ओर देखा। मैं तो दहल उठी...आखिर माँ क्या माँगने जा रही है?

फिर तो माँ ने बात कह ही डाली :

—मेरे ससुर ने मेरे माँ-बाप से कहा था आप लोग तिलक की रस्म के दौरान मात्र सवा रुपये देंगे इससे एक कौड़ी भी ज्यादा हमें स्वीकार नहीं होगा। अपनी बेटी और मेरी बहू को आप सजा-धजाकर भेजें पर जहाँ तक तिलक का प्रश्न है, मेरी माँग भी मेरे ससुरवाली ही होगी। वह तो तब की बात थी जब चवन्नी, अठन्नी और रुपये की बात होती थी। आज की बात कुछ और है।

वह चुप हो गयी। हम सभी अवाक् माँ को देखते रहे। वह आगे बोली :

—अब तो चवन्नी, अठन्नी ओझल हो गयी इसलिए माँग बस यही है कि आप तिलक के मौके पर सवा सौ रुपये से एक भी रुपया ज्यादा नहीं देंगे। बस, दूसरे दिन अपने घर की लक्ष्मी, मेरी बहू को हमारे हवाले कर दीजिए।

मैं माँ की बगल में बैठी थी। मेरी बाँहें उसके गले से लिपट गयीं और मैं अपने आँसुओं को नहीं रोक पायी।

27

रात की नौकरी के बाद माँ के कहने पर दिन में सोने की कोशिश करके भी घंटे भर के लिए भी सो नहीं पाती। अनिल घर पर होता तो उसके साथ मैं घूमने निकल पड़ती। कभी विमला भी साथ हो जाती। फिर तो हम दोनों भाई-बहन से वही अधिक बातें करती रहती थी। अनिल तो उसकी बातों में शामिल होकर

अपने दफ़्तर के साथियों की बातें उसे बताने लग जाता और मैं अपने सामने के वर्तमान को देखते हुए भी अतीत में खो जाती। समन्दर और अधकटे जंगल के बीच के ऊबड़-खाबड़ रास्ते अब बैलगाड़ियों की जगह कारों और बसों के दौड़नेवाली सड़क बन गये थे। कुछ ही मीटर की दूरी पर समन्दर के करीब से निकलनेवाली जो पगडंडी थी, हमें वह आम सड़क से अधिक भाती थी।

अब तो उसकी बगल में न तो बरगद का पेड़ था और न ही पीपल का पुराना वृक्ष। फिर कँटीली झाड़ियों के बीच मुझे वे पेड़ अब भी दिख जाते थे। अतीत की उन सारी बातों की तरह वे दृश्य अदृश्य होकर भी मेरे ज़ेहन से निकलकर आँखों के सामने थिरक उठते थे। झावे के पेड़ भी नदारद थे पर उनकी सरसराहट कानों में गुदगुदी-सी पैदा कर ही जाती थी। कालीमाई के पास वाला बेल का पेड़ आज भी आँधी-तूफानों से अपने को बचाये हुए खड़ा था। आम का वह पुराना पेड़ भी जैसा का तैसा था पर उसकी बगल में जमीन से निकले पत्थरों की जो ऊँची मुँडेरें थीं, उनकी जगह बबूल के पेड़ उग आये थे। उनके बीच वह टीला भी उसी तरह खड़ा था जिस कटहल और जामुन के पेड़ से हम उनके पक्के फलों का लुत्फ़ उठाते रहते थे, वे ओझल थे। रज़िया तो लड़कों से तेज़ गति के साथ जामुन के पेड़ पर चढ़कर उस डाली तक पहुँच जाती थी जो पके जामुन से लदी होती थी। उन ग़ायब पेड़ों को मैं देखती रहती।

वह दृश्य आँखों के सामने झिलमिला उठा जब रजिया की सफेद ओढ़नी जामुनी रंग की हो चली थी और अपनी माँ की पिटाई से बचने के लिए वह मेरी माँ की पीठ के पीछे छिप गयी थी। तभी से हम सभी सहेलियाँ उसे जमुनिया नाम दे चुकी थीं। लड़कों में वह सिर्फ अशरफ था जो उसे इस नये नाम से पुकारता था। रजिया जहाँ इस नाम से चिढ़कर हमारे पीछे दौड़ पड़ती थी वहीं अशरफ से यह नाम सुनकर वह खिल उठती थी। अशरफ जब मोंस्वाज़ी कोठी के गन्ने के खेतों में लॉरी पर गन्ने लादते हुए ऊपर से गिरा था तो मैं और रजिया वहीं पास में अगौरे की पुलियाँ बटोरने में लगी हुई थीं। अस्पताल पहुँचाये जाने से पहले ही अशरफ ने हमेशा के लिए आँखें बन्द कर ली थीं और रजिया तभी से रजिया नहीं थी।

बहुत बाद में जब उसकी शादी की बात चली थी तो वह मेरे सामने बिलख उठी थी :

—मीत! मेरा निक़ाह तो अशरफ से होना था न?

वह मुझे भी रुला जाती थी।

आज मुझे जामुन के पेड़वाले टीले के सामने ठिठक जाने पर अनिल ने पूछा :

—दीदी! तुम्हें अशरफ की वह दुर्घटना याद आ गयी न?

—मुझे रजिया याद आ गयी।

बात-बात पर सवाल कर जानेवाली विमला भला चुप कैसे रह सकती थी। पूछ ही बैठी :

—हू इज़ रजिया माँ?

—तुम्हें उसके घर ले चलेंगे कभी।

आज एकाएक रजिया की याद इतनी बुलन्दी से आ जाने की वजह यह है कि सुबह रेडियो पर बहुत दिनों बाद 'आह' फिल्म का यह गाना सुनने को मिल गया, जो मैं जानती उनके लिए मेरे दिल में इतना प्यार है...। रजिया का प्रिय गाना था यह जिसे वह गुनगुनाती रहती थी। मैंने जब उससे पूछा था कि आखिर वह किसकी याद में यह गाना गाती रहती है तो उसने सिर्फ इतना कहा था :

—अभी तक तो कोई नहीं है।

—सच्च बोल जाने से डरती हो?

—याद है, जब हम दोनों ने एक बार एक भयानक सच कहा था तो हमें कितनी डाँट पड़ी थी?

—एकदम याद है।

—पुजारी और इमाम के झूठ पर हमारे सच को झूठ करार दिया गया था।

रजिया के इस प्रिय गाने ने बचपन के उस दृश्य को आँखों के सामने साकार कर दिया।

टीले पर के धुँधलके में पुजारी और इमाम, दोनों अपने बीच में बैठी क्रिस्तोफ की बेटी सीमोन को जामुन खिलाने में होड़ लगाये हुए थे और फिर...

तभी हम दोनों वहाँ से भाग निकली थीं।

28

डॉक्टर विक्रम नन्दूचन्द का सुबह से अब तक का वह चौथा फ़ोन था। पहले दो मैंने उठाये थे। तीसरे-चौथे को माँ ने उठाया था और मेरा इशारा पाकर वह दोनों बार उससे एक ही बात कहकर फ़ोन क्रेडिल पर रख दी थी। तीसरी बार मैं विमला को नहलाने में लगी हुई थी और चौथी बार खुद स्नान करने स्नानागार में प्रवेश कर रही थी और अब जब पाँचवीं बार फ़ोन खुद उठाकर मैंने उसकी आवाज़ सुनी तो अपने को काबू में रखकर कहा :

—विक्रम! बच्चों की तरह पेश मत आओ।

—बच्चों की तरह तो तुम पेश आ रही हो।

—तुम मुझे समझने का प्रयत्न करो।

—यह सुझाव मुझे न देकर स्वयं को क्यों नहीं देतीं?

—क्योंकि मैं नहीं, बचकानी हरकत तुम कर रहे हो।

—प्यार और शादी की बात को तुम बचकाना मान रही हो?

—मैं प्यार को बचकाना नहीं मान रही पर शादी की बात को मैं गम्भीर मुद्दा नहीं मान सकती। वह भी हम दोनों के बीच।

—मैं अकेला हूँ, तुम अकेली...।

—मैं अकेली नहीं हूँ। मेरे इर्द-गिर्द हर वक़्त मेरा अपना परिवार होता है।

—पर जब तुमने लन्दन में शादी की थी उस समय तुम्हारा कोई परिवार नहीं था क्या?

—देखो, मैं तुम्हारे हर प्रश्न का उत्तर नहीं दे सकती।

—हर प्रश्न का मत दो। इस छोटे से सवाल का जवाब तो दे सकती हो?

—मैं तुमसे प्यार नहीं करती। तुमसे शादी भी नहीं कर सकती।

—क्यों? क्या कमी है मुझमें?

—मैं कमी और योग्य की बात नहीं कर रही।

—तो?

—इतना लम्बा सवाल मुझसे मत करो।

—छोटा-सा उत्तर तो दे सकता हूँ।

—मैंने कोई प्रश्न किया ही नहीं।

—अमित! मैं तुमसे प्यार करता हूँ, तुम्हें अपनी पत्नी बनाना चाहता हूँ।

—पहले ही बिक चुकी चीज़ को खरीदने की बात मत सोचो।

—मैं चीज़ की बात नहीं कर रहा।

—और मैं परी और राजकुमार की कहानी पर यकीन नहीं करती।

—प्यार पर भी नहीं?

—उसका अंजाम देख चुकी। आज भी भुगत रही हूँ।

—और मैं तुम्हें तुम्हारे अतीत से मुक्त करना चाहता हूँ।

—मेरा अतीत, मेरा वर्तमान और मेरा भविष्य मेरी बच्ची है।

—इस वर्तमान और भविष्य को हम मिलकर और भी सुनहरा बना सकते हैं।

—डॉक्टर विक्रम! यू आर हैरासिंग मी।

—नहीं अमित मैं तुम्हें परेशान कर पाने की बात तो सपने में भी नहीं सोच सकता।

—लेकिन मैं तुम्हारी हरकत से परेशान हो चुकी हूँ।

—अपनी उम्र...।

प्लीज़, मुझे नसीहत देने की कोशिश मत करें। मैंने आपको पहले ही दिन से अपना दोस्त माना है। इसलिए आज भी यह अनुरोध करूँगी कि हम एक-दूसरे के दोस्त ही बने रहें।

—दोस्त की बात करती हो और 'तुम' की करीबी से 'आप' के दूराव तक पहुँच गयी!

—तुम मेरे दोस्त हो विक्रम। इस रिश्ते को कोई दूसरा नाम देकर इसके महत्त्व को घटाओ मत।

—यही तुम्हारा आखिरी निर्णय है?

—तुम्हारी दोस्त बने रहने में मुझे बेहद गर्व होगा।

29

हमारे द्वीप में गरमी का मौसम अक्टूबर से पहले ही शुरू हो जाया करता है लेकिन इस बार अक्टूबर समाप्त हो गया फिर भी गरमी का मौसम जैसा नहीं था। इस बात की हैरानी मेरी माँ और मेरे भाइयों को भी थी। विमला तो क्रिसमस के आगमन की बेचैनी लिए यह पूछ जाती थी कि क्या सचमुच क्रिसमस के दिनों में यहाँ बर्फ़ नहीं पड़ती। वह मुझसे और अपने दोनों मामा से कई बार पूछ बैठी थी कि जब यहाँ बर्फ़ नहीं पड़ेगी तो सान्ताक्लॉज़ की हिरणोंवाली गाड़ी यहाँ कैसे पहुँच पाएगी।

गरमी के मौसम के पहुँचने की देरी के कारण काली घटाओं के छाये रहने के बावजूद पानी बरसने का नाम ही नहीं ले रहा था। विमला की तरह मेरे मन में भी असमंजस के भाव पैदा हो आये थे। बचपन की यादें एकदम सजीव होकर मन में गुदगुदी पैदा करने लगी थीं। एक बेसब्री-सी पैदा हो आयी थी कि कब मूसलाधार बारिश हो और मैं आँगन में बौछारों के बीच झूम उठूँ। लेकिन उन दिनों तो हम सभी सहेलियाँ गुड़िया का खेल छोड़कर भीगने का लुत्फ़ उठा रही थीं। अब तो मैं अकेली हूँ, फिर भी भीगने का आनन्द तो मिल ही जाएगी चाहे समूह वाला वह मज़ा न आये।

मैं अपने इन्हीं ख्यालों में तैर रही थी कि फ़ोन बज उठा। मैंने लपककर तीसरी घंटी से पहले ही उसे उठा लिया।

—हेलो! हाँ...हाँ मैं अमित ही बोल रही हूँ। क्या नाम बताया आपने?

—मेरा नाम ब्रिजित है। मैं फ्रांस से यहाँ आयी हूँ। आपसे मिलना चाहती हूँ।

—आपने अपना नाम ब्रिजित बताया...?

—हाँ।

—आप...?

—मैं फ्रेडरिक की बहन हूँ।

—आपको मेरा फ़ोन नम्बर कहाँ से मिला?

—मैंने इंग्लैंड आपके अस्पताल में फ़ोन किया था। मेट्रन सोफिया ने मुझे आपका नम्बर दिया।

—आप मुझसे क्यों मिलना चाहती हैं?

—फ़ोन पर नहीं बता पाऊँगी।

—आपके साथ...

—मेरे साथ फ्रेडरिक नहीं है। मेरा पति और मेरी लड़की मेरे साथ हैं। हम लोग फ्लीक आँ फ्लाक के एक होटल में ठहरे हुए हैं। हमारा आपसे मिलना बहुत ही ज़रूरी है।

—आप मिलने की वजह तो बताएँ।

—पहले मिलें तो सही। आप हमें अपना पता...

—देखिए मैं...

—मैं आपको अच्छी तरह समझ रही हूँ। हमारा मिलना ज़रूरी है...।

—जे स्वी नाव्रे...

—नहीं...सिल-वू-प्ले। आप इनकार न करें। मैं अपने परिवार के साथ इस द्वीप में सैलानियों की तरह नहीं आयी हूँ। आपसे मिलने आयी हूँ।

—मैंने कहा न! जे ने पे पा वू रांकोत्रे।

—यह जान लेने के बाद भी कि मेरा भाई...?

—मैं फ़ोन रख रही हूँ।

—मेरा भाई अब इस दुनिया में नहीं रहा।

—क्या?

—कार दुर्घटना में उसकी मौत हो गयी। आज से दो महीने पहले...।

बगल से माँ की आवाज़ आयी :

—क्या बात है बेटी?

मुझसे माँ के सवाल का जवाब नहीं बन पड़ा। फ़ोन के चोंगे की आवाज़ झनझनाती रही।

—अमित सिल लू प्ले। मुझे अपना पता दे दो...।

—घर न सही। कोई भी एक जगह बता दो जहाँ हम मिल सकते हैं। जे वू आँ प्री...।

30

रात में मेरा मानसिक द्वन्द्व काफी देर तक बना रहा।

दिन में विवश होकर मैंने ब्रिजित से मिलने की बात मान ली थी पर अब भी अपने आप से उलझती रही :

—मैंने उससे मिलने की बात क्यों मान ली?

मेरे भीतर के ख़्यालों की आपाधापी बनी रही। समझना कठिन हो रहा था कि फ्रेडरिक की अचानक मृत्यु की सूचना से मैं निर्मम क्यों बनी रही। कोई तो असर मेरे भीतर होता। अजनबी की मृत्यु से भी आदमी दुखी हो उठता है और मैं थी कि जिसे मैंने कभी अपने से भी अधिक प्यार किया था, उसके लिए आह तक नहीं भर पायी। क्यों? आखिर क्यों?

एक और बात जो मेरी समझ से बाहर की थी वह ब्रिजित का मुझसे मिलने फ्रांस से मॉरिशस पहुँचना। कहीं ऐसा नहीं कि फ्रेडरिक की मौत महज एक बहाना हो और वह भी ब्रिजित के साथ आया हुआ हो। अपने इस ख़्याल से मैं लज्जित हो रही।

मैंने आधी रात में भी अपने कमरे की बत्ती को जलते छोड़ दिया था। दीवार पर ठीक मेरे सामने घड़ी साढ़े बारह का संकेत दे रही थी। उसकी दायीं ओर मेरी वह तस्वीर थी जो अम्बिका के भाई डॉ. प्रमोद ने लन्दन के एक भारतीय रेस्तराँ के सामने ली थी। उस दिन सूर्या, मंजुला और अंजली भी साथ थीं। ग्रुप फोटो के बाद प्रमोद ने मेरी वह एकाकी तस्वीर अम्बिका के अनुरोध पर ली थी। अपनी उस तस्वीर के ऊपर मुझे लन्दन की बेशुमार यादों की तस्वीरें तेज रफ़्तार के साथ आँख मिचौली खेलती-सी दिखती रहीं। उनमें फ्रेडरिक की एक भी झलक नहीं थी।

31

गरमी देर से ही सही, पर आयी। इस समय लन्दन में खिड़कियाँ बन्द रहती हैं जबकि मेरी खिड़की खुली हुई थी। मैं खिड़की के पास जाकर खड़ी हो गयी। पलंग से मेरे उठते विमला ने करवट बदली और खोई रही नींद में। मैंने खिड़की से बाहर की ओर देखा। सोच उठी—यह कैसी रात है, न अँधेरा, न कुहासा, न चाँद, न तारे, न बादल का गरजना, न बिजली का चमकना, न हवा की साँय-साँय, न विरह का गीत, न समन्दर का दहाड़ना, न कुत्तों का भौंकना, न पत्तों की सरसराहट, न मेंढकों की टरटराहट।

पता नहीं यह मेरे दिमाग़ के खालीपन का एहसास था या कुछ और। आज शाम को न तो मन्दिर का घंटा बजा था, न मस्जिद से अजान की आवाज आयी थी और न ही गिरजाघर के घंटे की घनघनाहट सुनने को मिली थी। गरमी का जो पहला एहसास कल रात में हुआ था, उसका तो आभास भी इस समय नहीं हो रहा। न कोलाहल, न ख़ामोशी। न समन्दर की जहरीली गन्ध और ना ही रात की रानी की सुगन्ध।

मैंने अपने सिर को दोनों हथेलियों से थाम लिया। किस शोर से बचना चाहती थी मैं? रास्ते में न तो गाड़ियों के दौड़ने की आवाज़ें थीं। अलबत्ता एक पागल मुर्गे के बाँग देने की आवाज आयी जो आधी रात को सुबह का आगमन समझ बैठा था। गायब थी झींगुरों की आवाज़ें। पर एकाएक एक आवाज़ आयी :

—फ्रेडेरिक अब इस दुनिया में नहीं रहा।

फिर मैंने अपनी ही आवाज़ सुनी।

—ब्रिजित! तुम?

एक चमगादड़ खिड़की के सामने से निकल गया। मैं खड़ी-की-खड़ी रही। महीनों पहले मैं लन्दन से लौटी इसी खिड़की के सामने आ खड़ी हुई थी क्योंकि पड़ोस से रामायण पाठ का समूह स्वर सुन जाने को मिला था—बहुत सालों बाद। उससे पहले जब हमारा घर गन्ने के सूखे पत्तों के छाजन का था तो ऐसे समय किसी से विरहा गाने की आवाज़ सुनाई पड़ जाती, कभी बारिश शुरू हो जाती। जब मुझे नींद नहीं आती मेरी माँ गा उठती थी—चन्दा मामा...सोने के कटोरवा में दूध भात लेते आओ...।

पर अचानक ये सब यादें क्यों?

यह असमंजस कैसा?

यह ब्रिजित क्यों आयी यहाँ?

मैंने उससे मिलने की बात क्यों मान ली?

विमला सिहर उठी। शायद कोई डरावना सपना देखकर।

मैं अपने दर्दनाक अतीत को सात समन्दर पार बहुत पीछे छोड़ आयी थी। यह ब्रिजित, जिससे मैं लन्दन में एक ही बार मिल पायी थी आज मॉरिशस मुझसे मिलने क्यों आ गयी? क्यों वापस ले आयी मेरा अतीत...क्यों?

मेरी पाँच दिन की नाइट ड्यूटी समाप्त हो जाने पर मुझे चार दिन की छुट्टी थी। सोच उठी थी कि अगर यह छुट्टी नहीं होती तो मेरी परेशानी चरम सीमा पर पहुँच कर रहती। लगातार सोचते रहने के बाद मैं इस निष्कर्ष पर पहुँची कि एक ही ऐसा व्यक्ति है जिसे मैं अपनी समस्या में शामिल कर सकती हूँ। वैसा

ही किया। मैंने अपनी स्थिति बहुत ही संक्षिप्त में विक्रम को बतायी। मेरी बात मानकर उसने फ़ोन पर कहा :

—दोस्त, दोस्त के काम न आये तो फिर दोस्ती कैसी?

हालाँकि यह बहुत बार सुनी हुई बात थी पर विक्रम से ऐसा सुनकर मैंने लम्बी साँस ली और कहा :

—तो फिर ठीक है दोस्त, मैं शहर पोस्ट ऑफिस के पास तुम्हारा इन्तजार करूँगी।

—मैं ठीक दस बजे वहाँ पहुँच जाऊँगा।

विक्रम, जिसे पहली मुलाकात से हिन्दी फिल्मों के किसी हास्य अभिनेता का दर्जा दिए हुए थी, पहली बार मुझे एक सही दोस्त सा लगा। उसने ठीक दस बजे मुझे पोर्ट-लुई शहर में पिक-अप कर लिया। चक्कर काटकर कार को हाई वे पर ले आने के बाद उसने पूछा :

—तुम इस महिला से उसके होटल में मिलने जा रही हो?

—नहीं। मैंने उससे अपने होटल के सामने समुद्रतट पर मिलने की बात की है।

—होटल का नाम तुम्हें मालूम है?

—उसने बताया तो था पर...हाँ, याद आया...यही कोई प्लाज...।

—मैं समझ गया। हम सीधे उस होटल के सामने पहुँचते हैं।

शहर की ट्रैफिक की बाधा से छुटकारा पाने के बाद विक्रम ने पूछा :

—तुम्हें यकीन है उसकी बातों पर?

—कह नहीं सकती। उससे एक ही बार मिली हूँ फिर भी उसका स्वभाव मुझे अच्छा लगा था।

—तुमने फ़ोन पर पूछा था कि वह सैलानियों की तरह घूमने न आकर मुझसे मिलने क्यों आयी है?

—यह बात तो... ख़ैर...आधे घंटे बाद आमने-सामने होने पर सही बात सामने आ जाएगी।

—सही बात? क्यों तुम्हें शक है कि...

—शक की बात नहीं पर...

—पर क्या?

—आसानी से यह बात पल्ले पड़ने वाली नहीं कि कोई तीन व्यक्तियों का खर्च वहन करके अपने मृत भाई की पत्नी से मिलने इतनी दूर आ सके।

—यह बात तो मुझे भी खटकी थी। तुम उसे पहचान तो पाओगी न?

—मुझे उसका वह चेहरा आज भी याद है।

—तुम्हें ऐसा नहीं लगता कि...यही कि तुम्हारी कोई सहेली तुम्हारे साथ मज़ाक...

—नहीं विक्रम, मैं उस आवाज़ को भलीभाँति पहचानती हूँ।

—फ्रेडरिक की अचानक मृत्यु को हम मान लेते हैं। ऐसा हो जाने पर तो, तुम्हारा उस परिवार से अब किसी तरह के रिश्ते-नाते की गुंजाइश बन ही नहीं पाती, तो फिर...?

—यही तो ना समझ में आनेवाली बात है।

—और यही वजह है कि मैंने अपने परिवार को इसकी भनक भी नहीं लगने दी है।

—कहीं ऐसा तो नहीं कि फ्रेडरिक की मौत...

—चुप क्यों हो गये?

—सारा कुछ एक जासूसी उपन्यास का हिस्सा प्रतीत होने लगा है।

—मैं रात भर जागकर भी किसी निष्कर्ष पर पहुँच ही नहीं पायी।

—हम एक काम कर सकते हैं।

—क्या?

—हम तट पर न जाकर होटल के रिसेपशन पर यह पता लगा लें कि ब्रिजित नाम की कोई...

—कमरे की बुकिंग मैडम नेम से थोड़े ही होती है। रजिस्टर में तो ब्रिजित के पति का नाम होगा।

—सही कह रही हो। फिर तो हमें तट पर ही अपनी मेहमान से मिलना होगा। ऐसा करते हैं कि तुम मुझे उसका हुलिया बता दो। मैं पहले तट पर घूमकर उसे पहचानने की कोशिश करता हूँ। तुम कार में बैठी रहना। मंजूर?

—एकदम मंजूर।

32

ब्रिजित के फ़ोन से विचलित होकर मैंने सूर्या को फ़ोन किया था। संयोग से वह मुझे अपने लन्दन के नम्बर पर मिल गयी थी। कोई डेढ़-दो महीने बाद ही मैं उसे फ़ोन मिला पायी थी। ब्रिजित वाली बात तो उसे बतानी ही थी। उसने मेरी बात ध्यान से सुनी; फिर कहा था कि मैं किसी को अपने साथ लेकर ही उससे मिलूँ। यही कारण था कि मैं डॉ. विक्रम नन्दूचन्द को अपने साथ लिए हुए ही ब्रिजित से मिलने पहुँची। फ्रेडरिक की मृत्यु की बात सुनकर उसने मुझसे पूछा था — एकदम सपाट तरीके से :

—तुम्हें इसका दुख हुआ?

मेरा उत्तर भी उतना ही सपाट रहा :

—कह नहीं सकती।

मुझे कुछ परामर्श देने के बाद वह बोली थी :

—अब मुझे मॉरिशस लौटने की जल्दी नहीं।

—वजह?

—बस मॉरिशस पहुँचकर अपने नाकामयाब प्यार को फिर से ताज़ा करना नहीं चाहती।

—भैया के ब्याह तय हो जाने...

—इसकी तो मुझे खुशी है।

—तो फिर?

—मेरे अपने भीतर के प्यार की पीड़ा से कहीं अधिक ईर्ष्या की आग... ख़ैर...अब तो इंग्लैंड भी मुझे पसन्द नहीं।

—भारत जा बसने को सोच रही हो क्या?

—नहीं। बात यह है कि मैं प्रमोद के साथ कनाडा जा रही हूँ।

—घूमने या बसने?

—बात यह है कि प्रमोद को क्यूबेक के लावाल यूनिवर्सिटी में एक ऑफर मिला है। काफी महत्त्व का है...

—तुम्हारी अपनी विशेषज्ञ बनने की कामना?

—कनाडा ही में पूरा करने को तय कर लिया है। वैसे भी कनाडा मेरे लिए बेहतर जगह होगी।

—पैसे के हिसाब से?

—प्रतिष्ठा की नज़र से भी।

—यह यकीन तुम्हारा अपना है या कि प्रमोद का दिया हुआ?

—खैर, छोड़ो इस बात को। तुम अपनी बताओ। कैसे चल रही है तुम्हारी अस्पताल की नौकरी?

—बहुत बढ़िया।

—और विमला?

—यहाँ सभी की प्यारी है। अरे हाँ, समन्दर में मुझसे भी तेज़ तैर लेती है।

—बस यह समन्दर ही है जिसकी नॉस्टालजिया आज भी बनी हुई है...।

—और सुधीर भैया की याद...?

—घाव पर नमक मत छिड़को मीत। मेरे नसीब में सुधीर नहीं था।

—नहीं सूर्या, मेरे भैया के नसीब में तुम नहीं थी।

33

डॉक्टर नन्दूचन्द की कार के ब्रेक और उसकी खुद की आवाज़ से मैंने अपने ख़्यालों से छिटककर सामने की ओर देखा। ब्रिजित ने मुझसे कहा था कि वह गुलाबी रंग के ब्लाउज और जीन पहने हुई होगी। वह अकेली थी। मैं कार से उतरी। उसकी ओर बढ़ी। मुझे अपनी ओर बढ़ते पाकर वह भी चन्द कदम आगे आयी। मुझे देखती रही। मैंने कहा :

—तुम तो वैसी-की-वैसी ही हो, ब्रिजित।

—कम-से-कम तुम मुझे पहचान तो गयी। कार में...

—मेरा दोस्त है डॉक्टर नन्दूचन्द।

—हम कुछ आगे बढ़कर बात कर सकते हैं।

—तुम्हारे पति और... ?

—वे दोनों होटल में हमारी राह देख रहे हैं।

—नहीं ब्रिजित, मैं होटल में नहीं जाऊँगी। यहीं बातें करते हैं।

—लगता है कि तुग...

—ऐसी कोई बात नहीं। पहले मैं तुम्हारे यहाँ आने और वह भी विशेषकर मुझसे मिलने की वजह जानना चाहूँगी। तुम इसे अन्यथा न लो।

34

भैया की निगरानी में बना हमारा घर जितना आकर्षक बाहर से था, उतना भीतर से नहीं था। घर के भीतर का प्राय: सभी सामान पापा के ज़माने का था। चार शयनकक्षों में केवल मेरे वाले में नयी चारपाई और नयी अलमारी थी। बाकी तीन कमरे अपने पुराने सामान ही लिए हुए थे। रसोईघर बड़ा था इसलिए कम सामान के कारण खाली-खाली-सा लगता था। बस पेट्रोल का स्टोव ही एक नयापन था। टेलीविजन वाला कमरा बाकी कमरों से अधिक बड़ा तो था ही, साथ-ही-साथ कुछ नयापन भी लिए हुए था। मेज़ चाहे पुरानी थी पर उस पर की चादर दीवार के रंग से मेल खाती थी। सोफे नये थे पर मुझे अच्छे नहीं लगते थे। टेलीविजन नया था पर रेडियो वही पुराना था।

दो दिन पहले ही मैं माँ और अपने भाइयों को बता चुकी थी कि मैं घर के भीतरी भाग को अपनी पसन्द और अपने ढंग से सजाना चाहती हूँ। मेरे दोनों भाई तो मान गये थे पर माँ आनाकानी करती रही।

—सभी सामान तो ठीक-ठाक है तो फिर नाहक पैसा क्यों खर्च करना चाहती हो?

—माँ, तुम कई बार यह कहती रही हो कि विदेश से लौटने पर मेरे कपड़े पहनने के तरीके एकदम बदल गये हैं और मैं इन लिबासों में बहुत फबती हूँ। तुम देखना मैं इस घर को इस तरह सजा दूँगी कि तुम खुश होकर कहोगी—वाह! हमारे घर का भीतरी भाग तो तुम्हारे मामा के घर से भी सुन्दर बन गया।

हालाँकि मैंने बहुत महँगे सामान नहीं खरीदे, फिर भी पाँच दिनों के भीतर घर की सजावट ने हमारे घर के पूरे नक्शे को ही बदल दिया। खिड़कियों के परदे भले ही नये थे उन्हें भी मैंने बदल दिया। फर्श के विनायॅल कालीन को भी बदल कर रही।

भैया ने अपनी ख़ुशी जाहिर करते हुए कहा :

—तुम तो कमाल के हुनर सीख आयी हो लन्दन से!

हमारे घर के उस परिवर्तन को देखकर फरीदा चाची बोली :

—अमित, मैं तो तुम्हारे कपड़े पहनने के तौर-तरीके से दंग थी, अब तुम्हारे घर की सजावट देखकर दंग रह गयी। एक बात तो तुम्हें बतानी ही पड़ेगी।

—घर को सजाने का यह तौर-तरीका?

—नहीं। अपने कपड़े पहनने के ये तौर-तरीके। गाँव के सभी हिन्दुस्तानी लड़कियों की तरह, सभी स्त्रियों की तरह तुम भी हिन्दुस्तानी कपड़े ही पहनती हो। वही चूड़ीदार साड़ी। पर इतनी भिन्न और इतनी सुन्दर कैसे लगती हो! कुछ लड़कियाँ तो नयापन दिखाते हुए अधनंगे कपड़े पहनने लगी हैं। तुम विदेश में इतने समय तक रहकर भी अपनी तहज़ीब और रीति-रिवाज़ों को भूल नहीं पायी।

—यह तो वही तरीका है चाची। अपनी संस्कृति वाला।

—अपनी इस सादगी की ख़ूबसूरती से तुम एकदम ख़ास बन जाती हो।

—अच्छा रहा कि आपने यह नहीं कहा कि मैं कयामत ढा जाती हूँ।

—अरे यह तो तुम पर मरनेवाले नौजवान कहते फिर रहे होंगे।

विमला को अभी खुद तैरना नहीं आया था। वह अपने बिगबेन को भी साथ लिये उसे तैरना सिखाने ले जाती थी। पाँच दिन रात की नौकरी के बाद आज मैं दिन की सर्विस पूरा करके घर लौटी तो पता चला कि विमला अपने पप्पी के साथ तैरने गयी थी।

मैंने झट माँ से पूछा :

—अकेली गयी है?

—अपने बिगबेन के साथ गयी है।

—माँ, मैं यह जानना चाहती हूँ कि और कोई इन दोनों के साथ नहीं गया?

—हुस्ना गयी है।

मैंने राहत की साँस ली। अपने कमरे में जाकर जल्दी-जल्दी कपड़े बदले और समन्दर की ओर लपक पड़ी।

आसमान पर काली बदली छाये रहने के कारण सूर्यास्त से पहले धुँधलका फैलने लगा था। हम सभी जिस ठौर पर तैरते थे वहाँ विमला को न पाकर मैं दायें-बायें देख ही रही थी कि किसी ने पीछे से पूछा :

—बच्ची को तलाश रही हो?

पीछे देखे बिना मैं कह गयी :

—हाँ।

—फुटबॉल के मैदान के सामने वाले तट पर तैर रहे हैं वे लोग।

मैंने पीछे मुड़कर देखा। डॉ. नन्दूचन्द मेरे सामने खड़ा था। पूछना चाहा कि आप और यहाँ, पर चुप रह जाना बेहतर समझा। मैं फुटबॉल के मैदानवाले इलाके की ओर झपट पड़ी।

—आप घबड़ाएँ नहीं। उनके साथ और भी लोग हैं।

डॉ. नन्दूचन्द की बात सुनकर भी मैं अनसुनी किये रही। दूसरे ही मिनट बाद मैं विमला के सामने थी। बिगबेन उससे बेहतर ढंग से तैर रहा था। मुझ पर नज़र पड़ते ही हुस्ना ने ऊँचे स्वर में कहा :

—विम, बाहर निकलो, माँ आ गयी।

35

मरीज़ों को उनकी दवा देने का समय था। मैं वही करने में व्यस्त थी जब प्रमुख परिचारिका ने आवाज़ दी :

—अमिता! तुम्हारा फ़ोन है।

यह सोचती हुई कि कौन हो सकता है, मैं केबिन की ओर बढ़ी। यहाँ काम करते हुए यह मेरा दूसरा फ़ोन था। अपने हाथ की दवा की बोतल को मेज पर रखकर मैंने फ़ोन लिया :

—हेलो! मैं...

—अमिता! मैं डॉक्टर नन्दूचन्द। कैसी हो तुम? तुम्हारी ओर से फ़ोन का इन्तज़ार करता रहा। कल मैं एस.एस.आर. अस्पताल आ रहा हूँ। चाय साथ पीने की बात हुई है। याद है न?

उसके रुकने पर मैं बोल पायी :

—ठीक है, मैं तो अपने वार्ड ही में रहूँगी।

डॉक्टर नन्दूचन्द की चलती तो वह बातें ही करते रहता इसलिए अपनी व्यस्तता बताते हुए बस इतना कहकर, कि ठीक है कल मिलेंगे, मैंने फ़ोन रख दिया। लन्दन में जब हम मिले थे तो अपनी दाढ़ी के कारण डॉक्टर नन्दूचन्द यहाँ वाली सूरत से एकदम भिन्न थे। उसकी आवाज़ में जो गाम्भीर्य था, उससे पहचान जाने में दिक्कत नहीं हुई थी। हमीद चाचा की आवाज़ से उसकी आवाज़ इतनी अधिक मिलती थी कि चेहरे को न देखकर सुनने वाला उसे चाचा की ही आवाज़ मान बैठेगा।

मॉरिशस लौटकर उसने दो-तीन बार मुझे लन्दन में फ़ोन किया था। पिछली बार उसने मुझसे पूछा था कि क्या मुझे वह राजकुमार वाली कहानी याद है कि नहीं जो उसने मेरी मौजूदगी में विमला को सुनाई थी। मेरे यह कहे जाने पर कि मुझे वह पूरी कहानी याद है उसने अगला सवाल यह किया था कि क्या उस कहानी के बारे में अभी तक मैंने कुछ सोचा या नहीं।

मुझे सवाल जितना बचकाना लगा था, उतना ही कठिन भी। शुरू में डॉ. विक्रम नन्दूचन्द को उसकी बातों के कारण मैं उसे कुछ ढीले पुर्जेवाला आदमी समझ बैठी थी। कई बार गम्भीर मुद्रा में बोलते हुए वह सनकी-सनकी-सी बातें भी कर जाता था। अस्पताल के मरीज़ों में एक अँग्रेज़ स्त्री इस तरह की बातें करती रहती थी पर उसकी वजह तो यह थी कि वह ड्रग-ऑडिक्ट थी कभी।

एक दिन मैंने सूर्या से पूछा भी था कि उसका वह दोस्त ड्रग्स लेता है क्या, तो वह हँस पड़ी थी। बोली थी कि यह व्यक्ति कोका तक नहीं पीता है। मेरा अगला प्रश्न था कि कहीं वह किसी भारी सदमे का शिकार तो नहीं है। जवाब देने के बदले सूर्या ने मुझसे सवाल किया था :

—उसने तुम्हें राजकुमार वाली कहानी सुनाई है?

—सीधे मुझे तो नहीं सुनाई पर विमला को सुना रहा था तो मैंने भी सुन ली थी।

—कहानी पर उसने तुम्हारी राय जानना नहीं चाही?

मैं सूर्या से खुद सवाल कर बैठी थी कि उसे ये सब बातें कैसे मालूम हैं। उसने बताया था कि वह डॉ. नन्दूचन्द की आपबीती है। जिससे भी उसकी गहरी दोस्ती हो जाती है उसे वह यह कहानी सुनाये बिना नहीं रहता। सूर्या ने यह भी बताया कि वास्तव में जिस व्यक्ति को वह यह रामकथा सुनाता है वह उससे कहीं अधिक उस दूसरे व्यक्ति के लिए होती है जिसे अप्रत्यक्ष रूप से वह सुनाना

चाहता है और वह ख़ास व्यक्ति कभी कोई मर्द नहीं रहा बल्कि कोई हसीन महिला, जिसे वह अपना विशेष श्रोता मानकर कहानी सुनाता था।

एक अन्तहीन कहानी।

मेरे अपने ज़ेहन में कई ख़्याल, कई सवाल कूदफाँद करते रहे। ख़्यालों का मन्थन और सवालों का हल करते हुए मैं थक चुकी थी। फिर भी मानसिक ऊर्जा की शिकस्त अभी होनी बाकी थी इसलिए मैं स्थिति और परिस्थिति तथा उलझन और सुलझन के बवंडर में अपने को डूबने से रोकती रही। मैं अपनी कहानी को हर हालत में अन्तहीन होने से रोकना चाहती रही थी पर कर नहीं पायी। अब तो मुझे ऐसा लगने लगा था कि मेरा भविष्य मेरे साथ आँखमिचौली खेल रहा था।

मैंने अपने को कभी भी दोराहे का मुसाफिर नहीं माना था। मैं इकराहे की मुसाफिर थी। यह हमेशा से मेरा प्रण था पर वह प्रण आज भ्रम-सा लगने लगा था। मेरी मंज़िल की राह एक कुहासे में लिपट गयी थी जहाँ से न तो मैं अपने को देख पा रही थी और न ही अपने किसी सही हमसफर को। दुविधा की एक नयी अड़चन। एक उलझन।

36

कल जब नयी दिल्ली से फ़ोन आया था तो मैं नौकरी के लिए घर से निकल चुकी थी। शाम को जब घर लौटी तो अनिल ने मुझे सूर्या का सन्देश दिया। वह मुझे दोबारा फ़ोन करती इससे पहले मैंने खुद उसे फ़ोन किया। अम्बिका ने फ़ोन उठाया। हालचाल पूछने के बाद उसने सूर्या को फ़ोन दिया। उसने बात शुरू की भारत के उन सारे स्थानों के बारे में बताती हुई, जो वह इधर तीन महीनों के भीतर देख आयी थी।

वह जब अपनी सभी यात्राओं के बारे में बोल चुकी तो मैंने पूछा :

—वह बात जो मैं तुम्हें बतानेवाली थी, उसकी उत्सुकता अभी भी तुम्हें है या कि...

—आज तो तुम्हें बताकर ही रहना है।

—तो ठीक है, पर इससे पहले तुमसे कुछ पूछना है।

—पूछो।

—पिछली बार तुमने फ़ोन पर पूछा था कि आखिर भैया ने तुम्हारे पत्र का उत्तर क्यों नहीं दिया। याद है?

—बिल्कुल याद है। यही नहीं, मैंने यह भी जानना चाहा था तुमसे कि सुधीर ने मुझसे फ़ोन पर बात क्यों नहीं की।

—देखो सूर्या, मेरी तीन ही बेहद प्यारी सहेलियाँ हैं। तुम हो, तेरेज़ और हुस्ना।

—मैं तो दोनों के बाद में आयी।

—बाद में आकर भी दोनों से अधिक आत्मीय बनकर रही। इसलिए मैं जो कहने जा रही हूँ उसका बुरा मत मानना।

—मैंने कभी तेरी बात का बुरा माना है क्या?

—अब तक तो नहीं।

—आज भी नहीं मानूँगी।

—सूर्या, तुमने भैया को पत्र लिखकर उससे दूर होने की बात बताकर बड़ी हिम्मत का काम किया था। वह महज तुम्हारी हिम्मत ही नहीं थी बल्कि साथ-ही-साथ वह तुम्हारी निश्छलता को भी स्पष्ट कर गयी थी। उस सच्चाई को तो सामने आना ही था फिर भी तुमने मेरे भाई को उसकी बीमारी के बावजूद जितना प्यार किया, जितना महत्त्व दिया, उसे उसके भयंकर रोग से बचाने के लिए जो तुमने किया उसको मेरा भाई कभी भी भूल नहीं सकता और ना ही मैं कभी भूल सकूँगी।

—मित, क्या ये बातें कहना जरूरी है?

—हाँ सूर्या। तुम्हारे निर्णय को जानकर मेरे भाई ने भीतर-ही-भीतर कितनी यातना झेली होगी। कितना रोया होगा, तुम्हारे प्यार के बल नया जीवन पाकर फिर एकाएक उससे कितना हताश हुआ होगा इसे तुम नहीं जान पाओगी पर मैं जानती हूँ। मैं यह भी जानती हूँ कि कुछ ही समय में तुम मेरे देश की सम्भवतः पहली विशेषज्ञ होगी।

—मित। प्लीज...मैं जिस यथार्थ को भली-भाँति जानती हूँ उसे मेरे घाव पर तेज़ाब की तरह मत छिड़को। मैं अपने गुनाह को...

—नहीं सूर्या, इसमें गुनाह का सवाल ही नहीं उठता। मेरे भैया ने इस गुनाह को तुमसे पहले अपने ऊपर ले लिया।

—क्या मतलब...?

—बस यही कि मेरे मामू की बात मानकर मेरा भाई शादी करने को तैयार हो गया और यह शादी तीन महीने के भीतर होने जा रही है। मेरा भैया ऐसा ही चाहता है। जानती हो क्यों?

—तुम क्यों भूल रही हो मित, कि मैंने सुधीर से प्यार किया है। क्या उसकी भावना को कोई और मुझसे अधिक जान या समझ सकता है? तुम्हें यह बताने की ज़रूरत नहीं मित कि सुधीर ऐसा क्यों कर रहा है।

—तुम्हें मालूम है?

—तुम बहन होकर जब अपने भाई की भावना को समझ सकती हो तो मैं उसको अपने आप से ज्यादा चाहकर उसे समझने से चूक सकती हूँ? सुधीर इसलिए जल्द एक ऐसी लड़की से शादी करने को तैयार हो गया जिसे उसने कभी प्यार किया ही नहीं। सुधीर के प्यार के सामने तो मैं अपने प्यार को बौना पाने लगी हूँ। वह शादी नहीं है। वह तो मुझे निर्दोष घोषित करने का प्रयास है। वह चाहता है कि लोग यह जान लें कि उसने मेरे साथ बेवफ़ाई करके किसी दूसरी लड़की से शादी कर ली, ताकि कल मेरी शादी पर कोई अँगुली न उठा सके।

—सूर्या! तुम इस कुर्बानी को समझ पायी, यही मेरे लिए हमारी दोस्ती की सबसे बड़ी पहचान है।

—मित! तुम रो रही हो।

—नहीं।

—मित, कृपया आज और कल में तुम एक बार सुधीर से फ़ोन पर मेरी बात करवा देना।

37

मरीज़ों का एक्स-रे करवाना था जिनमें एक साठ साल की स्त्री थी जिसे स्ट्रेचर पर लाना पड़ा था। एक्स-रे विभाग में पहले ही से बाहरी मरीजों की एक भीड़ इन्तज़ार में थी। वहाँ के क्लर्क को मैंने अपनी रोगी की स्थिति बतायी थी। उसने मेरी माँग मान ली। प्राथमिकता पाकर भी हमें वहाँ पैंतालिस मिनट ठहरना पड़ा था।

काउंटर पर की लड़की बीस-बाईस साल की होगी। बातों के दौरान पता चला कि उसकी बड़ी बहन लन्दन में नर्सिंग के प्रशिक्षण के लिए गयी हुई है। जब उसने बहन का नाम बताया तो मैं पूछ उठी थी :

—क्या नाम बताया...वृन्दा?

—हाँ।

—वृन्दा जगेसर?

—हाँ। आप उससे मिली थी वहाँ?

—वृन्दा तो मेरे यहाँ रही भी थी।

—अच्छा तो आप ही अमिता जी हैं?

मेरी हामी भरने के बाद उसने कहा था :

—यह तो बड़े संयोग की बात हो गयी। मेरा भाई परसों लन्दन से लौटा है। अपने मन्त्री के साथ वह एक कान्फ्रेन्स में गया हुआ था। वृन्दा ने आपके लिए एक पत्र के साथ एक पार्सल भेजा है।

—उसकी पढ़ाई ठीक से चल रही है न?

—मेरी उसके साथ फ़ोन पर बातें होती रहती हैं। वह कई बार आपकी चर्चा मेरे साथ कर चुकी है। रविवार को मेरा भाई पत्र और पार्सल छोड़ने आपके घर आ रहा है।

—आपके भाई को मेरा घर मालूम है?

—वह लोगों के घर ढूँढ़ने में माहिर है।

दो दिन बाद हमारे घर के सामने एक कोरोला आ खड़ी हुई। रविवार होने के कारण मेरे दोनों भाई घर ही पर थे। हॉर्न सुनकर बड़े भैया ही बाहर निकले थे। फिर क्या था, भैया की ही उम्र के उस व्यक्ति को देखते ही यह जानने में देर नहीं लगी कि वह वृन्दा का भाई है।

लेकिन यह जानने में मुझे काफी देर लगी कि वृन्दा का भाई सात दिन के भीतर मुझे दो बार घर पर और तीन बार अस्पताल तक मुझे फ़ोन करेगा। सबसे भारी हैरानी तो मुझे तब हुई जब अस्पताल से निकलते ही रास्ते में किसी ने अपना गाड़ी का दरवाज़ा खोल दिया।

—मैं ग्राँबे जा रहा हूँ। आपको घर छोड़ सकता हूँ?

ड्राइवर की सीट से वृन्दा के भाई सौरभ ने अपने अनुरोध को दोहराया। मैं ठिठकी रही। लोग आते-जाते रहे। असमंजस में पड़कर बिना कुछ कहे कार के भीतर जा बैठी। फ़ोन पर सौरभ की बातें हर बार इस वाक्य से शुरू होती थीं—अगर आप इसे अन्यथा न लें तो...और हर बार अन्तिम वाक्य होता—प्लीज़ आप मेरी बातों का बुरा न माने।

और एक दिन अचानक मेरे वार्ड में वृन्दा की छोटी बहन सुषमा आ खड़ी हुई। मुझे एक पत्र थमाने के बाद उसने धीमे स्वर में कहा :

—इसका लिखित उत्तर आपसे न बन पड़े तो भी उत्तर ज़रूर देना। मेरे भाई को न सही, मुझे फ़ोन पर बता देना। सुषमा के चले जाने के बाद मैं उस पत्र को हाथ में लिये उधेड़बुन में पड़ी रही। ज़ेहन में नसों की रस्साकशी होती रही। लिफाफे पर मेरा नाम नहीं था। बस इतना ही लिखा हुआ था ''दुनिया के सबसे प्रिय व्यक्ति को।'' पत्र को खोलकर पढ़ जाने के अलावा मेरे सामने कोई दूसरा विकल्प था ही नहीं।

दो दिन पहले मैंने सोचा था कि मैं दौड़ जाऊँ तेरेज़ के पास या हुस्ना को

साथ लेकर समन्दर किनारे चली जाऊँ और इन दोनों में से किसी को भी अपनी इस स्थिति से अवगत कराके उससे पूछ सकूँ कि आख़िर यह क्या हो रहा है मेरे साथ।

हिम्मत नहीं जुटा पायी और अपने कमरे में बन्द रही।

लगा कि समय मेरे साथ करारा व्यंग्य कर रहा है। ऐसा भी लगा कि मेरे साथ किये अपने मज़ाक से नियति का मन नहीं भर पाया है। दो हादसों के दर्द कभी-कभी एकदम ताज़ा होकर सता जाते हैं। कई बार मैं अपने आप को कोई दूसरा जीव मानकर इस तरह के संवाद कर बैठती हूँ गोया कि मैं और मेरा अजनबी आमने-सामने हो और मैं अपने सामने के अजनबी को अपना अतीत सुनाने लग जाती हूँ। अजनबी ठहाके लगा बैठता है और कहता है :

—मुझे ही मेरी दास्तान सुनाकर चौंकाना चाहती हो?

मैं कराह उठी।

—कौन हैं? ये दोनों घुसपैठिये कौन हैं? एक अपनी कहानी का जाल फैला रहा और दूसरा अपनी ख़ुशामद का।

38

वृन्दा ने पत्र के साथ विमला के लिए बच्चों की दो किताबें भेजी थीं जो विमला को बेहद पसन्द आयीं। मुझे तो इस बात से खुशी होनी चाहिए थी कि वृन्दा ने मुझे उतना प्यारा पत्र लिखा था और मेरी बच्ची को न भूलते हुए उसने उसके लिए तोहफ़ा भेजा था। पत्र पढ़कर तो मुझे खुशी हुई थी और विमला को न भूलने की बात से भी मैं खुश थी। लेकिन वह खुशी उस वक़्त जाती रही जब मैंने वृन्दा के भाई का वह पत्र पढ़ा जो सुषमा मुझे दे गयी थी। नाराज़गी मेरे भीतर उस वक़्त पैदा हुई जब सुषमा का भाई अपने कार में जगह देने के बाद मुझे सीधे मेरे घर पर न पहुँचाकर मोंस्वाजी के तट पर होते हुए झावे के पेड़ों के बीच गाड़ी रोक ली थी। मैं पूछ बैठी थी :

—आपने इस ठौर पर कार क्यों रोक ली?

—तुमसे कुछ ज़रूरी बातें करनी हैं।

—देखिए मैंने फ़ोन पर स्पष्ट कह दिया था कि मैं आपकी बात से सहमत नहीं।

—इसीलिए मैंने चाहा कि आमने-सामने होकर मैं अपनी बात करूँ।

—मैं अपने घर से एक मील से भी कम के फासले पर हूँ। ये जो लोग आ-जा रहे हैं उनमें कई लोग मेरे पास-पड़ोस के लोग हैं। मुझे इस जगह पर

आपके साथ देखकर वे...

—तुम लोगों से इतना अधिक डरती हो?

—बात डरने की नहीं है।

—तो फिर?

—प्लीज़ आप मुझे या तो मेरे घर या आसपास के किसी बस स्टॉप पर ड्रॉप कर दें।

—दस मिनट ठहरकर मेरी बातें सुन लेने से कौन-सा तूफान आ जाएगा?

—अगर आप कार स्टार्ट नहीं करेंगे तो मैं उतरकर यहाँ से पैदल चली जाऊँगी।

—अमिता, मैं तुम्हें प्यार करता हूँ।

मैंने कार का दरवाज़ा खोलना चाहा कि उसने मुझसे भी अधिक तेज़ी से मुझे वैसा करने से रोक लिया। मैं आपे से बाहर हो गयी :

—हद हो गयी। आप किसी लड़की से बात नहीं कर रहे हैं, एक माँ से बात कर रहे हैं। आप...कृपया मेरा हाथ छोड़िएगा।

—दस मिनट न सही पाँच मिनट, केवल पाँच मिनट तुम मेरी बात सुन तो लो।

—मैं इस ठौर पर दस सेकेंड भी नहीं ठहर सकती। आप देख रहे हैं लोग किस तरह घूर-घूरकर देख रहे हैं हमें। प्लीज़ आप कार स्टार्ट कीजिए।

—दो मिनट...

—आपको जो भी बातें करनी हैं मेरे घर चलकर कहिएगा।

—मैं अपने पूरे परिवार के साथ आपके घर आऊँगा पर पहले आप मेरी बात...

—आपकी कोई भी बात मैं सुनना नहीं चाहती। वृन्दा का भाई समझकर मैं आपकी बात मानकर कार में आ बैठी थी।

—अमिता, मैं तुम्हें प्यार करता हूँ और...

मैंने झटके देकर कार का दरवाज़ा खोलना चाहा। उसने मेरी बाँह पकड़ ली और दरवाजा अधखुला रह गया।

उसने एक लम्बी साँस लेकर कहा :

—ठीक है। चलो, मैं तुम्हारे घर चलकर वहीं बात करूँगा।

उसने कार को स्टार्ट किया और धीमी चाल के साथ आम सड़क पर आ गया। इंजन की आवाज़ के अलावा कार में सन्नाटा छाया रहा। खलनेवाली खामोशी नहीं, बल्कि राहत की साँस दे जानेवाली चुप्पी थी वह। कोई पाँच मिनट बाद कार मेरे घर के सामने रुकी।

मेरी यह धारणा गलत निकली कि मेरे उतरते ही वह कार के साथ आगे बढ़ जाएगा। उल्टे वह कार को एकदम सड़क के किनारे लगाकर नीचे उतर आया।

इस बीच मैं अपने आँगन में पहुँच चुकी थी। भैया को सामने पाकर मेरी धड़कनों की गति एकाएक बढ़ गयी। मेरे भाई ने आगे बढ़कर सुषमा के भाई से हाथ मिलाते हुआ कहा :

—आइए मिस्टर सौरभ जगेसर।

सौरभ जगेसर!

डॉक्टर नन्दूचन्द!!

फ्रेडरिक!!!

पंडित जीवनलाल का बेटा।

आखिर यह कैसा हिसाब था मेरे जीवन का। कैसा बही खाता था यह मेरी ज़िन्दगी का?

जब मैंने अपना देश छोड़ा था तो बेशुमार दुखों के बीच एक खुशी का भाव भी निहित था। इस बात की खुशी कि दूर जाकर कम-से-कम अपने जीवन के इस दर्दनाक हादसे को भूलने का अवसर मिलेगा। उस हादसे से, जिसके कारण मैं अपने को अधूरा पाने लगी थी। लन्दन में बहुत दिनों तक उस अभिशाप की मानसिक यातना को झेलती रही थी। बचपन से अब तक के मेरे अरमानों का दोहन बो गया था वह। सूर्या का साथ होने से वह घटाटोप धीरे-धीरे मिटता जा रहा था और जीवन तथा उसके संघर्ष के प्रति नया विश्वास और एक गहरी आस्था पैदा हो आयी थी।

वक़्त के मरहम ने मुझे ज़िन्दगी को नये तरीके से जीने की शक्ति दी। नये सिरे से मैं अपनी नयी यात्रा गुनगुनाती हुई तैयार करती रही। और अब एक दिन अचानक मेरे जीवन में फ्रेडरिक के आने से मैंने अपने जीवन के बचे-खुचे दर्द और मन की दुविधा को मिट जाते पाया तो अपने जीवन की सबसे लम्बी और उम्मीद भरी साँसें ली थीं। परिवार से, हित मित्रों से अपने देश की हरियाली से दूर हो जाने की पीड़ा जाती रही थी।

जब लगा कि कुछ महीनों में मैं माँ बन जाऊँगी तो मन अनुराग और उत्साह से लबरेज हो चला था। मैं उम्मीदों को ममता के साथ पालने लगी थी। अब तो अपने ही हाड़-मांस का टुकड़ा अपने साथ होगा। मेरे पापा ने जब एक दिन कहा था कि बेटी इन्सान तो सपने देखता है पर उसको साकार करनेवाला भगवान होता है, मैंने उस बात को दुनिया का सबसे बड़ा सच मान लिया था। उस सच को अपने ख़्यालों में पिरोये रखा। उस वक़्त जब मेरे सुनहरे सपनों के बीच एक दिन मैंने अपने पापा की अरथी को अपने आँगन से उठते देखा तो मैं यह सोचने

को विवश हो गयी थी कि आदमी सपने देखते हुए उसे बुनता रहता है और एक दिन बीच ही में ऊपरवाला उसे खंडित कर देता है।

घर पर प्यार तो मैंने सभी से पाया था पर जो प्यार अपने पापा से पाती रही थी वह बेमिसाल था। बेटी को जन्म देने की खुशी अपने आत्मीय जनों के बीच बाँट पाती कि इससे पहले सारे सपने बिखरकर रह गये। पति की गद्दारी से अधिक ग़म, अधिक छटपटाहट मुझे अपनी बच्ची के बाप के ओझल हो जाने की थी। यह एहसास तो महीने भर सताता रहा था कि मैं परित्यक्ता बन चुकी हूँ लेकिन मेरी बच्ची अपने बाप से बिछड़ गयी थी उस एहसास से तो आज भी दहल जाती हूँ।

शादी के बन्धन के टूटने का गम चन्द दिनों तक ही रहा था—क्योंकि बेवफ़ाई से मुक्त होने की तसल्ली कहीं अधिक दमदार थी। एक दिन सूर्या कह गयी थी।

—आमी, यह तो अनजाने में हो गयी एक भूल थी। सबक अच्छा रहा। पूरी ज़िन्दगी पड़ी है हमराही पाने की।

मुझे हँसी आ गयी थी और मैं बोल उठी थी :

—गरम दूध से मुँह जला है अब तो छाछ भी फूँककर पीनी होगी।

—याने कि दूसरी शादी के दौरान?

इस बार मैं गम्भीर हो गयी थी।

—नहीं सूर्या, अब तो मेरी शादी मेरी अपनी बच्ची के साथ हो गयी है। तुम्हीं ने तो कहा था कभी कि शादी का मतलब होता है—एक-दूसरे से जुड़ना सो मैं तो अपनी बच्ची के साथ जुड़ गयी हूँ। वैसे भी मैंने अपने को अपनी बेटी का बाप भी मान लिया है। दूसरी शादी की बात सोचने का मतलब होगा अपनी बेटी के लिए एक कठ बाप उठा लाना। अपनी बेटी को मैं किसी भी हालत और किसी भी क़ीमत पर सौतेले बाप के साये से दूर रखूँगी।

—वक़्त इरादे बदल दिया करता है।

—एकदम सही कहा तुमने। वक़्त ने ही मेरा इरादा बदलवाया है।

—जिस दुनिया में हम रहते हैं उसका तकाज़ा तो यही होता है कि कौन है इसका बाप।

—इस तकाज़े का जवाब तो मैं पहले ही दे चुकी हूँ। लन्दन के किंडरगार्टन स्कूल में और पासपोर्ट दफ़्तर में भी।

—आसानी से नहीं।

—आसानी से तो पति पाया था, न कि जीवन। मेरा जीवन तो हमेशा संघर्ष और दुर्गम रास्ते का ही रहा है।

—नहीं आमी, इतनी भावुक मत बनो। अभी तो पूरी ज़िन्दगी आगे है।

—मैं भावुक नहीं बन रही। यह मेरा निर्णय है।

—बिन जीवनसाथी का जीवन बहुत ही जटिल और एकाकी हो जाएगा।

—मेरा जीवनसाथी मेरी बेटी रहेगी।

—तभी तक जब तक कि उसके जीवन में उसका अपना जीवनसाथी न आ जाये।

मैंने अपने आप से कहा।

—डॉक्टर साहब, मैं आपकी मरीज बन सकती हूँ, आपकी पत्नी नहीं।

और यही बात मैंने मन-ही-मन वृन्दा के भाई से भी कही।

39

हुस्ना और उसके होनेवाले खाविन्द के परिवार इस बात पर सहमत हो गये थे कि दोनों का निकाह पहले निकाह की तरह न होकर साधारण ढंग से हो जाये। चन्द चुने हुए रिश्तेदारों और आसपास के कुछ करीब के लोगों के बीच रस्म पूरी हो जाये।

मुझे इस बात की जहाँ खुशी थी, वहीं भारी दुख भी था। हुस्ना महज़ मेरी सहेली नहीं थी बल्कि मेरी बड़ी बहन की तरह थी। उसका मुझसे दूर चले जाने का मतलब था अपने दुख-सुख के भागीदार से दूर हो जाना। मैं जब लन्दन जाने लगी थी तो हुस्ना रोती हुई बोली थी :

—तुम्हारे बिना मैं अपने को एकदम अकेली पाऊँगी।

इस समय मैं उससे यह कहना चाह रही थी कि उसके चले जाने के बाद किसके साथ अपना दुख-सुख बाटूँगी। किसके पास जाकर अपनी आत्मीय बातें कर पाऊँगी। हुस्ना की पहली शादी के वक्त मैं छोटी थी फिर भी हमारी दोस्ती दो हमउम्र वालों की जैसी थी। उस निकाह से दो-तीन दिन पहले और निकाह के दिन हम दोनों खूब रोये थे।

ज़िन्दगी की बहुत सारी बातें हम दोनों अपने घरवालों से पहले एक-दूसरे को बताती रही थीं। इस बार के इस निकाह से इसलिए भी मैं अधिक दुखी थी। और हुस्ना इसलिए थी कि उसके चले जाने के बाद उसके माँ-बाप एकदम अकेले पड़ जायेंगे। इसी बात पर जब भी हुस्ना रोने लग जाती थी मैं उसे आश्वस्त करते हुए कहती :

—हुस्ना, अगर तुम इस बात से दुखी हो कि तुम्हारे अब्बाजान और तुम्हारी अम्मी तुम्हारे बिना अकेले पड़ जाएँगे तो इसे मैं और मेरे परिवार अपना अपमान मानेंगे। तुम्हारे घर में मैं पड़ोसी या भतीजी कभी नहीं मानी गयी थी। हमेशा बेटी की तरह प्यार पाया है मैंने और मैंने भी तुम्हारे माँ-बाप को माँ-बाप ही माना है।

हुस्ना के होनेवाले पति से मैं चार या पाँच बार मिली थी। मुझे वह शख़्स बहुत सीधा-सादा प्रतीत हुआ था। उसके बात करने का ढंग भी बहुत ही सौम्य था। इतने धीमे स्वर में बात करता था कि अगर पूरे ध्यान से न सुनें तो पता नहीं चलता कि क्या कह गया। पढ़ा-लिखा आदमी था और अहम् नाम की कोई भी चीज़ छू नहीं पायी थी उसे। उसने निकाह से पहले ही कह दिया था कि उनमें से कोई भी आँसू नहीं बहाएगी लेकिन निकाह तथा विदाई के दौरान हम दोनों लाख चाहकर भी अपने को रोक नहीं पाये। उसे कार में बिठाते हुए मैंने उससे वायदा किया कि मैं उससे मिलने उसके यहाँ पहुँचती रहूँगी। उसके खाविन्द से कहा :

—आप भी हुस्ना को यहाँ लाते रहिएगा।

मेरी माँ के साथ-साथ मेरे दोनों भाई भी अपने आँसुओं को थाम नहीं पाये थे। विमला बार-बार पूछती रही थी कि आखिर उसकी मौसी कहाँ जा रही है और हम सभी इतने उदास क्यों हैं। बारात के चले जाने के बाद भी वह सवाल करती रही।

—व्हाई आर यू क्राईंग मॉम? मौसी भी मुझे पकड़कर रोयी क्यों थी?

--क्योंकि वह हमसे दूर जा रही है।

—अभी जा रही है तो कल लौट आएगी।

—ऐसा मत बोल गुड़िया। वह लौटने के लिए नहीं जा रही।

—अब कभी नहीं आएगी?

—आएगी। तुम्हें देखने आएगी।

रात होने से पहले जो इने-गिने रिश्तेदार आये थे, वे चले गये थे।

हमारे घर के पाँचों व्यक्ति रात काफी देर तक चाचा-चाची के साथ रहे। विदाई से पहले मेरे नये जीजा जी ने अपने घर का फ़ोन नम्बर मुझे देते हुए कहा था :

—तुम बिना झिझक जब भी चाहो, फ़ोन करके हुस्ना से बात कर सकती हो।

मैंने हामी भर दी थी।

रात में मैं सो नहीं पा रही थी। मैंने अपने को कभी भी अति भावुक लोगों की श्रेणी में नहीं रखा पर कभी-कभार ऐसी स्थिति आ ही जाती है जब मैं अपने को अति भावुक पाने लगती हूँ। विमला मेरी बगल में गहरी नींद में सो रही थी। आज ठंड कुछ बढ़ आयी-सी लग रही थी। अचानक एक दूरदराज का ख्याल मुझे दबोच गया। धुँधली रोशनी में मैंने विमला के चेहरे को देखा। वह अज्ञात आशंका मेरी नींद को और भी हराम कर गयी।

आज एक सहेली से बिछड़ने पर मेरी यह हालत हुई तो उस दिन मेरे ऊपर क्या बीतेगा जब मुझे अपनी बेटी अपने घर से विदा करनी पड़ेगी? समझ नहीं पायी कि इतनी दूर का यह ख़्याल मेरे ज़ेहन में क्यों कौंध उठा था।

40

मुझे ब्रिजित के साथ तट की ओर बढ़ते पाकर डॉ. नन्दूचन्द कार से उतरकर उसके पिछले भाग के सहारे खड़ा हो गये। उसकी ओर एक नज़र देखकर मैं ब्रिजित के साथ-साथ चलती रही। समुद्र किनारे शनिवार-रविवार वाली भीड़ तो नहीं थी फिर भी पिकनिक पर पहुँचे कई लोगों की टोलियाँ झावे के पेड़ों के साये में बैठी दिख रही थीं। एक जगह पर कुछ लोग ढपली के ताल पर सेगा गाते हुए नाच रहे थे। मैं भी ब्रिजित की तरह क्षणभर के लिए रुक गयी। वहाँ से जब आगे बढ़े तो मैंने ही बात शुरू की :

—अपनी बच्ची को साथ नहीं लायी?

—वह अपने बाप के साथ होटल के प्रांगण में टेनिस खेल रही है।

—खैर। अब बताओ तो सही कि...

—कहीं बैठकर बातें करते हैं। इतना साफ-सुथरा समन्दर तो पहले कभी नहीं देखा। ये बालू भी कितनी बारीक और कपास की सफेदी लिए हुए है।

—बालू पर ही बैठ जाते हैं। पहले ये बताओ कि कितने दिनों तक यहाँ ठहरोगी?

—सात दिन का प्रोग्राम है।

—मुझसे मिलने के लिए तुमने यह यात्रा की या कि...

—तुमसे मिलने के लिए।

—सचमुच फ्रेडरिक अब...

—हाँ। मौत से पहले उसने मुझसे वायदा लिया था। उसी वायदे को निभाने यहाँ आना पड़ा।

—कैसा वायदा?

—अपनी क्रूरता की माफी के लिए।

—ब्रिजित! मैंने अपने पिछले जीवन की बातों को एकदम भूल चुकी हूँ।

—तुम्हारे साथ हुई बेइन्साफ़ी से मैं पूरी तरह से वाकिफ़ हूँ। आखिरी दिनों में मेरा भाई अपने किये पर पछताता और बिलखता रहा।

—तुम चाहे एक दूसरी संस्कृति की हो पर औरत हो। समझ सकती हो कि...लो मैं फिर से भुलाई जा चुकी बातों पर उतर आयी।

—मैं अपने भाई की करतूत की माफी माँगने आयी हूँ तुमसे।

मैं चुप रही। ब्रिजित को देखती रही। मेरी खामोशी को खंडित करते हुए उसने कहा :

—मैं फ्रांस से...

वह बोल नहीं पायी। कुछ देर चुप रही, फिर बोली :

—फ्रांस से नहीं। अपने परिवार की ओर से एक चीज़ लायी हूँ।

—क्या?

—तुम्हारा हक़।

—तुम्हारे परिवार के बीच मेरा कोई हक़ नहीं बनता ब्रिजित।

—तुम्हारा न सही, तुम्हारी बच्ची का हक़।

—मेरी बच्ची का भी कोई हक़ नहीं बनता।

—मेरे परिवारवाले तुम्हें अपना मानते हैं।

—उसे, जिसे उन्होंने कभी जाना ही नहीं?

—कहते हैं मरे हुए की आत्मा को दुखी नहीं करते।

—कहने को तो बहुत कुछ कहा जा सकता है...

—एक बात बताओ। क्या मुझसे एक दूसरी बार के लिए मिलकर तुम्हें बिल्कुल खुशी नहीं हो रही?

—मुझे तुमसे मिलकर खुशी हो रही है ब्रिजित।

—अमित, तो फिर मुझे निराश मत करना।

—मैं तुम्हें निराश क्यों करने लगी।

—फिर तो तुम्हें अपना न सही, अपनी बच्ची के हक़ को ठुकराना नहीं होगा।

वह बोलती रही, मैं सुनती रही। वह पूछती रही मैं चुप्पी साधे रही।

41

घर लौटकर मैंने चाय पी। कुछ देर माँ से बातें कीं और समन्दर की ओर चल पड़ी। मस्तिष्क का द्वन्द्व मुझे सरदर्द दे बैठा था। सरदर्द तो कई बार झेल चुकी थी। लेकिन इस दर्द से सिर फटता-सा तो नहीं लग रहा था। ऐसा लग रहा था कि मेरी यह मानसिक पीड़ा मुझे किसी भारी बोझ की तरह दबाये हुई है। लग रहा था कि मैं समन्दर के किसी भँवर में फँसी हुई हूँ। हाथ-पाँव मारने की गुंजाइश तक नहीं है।

ब्रिजित से मिलकर लौटते हुए कुछ बातें तो मैंने डॉ. नन्दूचन्द को बता दी थीं, कुछ पर चुप्पी साध बैठी थी। उसके कई सवाल अनुत्तरित रह गये थे। मेरी कई साँसें मुझे चिपकी-सी प्रतीत होने लगी थीं। समुद्र-तट के एक वीरान ठौर पर पहुँचकर मैं चट्टान पर जा बैठी। ब्रिजित की बातों की स्मृति से मेरे ज़ेहन के भीतर उथल-पुथल होती रही।

—मेरा भाई अब नहीं रहा। जो इस संसार में अब नहीं रहा उसके प्रति इतनी नफ़रत बनाये रखना क्या अच्छी बात होगी?

—रोना तो इसी बात का है ब्रिजित कि जब वह ज़िन्दा था तब भी उससे नफ़रत नहीं की तो फिर आज क्यों करने लगी। मेरे भीतर तुम्हारे भाई के प्रति किसी तरह की कोई भावना है ही नहीं। जो आदमी मेरा वर्तमान और भविष्य मुझसे छीन ले गया था आज मैं उसकी भीख कबूल कर लूँ?

—क़ानूनन तुम आज भी उसकी पत्नी हो। उसकी विधवा।

—मैं ना तो उसकी विधवा हूँ और न ही उसकी पत्नी। होती तो उतना बड़ा अविश्वास वह मुझ पर नहीं करता। रंगभेद का अहम् लिये हुए वह व्यक्ति मुझसे अधिक मेरी बेटी का गुनहगार है और तुम चाहती हो कि मेरी बेटी अपने गुनहगार की विरासत को स्वीकार ले?

—यह विरासत उसके अलावा और किसी की नहीं हो सकती। उसके बाप का धन...

—चुप रहो ब्रिजित। मेरे बच्चे का कोई बाप नहीं।

—सच कह रही हो अमिता उसका बाप नहीं रहा।

—तब भी नहीं था, अब भी नहीं है।

—अपनी बेटी के भविष्य का ख्याल करके...

—मेरी बेटी का भविष्य उसकी अपनी मुट्ठी में है। किसी पराये की धन-दौलत में नहीं।

—पराया?

—हाँ, अनजाना, अनदेखा पराया।

—लाखों पर लात मत मारो।

—करोड़ों के लिए भी अपने स्वाभिमान की नीलामी नहीं कर सकती।

—मेरे भाई ने जो कुछ भी छोड़ा है वे सभी अपनी बेटी...

—उसकी बेटी?

—इस सच्चाई को कब तक नकारोगी?

—एक साँवली लड़की तुम्हारे भाई की बेटी नहीं हो सकती।

—मेरी अपनी बेटी काले रंग की है। मैंने एक अफ्रीकन से शादी की है। मुझे अपनी बेटी के रंग पर फ़ख़्र है।

—काश! तुम्हारा भाई भी...खैर...देखो ब्रिजित तुम इतनी दूर से आयी हो। तुमसे मिलकर मुझे खुशी हुई लेकिन मेरी बेटी को मेरी बेटी ही रहने दो।

—हर बच्चे की एक माँ होती है और एक बाप भी।

—इतनी भाग्यशाली मेरी बेटी नहीं हो सकी।

—ज़िद छोड़ो...

—मैं जिस मक़सद से यहाँ आयी हूँ उसे पूरा करने दो मुझे। मैं यहाँ ज़मीन-जायदाद लेकर नहीं आयी हूँ। सिर्फ एक बैंक अकाउंट के साथ आयी हूँ...नौ लाख फ्रेंक...

—एक फूटी कौड़ी भी तुम मेरी बेटी के नाम नहीं कर सकती।

—पर मैं...

—एक सुझाव तुम्हें दे सकती हूँ अगर स्वीकार करो तो।

—क्या?

—इस द्वीप के चारों ओर गहरे समन्दर हैं। कई अनाथालय हैं। तुम अपनी रकम को किसी भी एक अनाथालय को दान में दे दो।

—पागल हो गयी हो क्या?

—तो फिर समन्दर के हवाले कर दो।

अस्पताल के वार्ड के मेरे सहयोगी तथा मरीज भी मुझसे पूछते रहे कि मैं बीमार तो नहीं। मैं बीमार थोड़े ही थी लेकिन लोगों के ख़्याल भी तो गलत नहीं थे। सहयोगियों और मरीजों के बीच पहली बार अपने को इतनी अलग पा रही थी। एक भारी मानसिक तनाव के बावजूद मैं अपने को हमेशा की तरह हँसमुख बनाये रखने की कोशिश कर रही थी। फिर भी अपनी उस चिन्ता को छिपा जाने में मैं सफल नहीं हो सकी। खुद नहीं समझ पा रही थी कि वह रंजोगम था, परेशानी थी या उधेड़बुन वाली हालत?

अपने ही प्रश्नों का मेरे पास कोई उत्तर नहीं था।

किसी से बात करने का जी नहीं कर रहा था। सवालों को अनसुना किये हुई थी। समय जिसे अब तक बीतते देर नहीं लगती थी लम्बा और उबा देनेवाला प्रतीत हो रहा था। यह लगभग वैसी ही स्थिति थी जो लन्दन के अस्पताल में अपनी बच्ची को जन्म देने के बाद मैं जीने को विवश हुई थी। पर उस समय उन हालात में छटपटाहट अधिक थी जबकि इस समय मैं चारों दिशाओं से आने वाले प्रकाश में भी अपने को धुँधलके में घिरा हुआ पा रही थी।

मेरे कानों में कभी डॉ. नन्दूचन्द की आवाज़ प्रतिध्वनित हो उठती तो कभी ब्रिजित की :

—देखो अमिता, हम दोनों किसी और रिश्ते में नहीं जुड़ पाये तो कम-से-कम दो जिगरी दोस्त तो बनकर रहें। पर लगता है कि तुम अपने जिगरी दोस्त को भी दोस्त समझना नहीं चाहती...

—मैं तुमसे फ्रेडरिक को याद करने की बात नहीं कर रही। मैं तुमसे अपने भाई की बेटी के भविष्य की बात कर रही हूँ। इस बच्ची के हिस्से अगाध धन निकला है। वह उसकी हक़दार है। तुम्हें यह अधिकार नहीं बनता कि तुम उसे उस अधिकार से वंचित कर दो...

—अमिता, तुम्हारी दोस्त बनकर मैं अपनी दोस्ती की जिम्मेवारी सँभालते हुए फिर एक बार कह रही हूँ। फ्रेडरिक की बहन को अपना मिशन पूरा करने दो। फ्रेडरिक की जायदाद पर तुम्हारा हक़ बनता है।

—मैं अपने पति और अपनी बच्ची को तुमसे मिलाना चाहती हूँ। अपने सही परिचय को सामने न लाकर मैं लन्दन की एक सहेली के रूप में तुम्हारे घर आना चाहती हूँ। विमला के हिस्से आनेवाली इस विरासत को तुम महज़ एक लॉटरी का इनाम मानकर मंजूर कर लो...

—नर्स की तनख्वाह से तुम उस सपने को साकार नहीं कर पाओगी जो तुम विमला के लिए देख रही हो। डॉक्टरी या वकालत की पढ़ाई के लिए बहुत बड़ी रकम की ज़रूरत होती है। मैं भी चाहती हूँ कि विमला डॉक्टर या वकील बने...

—फ्रेडरिक अपनी भूल और अपनी क्रूरता के लिए पछताता रहा। अपनी मृत्यु से कुछ ही दिन पहले उसने मुझसे कहा था कि वह मॉरिशस पहुँचकर रहेगा और तुमसे माफी माँगकर यहीं ज़िन्दगी बसर करेगा, पर कुदरत को शायद यह गवारा नहीं हुआ।

मैंने अपनी ही आवाज़ सुनी। ज़ोरदार आवाज़।

—जो खुद कुदरत को गवारा नहीं रहा वह मुझे गवारा क्यों हो?

बगल से किसी की आवाज आयी :

—क्या हुआ नर्स?

—अमिता, क्या बात है अमिता?

मैंने अपने को हाँफते हुए पाया। दो परिचारिकाओं ने मुझे लुढ़कने से रोक लिया। मुझे कुर्सी पर बिठाया गया। प्रधान नर्स भी मुझ तक आ पहुँची। मैं बस दूर से आती हुई आवाज़ें सुनती रही।

—ब्लड प्रेशर चेक करो।

मेरी आँखों के सामने का अँधेरा बढ़ता गया।

42

मुझे चक्कर कितने बजे आया था, यह मुझे याद नहीं। मैं कितनी देर बेहोश रही इसका भान भी नहीं है मुझे। हाँ, इतना ज़रूर जानती हूँ कि जब मुझे होश आया तो डॉ. नन्दूचन्द मेरी बायीं ओर खड़े थे और मेरा बड़ा भाई मेरी दायीं ओर। इतना भी समझते देर नहीं लगी कि मैं अपने वार्ड की एक चारपाई पर लेटी थी और मेरे ठीक सामने मेरी दो परिचारिकाएँ कोई और न होकर मेरी ही सहकर्मी थीं।

मेरे यह पूछने से पहले कि आखिर अचानक मुझे हो क्या गया था, डॉ. नन्दूचन्द ने बताया कि शारीरिक थकान से कहीं अधिक मानसिक थकान का परिणाम था। यह आश्वासन मुझे भैया ने दिया कि मैं एकदम ठीक हूँ और...

—आज तो अनजाने में तुम तीन घंटे ओवरटाइम कर गयी!

सामने खड़ी मेरी सहेली बोली।

—और वह भी मुफ्त में। इसका कोई पारिश्रमिक मिलने वाला नहीं।

सभी के साथ मुझे हौले से हँसना ही पड़ा।

डॉ. नन्दूचन्द की कार से मैं घर पहुँची। हमीद चाचा और फरीदा चाची पहले से ही हमारे घर पर थे। चाची अपनी कुर्सी से उठकर मेरे पास आयी। कन्धे पर हाथ रखकर पूछा :

—क्या हो गया था तुम्हें?

मुझसे पहले डॉक्टर ने कह दिया :

—मामूली चक्कर था।

माँ को भी अपनी बार-बार वाली बात कह जाने का मौका मिल गया :

—समय पर खाती नहीं है।

विमला दौड़कर मुझसे लिपट गयी :

—आर यू ऑल राइट माँ?

—मैं एकदम ठीक-ठाक हूँ मेरी जान।

फ़ोन एकाएक बज उठा। मैं आशंकित हो उठी। मेरी आशंका सही निकली। भैया ने बताया :

—कोई फ्रेंच महिला तुमसे बात करना चाह रही है।

मैं अभी सोच ही रही थी कि बात करूँ या न करूँ डॉ. नन्दूचन्द ने लपककर भैया के हाथ से फ़ोन ले लिया।

—आवो व्ही...से ब्यें सा रेजिदॉस...मगर इस समय आप उससे बात नहीं कर सकतीं।

मैं अपनी जगह से उठ खड़ी हुई।

—मैं बात करूँगी।

—अमिता...

—नहीं डॉक्टर, आप मुझे बात करने दीजिए।

मैंने भैया को यह पूछते सुना कि फ़ोन किसका था। डॉक्टर ने क्या उत्तर दिया सुन नहीं पायी। उसके हाथ से फ़ोन लेकर मैंने कहा :

—हेलो ब्रिजित...नो जे तॉ प्री...तुम बात कर सकती हो पर कही हुई बातों को दोहराना मत। मैं तुम्हारी बातें मानने की स्थिति में बिल्कुल नहीं हूँ। ...मैंने तय कर लिया है कि मैं आज रात अपने परिवार को पूरी सच्चाई बताकर रहूँगी। ...एक ही शर्त पर मैं तुम्हें अपनी बेटी और अपने परिवार से मिलने दूँगी...। बस उस दूसरी बात की चर्चा बिल्कुल नहीं होनी चाहिए।

फ़ोन रखते ही मेरी माँ ने पूछा :

—किससे बात कर रही थी बेटी?

—रात में बताऊँगी माँ।

—तुम्हारी बातों से लगता है कि बात कुछ गम्भीर...

—ऐसी बात नहीं फरीदा चाची। रात में आप और चचा जान को भी हमारे बीच रहना होगा।

मेरी नज़र अपने बड़े भैया पर पड़ी।

उसकी वह मुस्कान मेरी समझ में नहीं आयी। एक गम्भीरता लिए हुए मुस्कराहट थी वह।

अनिल विमला का हाथ थामे यह कहता हुआ घर से बाहर हो गया :

—हम समन्दर की ओर जा रहे हैं।

43

मुझे लगता कभी मैं सामने के अँधेरे में अपने को विलीन पाती हूँ। कभी अचानक एक चकाचौंध रोशनी में खुद को खोयी हुई पाती। कभी एक बहुत भारी सन्नाटा मुझे दहलाता जाता तो कभी एक बहुत भारी शोर मुझे अपने में दबोचे रहता। अतीत

वर्तमान का रूप ले उठता और कभी वर्तमान अतीत और मेरा भविष्य एक भारी गुंजल्क में गुम होता चला जा रहा था।

इंग्लैंड की मेरी पहली अवधि मुझे अपने वतन से दूरदराज में बन्दी होने का एक एहसास देती रही थी। फिर जीवन में एक अगला पड़ाव आया था और लगा था कि मैं धीरे-धीरे परायी भूमि से मुक्त होने का एहसास करने लगी हूँ। लेकिन यह एहसास बहुत जल्द पानी के बीच के बुलबुले की तरह मिट गया था।

मॉरिशस लौटकर राहत की लम्बी साँस ली थी। अतीत के सारे ज़ख़्म भर आये थे ऐसी अनुभूति का उल्लास मन में थिरकने लगा था। भैया की शादी तय हो जाने पर तो लगा था कि सारी मुरादें पूरी हो गयी थीं। फरीदा चाची तो बोल भी गयी थी कि बेटी, अब सचमुच तुम बहुत खुश दिखने लगी हो। आज अपने से यह पूछ जाने को मजबूर हो गयी कि आखिर दर्द इतना लम्बा क्यों होता है और खुशी इतनी क्षणिक क्यों?

मेरा अपना यह भारी असमंजस बना ही हुआ था कि वह टैक्सी हमारे घर के सामने आकर रुकी। ब्रिजित अपने पति और बच्ची के साथ कार से उतरी। मन में अजीब उधेड़बुन लिए हुए थी। मैं उस तक पहुँची। उसने मेरा परिचय अपने पति और बच्ची से करवाया। मैं उन्हें साथ लिये घर के भीतर आ गयी जहाँ मेरा परिवार इस मुलाकात के लिए पहले से बैठा हुआ था। साथ में चाचा और चाची भी थे। और संयोग से मेरा दोस्त डॉ. नन्दूचन्द और मेरे मामाजी भी चन्द ही मिनट पहले पहुँच आये थे। कोई घंटे भर पहले डॉ. नन्दूचन्द ने फ़ोन पर मुझे इतना बताया ज़रूर था कि वह आ रहा है लेकिन मामा का हवाला उसने नहीं दिया था।

मैंने ब्रिजित के परिवार का परिचय अपने घर में बैठे लोगों को दिया फिर ब्रिजित को सभी से मिलाया। कमरे में कुछ क्षण के लिए सन्नाटा रहा। मुझे ही उसे तोड़ना पड़ा :

—ब्रिजित, मैं तुम्हें एक बहुत बड़ी बात के लिए धन्यवाद देना चाहती हूँ।

उसने कुछ कहना चाहा पर मैंने अपनी बात को आगे बढ़ा दी :

—अपने जीवन की जिस सच्चाई को मैं अपने परिवार से छिपाती रही उसे कल सभी को बताकर रही। तुम्हारे मॉरिशस पहुँचने की यह मेरी सबसे बड़ी उपलब्धि है। आज मैं अपने को एक बहुत ही बड़े बोझ से मुक्त पा रही हूँ।

फरीदा चाची जो मेरी एकदम बगल में बैठी थी, अपने हाथ को मेरे कन्धे पर रखती हुई बोली :

—जो बात कल रात तुमने हमें बताई उसे हम बहुत पहले से जानते थे।

—आप लोग जानते थे चाची?

मेरे भैया ने मेरी ओर देखते हुए सिर हिलाकर हामी भरी पर अब यह मत पूछ बैठना कि हमें सच्चाई की जानकारी कैसे मिली।

हमारे बीच की बातों को अपने पल्ले पड़ते न पाकर ब्रिजित पूछ बैठी :

—हमारे आने से तुम्हारा परिवार ख़ुश नहीं है क्या?

जवाब भैया ने दिया :

—नूं सॉम त्रे कोंतॉ। सचमुच आपके आने से हमें बेहद ख़ुशी हुई।

ब्रिजित ने विमला की ओर देखा और पूछा :

—से ब्यें...?

—हाँ, यही है विमला।

—हाँ, एकदम मेरे भाई का चेहरा। आँखें तो हू-ब-हू उसी की हैं।

—नहीं ब्रिजित। इतनी अधिक भावुक मत बनो।

ब्रिजित का पति बीच में बोल उठा :

—ब्रिजित आ रेजों। ब्रिजित ने एकदम सही कहा। मैंने फ्रेडरिक और उसके बचपन के चेहरे को भी देखा है। बचपन में फ्रेडरिक एकदम इसी शक्ल-सूरत का था।

मुझे अपने बड़े भाई की वह बात याद आ गयी जब उसने पहली बार विमला को अपने गोद में लेते हुए कहा था :

—इंग्लैंड में जनमकर यह तो एकदम गोरी लग रही है।

मुझे भैया की एक और बात याद आ गयी—

—अमीता, आदमी को व्हाइट मेन, ब्लैक मेन, ब्राऊन मेन या येलो मेन की पहचान में बाँटना इन्सानियत नहीं।

भैया की यह बात मुझे तराजू के उन दो पलड़ों की तरह लगने लगी जो नीचे-ऊपर और ऊपर-नीचे होते रह जाते हैं और वजन तय नहीं हो पाता।

लम्बी ख़ामोशी के बाद मैंने एक आवाज़ सुनी। फरीदा चाची की आवाज़ थी वह :

—बेटी, ये तो कह रहे हैं कि विरासत तुम्हें नहीं, तुम्हारी बेटी को मिल रही है।

मैंने चाची की ओर देखा पर कुछ बोल नहीं पायी।

खामोशी एक बार फिर बनी रही।

आधे घंटे की अपनी मौजूदगी के दौरान ब्रिजित के पति ने कहा :

—यहाँ के लोकल बैंक में सारी औपचारिकताएँ आपकी बेटी के नाम पूरी

की गयी हैं। उसके बालिग होने तक इस वसीयतनामे की एक प्रति नोटेरी के पास रहेगी और एक बैंक की सुरक्षा में। अठारह की उम्र की होने तक ही विमला स्वीकार या अस्वीकार के विकल्प के बीच से किसी एक को मंजूर करने की आज़ादी लिये रहेगी।

सिर झुकाये मैं सिर्फ सुनती रही। अगली आवाज़ ब्रिजित की थी :

—तुम्हारी ख़ामोशी को हम तुम्हारी स्वीकृति मानकर अपने को इस मिशन में कामयाब समझेंगे।

आखिर मुझे बोलना ही पड़ा :

—मेरी ख़ामोशी को आप लोग निर्णय मानने की भूल न करें।

भैया अपने सोफे से उठकर मेरी बगल में आ खड़ा हुआ। मैंने उसके हाथ को अपने कन्धे पर महसूस किया फिर उसका स्वर मेरे कानों तक पहुँचा :

—अमित, मैं तेरी स्थिति और भावना, दोनों को समझ रहा हूँ। तुम्हारा यह कहना एकदम जायज़ है कि इसका निर्णय तुम्हारा नहीं हो सकता। हम लोग तुम्हारे स्वाभिमान और तुम्हारी मान्यता दोनों की कदर करते हैं और...

भाई की बातें पूरी हो पातीं कि इससे पहले माँ बोल उठी :

—इस बात का निर्णय आज होना असम्भव है और यह हमारा अधिकार नहीं बनता। इसका निर्णय वक़्त के साथ विमला को ही करना ठीक रहेगा।

लगा कि मुझे छोड़कर कमरे के भीतर सभी लोगों ने अपनी-अपनी बन्द साँसों को बाहर आ जाने दिया।

और मैं साँसों की टूटन में अपने भीतर अपनी अकुलाहट लिये रही।

❑❑❑